河流生态丛书

江河鱼类产卵场功能研究

李新辉　赖子尼　李跃飞　童朝锋 ⊙ 著

科学出版社
北京

内 容 简 介

水是生命的摇篮,维持水生生态系统服务功能需要生物链。鱼类生物量保障需要通过产卵场的功能保障来实现。鱼类产卵场管理将成为河流生态系统管理的重要手段。本书通过观测鱼类早期资源发生过程与径流量关系,产卵场水文水动力模型分析,解剖分析了与鱼类早期资源发生相关联的产卵场功能单体、功能流量、水文水动力作用机制,建立了确定鱼类产卵场功能位点、量化评估产卵场功能受损的方法,介绍了产卵场功能修复的基本思路和方法体系。

本书是"河流生态丛书"的组成部分,是作者探索性研究工作的总结。本书适合生态学、环境保护、水利、渔业资源等专业的高校师生、科研工作者及管理工作者参阅。

图书在版编目(CIP)数据

江河鱼类产卵场功能研究/李新辉等著. —北京:科学出版社,2021.8
(河流生态丛书)
ISBN 978-7-03-067976-5

Ⅰ.①江… Ⅱ.①李… Ⅲ.①淡水鱼类-产卵场-研究 Ⅳ.①S965.1

中国版本图书馆 CIP 数据核字(2021)第 015370 号

责任编辑:郭勇斌 彭婧煜 / 责任校对:杜子昂
责任印制:师艳茹 / 封面设计:黄华斌

科学出版社 出版
北京东黄城根北街 16 号
邮政编码:100717
http://www.sciencep.com

北京九天鸿程印刷有限责任公司 印刷
科学出版社发行 各地新华书店经销

*

2021 年 8 月第 一 版 开本:787×1092 1/16
2021 年 8 月第一次印刷 印张:15 1/2
字数:365 000

定价:118.00 元
(如有印装质量问题,我社负责调换)

"河流生态丛书"编委会

主　　编　李新辉（中国水产科学研究院珠江水产研究所）
副 主 编　赖子尼（中国水产科学研究院珠江水产研究所）
编　　委：刘绍平（中国水产科学研究院长江水产研究所）
　　　　　刘　伟（中国水产科学研究院黑龙江水产研究所）
　　　　　潘　澎（中国水产科学研究院）
　　　　　陈方灿（中国水产科学研究院珠江水产研究所）
　　　　　陈蔚涛（中国水产科学研究院珠江水产研究所）
　　　　　高　原（中国水产科学研究院珠江水产研究所）
　　　　　李　捷（中国水产科学研究院珠江水产研究所）
　　　　　李海燕（中国水产科学研究院珠江水产研究所）
　　　　　李跃飞（中国水产科学研究院珠江水产研究所）
　　　　　刘乾甫（中国水产科学研究院珠江水产研究所）
　　　　　刘亚秋（中国水产科学研究院珠江水产研究所）
　　　　　麦永湛（中国水产科学研究院珠江水产研究所）
　　　　　彭松耀（中国水产科学研究院珠江水产研究所）
　　　　　帅方敏（中国水产科学研究院珠江水产研究所）
　　　　　谭细畅（珠江流域水资源保护局）
　　　　　王　超（中国水产科学研究院珠江水产研究所）
　　　　　武　智（中国水产科学研究院珠江水产研究所）
　　　　　夏雨果（中国水产科学研究院珠江水产研究所）
　　　　　杨计平（中国水产科学研究院珠江水产研究所）
　　　　　曾艳艺（中国水产科学研究院珠江水产研究所）
　　　　　张迎秋（中国水产科学研究院珠江水产研究所）
　　　　　朱书礼（中国水产科学研究院珠江水产研究所）

本书编写人员

李新辉 （中国水产科学研究院珠江水产研究所）
赖子尼 （中国水产科学研究院珠江水产研究所）
李跃飞 （中国水产科学研究院珠江水产研究所）
童朝锋 （河海大学）

丛 书 序

河流是地球的重要组成部分，是生命发生、生物生长的基础。河流的存在，使地球充满生机。河流先于人类存在于地球上，人类的生存和发展，依赖于河流。如华夏文明发源于黄河流域，古埃及文明发源于尼罗河流域，古印度文明发源于恒河流域，古巴比伦文明发源于两河流域。

河流承载生命，其物质基础是水。不同生物物种个体含水量不同，含水量为60%~97%，水是生命活动的根本。人类个体含水量约为65%，淡水是驱动机体活动的基础物质。虽然地球有71%的面积为水所覆盖，总水量为13.86亿km^3，但是淡水仅占水资源总量的2.53%，且其中87%的淡水是两极冰盖、高山冰川和永冻地带的冰雪形式。人类真正能够利用的主要是河流水、淡水湖泊水及浅层地下水，仅占地球总水量的0.26%，全球能真正有效利用的淡水资源每年约9000 km^3。

中国境内的河流，仅流域面积大于1000 km^2的有1500多条，水资源约为2680 km^3/a，相当于全球径流总量的5.8%，居世界第4位，河川的径流总量排世界第6位，人均径流量为2530 m^3，约为世界人均的1/4，可见，我国是水资源贫乏国家。这些水资源滋润华夏大地，维系了14亿人口的生存繁衍。

生态是指生物在一定的自然环境下生存和发展的状态。当我们闭目遥想，展现在脑海中的生态是风景如画的绿水青山。然而，由于我们的经济社会活动，河流连通被梯级切割而破碎，自然水域被围拦堵塞而疮痍满目，清澈的水质被污染而不可用……然而，我们活在其中似浑然不知，似是麻木，仍然在加剧我们的活动，加剧我们对自然的破坏。

鱼类是水生生态系统中最高端的生物之一，与其他水生生物、水环境相互作用、相互制约，共同维持水生生态系统的动态平衡。但是随着经济社会的发展，人们对河流生态系统的影响愈加严重，鱼类群落遭受严重的环境胁迫。物种灭绝、多样性降低、资源量下降是全球河流生态面临的共同问题。鱼已然如此，人焉能幸免。所幸，我们的社会、我们的国家重视生态问题，提出生态文明的新要求，河流生态有望回归自然，我们的生存环境将逐步改善，人与自然将回归和谐发展，但仍需我们共同努力才能实现。

在生态需要大保护的背景下,我们在思考河流生态的本质是什么?水生生态系统物质间的关系状态是怎样的?我们在水生生态系统保护上能做些什么?在梳理多年研究成果的基础上,有必要将我们的想法、工作向社会汇报,厘清自己在水生生态保护方面的工作方向,更好地为生态保护服务。在这样的背景下,决定结集出版"河流生态丛书"。

"河流生态丛书"依托农业农村部珠江中下游渔业资源环境科学观测实验站、农业农村部珠江流域渔业生态环境监测中心、中国水产科学研究院渔业资源环境多样性保护与利用重点实验室、珠江渔业资源调查与评估创新团队、中国水产科学研究院珠江水产研究所等平台,在学科发展过程中,建立了一支从事水体理化、毒理、浮游生物、底栖生物、鱼类、生物多样性保护等方向研究的工作队伍。团队在揭示河流水质的特征、生物群落的构成、环境压力下食物链的演化等方面开展工作。建立了河流漂流性鱼卵、仔鱼定量监测的"断面控制方法",解决了量化评估河流鱼类资源量的采样问题;建立了长序列定位监测漂流性鱼类早期资源的观测体系,解决了研究鱼类种群动态的数据源问题;在不同时间尺度下解译河流漂流性仔鱼出现的种类、结构及数量,周年早期资源的变动规律等,搭建了"珠江漂流性鱼卵、仔鱼生态信息库"研究平台,为拥有长序列数据的部门和行业、从事方法学和基础研究的学科提供鱼类资源数据,拓展跨学科研究;在藻类研究方面,也建立了高强度采样、长时间序列的监测分析体系,为揭示河流生态现状与演替扩展了研究空间;在河流鱼类生物多样性保护、鱼类资源恢复与生态修复工程方面也积累了一些基础。这些工作逐渐呈现出了我们团队认识、研究与服务河流生态系统的领域与进展。"河流生态丛书"将侧重渔业资源与生态领域内容,从水生生态系统中的鱼类及其环境间的关系视角上搭建丛书框架。

丛书计划从河流生态系统角度出发,在水域环境特征与变化、食物链结构、食物链与环境之间的关系、河流生态系统存在的问题与解决方法探讨上,陆续出版团队的探索性的研究成果,"河流生态丛书"也将吸收支持本丛书工作的各界人士的研究成果,为生态文明建设贡献智慧。

通过"河流生态丛书"的出版,向读者表述作者对河流生态的理解,如果书作获得读者的共鸣,或有益于读者的思想发展,乃是作者的意外收获。

本丛书内容得到了科技部社会公益研究专项"珠江(西江)漂浮性卵鱼类繁殖状态与资源评估"、国家科技重大专项"水体污染控制与治理"河流主题"东江水系生态系统健康维持的水文、水动力过程调控技术研究与应用示范"项目、农业农村部珠江中下游渔业资源环境科学观测实验站、农业农村部财政项目"珠江重要经济鱼类产卵场及洄游通道调查"、广西壮族自治区自然科学基金委重大项目"西江鱼类优势种群形成机理及利用策略研究"、国家公益性行业（农业）科研专项"珠江及其河口渔业资源评价和增殖养护技术研究与示范"、国家重点研发计划"蓝色粮仓科技创新"等项目的支持。"河流生态丛书"也得到许多志同道合同仁的鞭策、支持和帮助，在此谨表衷心的感谢！

李新辉

2020年3月

前　言

　　地球约有 46 亿年历史。在漫长的演化过程中，雨水、冰川或地下水在地球引力、地形地貌等因素的作用下，形成水流，在天然泄水输沙过程中，形成了河。4.05 亿年前，水体中出现了鱼类。从人猿关系溯源人类进化史大约有 6500 万年，鱼类先于人类出现于地球。

　　河流鱼类，指栖息于河流水域的鱼类，包括定居于河流、在河湖间迁徙以及在海河间洄游的种类。河流鱼类种类繁多，生活习性多样。一些鱼类仅限于河流的干流、支流生活，另一些鱼类在河流与连通的湖泊中来回迁徙。海洋中生长，性成熟时到淡水中繁殖的洄游称为溯河洄游（这类鱼如中华鲟 *Acipenser sinensis*、鲥 *Tenualosa reevesii* 等）；在淡水中生长，性成熟时需要去海洋中繁殖的洄游称为降河洄游（这类鱼如日本鳗鲡 *Anguilla japonica*、花鳗鲡 *Anguilla marmorata* 等）。

　　鱼类是人类的食物源之一。旧石器时代中晚期，处于原始社会早期的人类就将在居住地附近的水域中捕捞鱼、贝类作为维持生计的重要手段。采捕食物的需要，以及人类利用食物的习惯，对鱼类资源带来影响。人们现在已经知道，鱼类除了食用外，在维持水生生态系统功能方面也有重要作用。通常，陆源性矿物质和腐殖质作为营养物质在径流的驱动下进入河流，营养物质成为水体的生产力要素，孕育着河流生态系统的生物群落，形成功能状态良好的水生生态系统，这样的系统是生物适应环境形成的平衡系统，是经过漫长时间形成的系统。鱼类是水生生态系统的高端生物类群，维系着水生生态系统的平衡，有其固定的群落、结构和生物量。在水生生态系统中，作为物质循环和能量循环中的重要环节，鱼类通过食物链系统将水生生态系统中的物质和能量转化成有机体，在输出水产品的过程中成为水生生态系统自净的关键环节，使人类可利用的自然之水水质得以保障。当今，随着人类社会活动的加剧，江河水体富营养化现象普遍，人们的饮用水安全受到威胁，究其原因之一是过量的废水排放使水质受到污染；梯级开发、航运拓展破坏了鱼类产卵场，鱼类补充资源不能满足日益增加的污染物的转化需求；过度捕捞加剧了鱼类资源的衰退，水生生态系统处于恶性循环状态。

　　长期以来，世界各地的人们，在不同的历史时期，出于不同的目的，在河流中修建大量的各种类型的水利工程。特别是第二次世界大战之后，短短几十年间所修建的工程超过过往历史的总和，导致全球河流面临环境胁迫或生境破损。我国水资源年平均总量为 28 100 亿 m³，2009 年水电装机容量 1.96 亿 kW，2010 年突破 2 亿 kW，2020 年达 3.3 亿 kW，水电发展目标朝 5.42 亿 kW 迈进。内河水运不断拓展，截至 2018 年，全国已建成 5 级及以上江河堤防 31.2 万 km，内河航运的里程已超过 11 万 km，深水航道改变了河床结构。粮食需求的增加，耕作灌溉面积不断扩大，河流需要为人类活动提供用水量达到 5000 多亿 m³。然而，河流处于高度开发状态，数以万计的水库使河流连通受阻，改变了水文情势，造成生物多样性下降、渔业资源减少，河流生态及水安全等问题凸显，水保障任务艰巨。人类剧烈的社会活动改变了自然河流生态系统原有的物质容量、生物容量，使河流生态系统处于混乱状态，甚至失衡。如何保护鱼类产卵场及其功能，是河流生态保护的关键。

鱼类产卵场是鱼类伴随地球演化历程形成的。大多数鱼类行体外受精，可以把成熟雄鱼、雌鱼分别向水体中排出的精子和卵子看成两个物体，很难想象两个同向运动的物体如何能够碰撞结合成为受精卵。且河流生态系统受环境影响，受精卵从弱小的生命体成长，需历尽艰难才能成为生态系统的成员。《江河鱼类产卵场功能研究》从江河鱼类生命形成的初始环境角度描述作者对鱼类产卵场的理解与研究实践，以让读者了解鱼类产卵场、关注鱼类产卵场，从而更好地保护鱼类产卵场。

本书在农业农村部珠江流域渔业生态环境监测中心、农业农村部珠江中下游渔业资源环境科学观测实验站、国家渔业资源环境广州观测实验站等平台基础上，由中国水产科学研究院珠江渔业资源调查与评估创新团队完成，并得到农业农村部财政项目"珠江流域水生生物保护规划"、广西壮族自治区自然科学基金委重大项目"西江鱼类优势种群形成机理及利用策略研究"、国家公益性行业（农业）科研专项"珠江及其河口渔业资源评价和增殖养护技术研究与示范"，特别是国家重点研发计划"蓝色粮仓科技创新"重点专项 2018YFD0900903 和 2018YFD0900802、广东省基础与应用基础研究基金联合基金重点项目"珠江-河口-近海典型渔业种群退化机理和恢复机制"等项目的支持。书中许多名词概念引自《中国大百科全书》《中国农业百科全书 水产业卷》《中国水利百科全书》《辞海 生物分册》等资料，不一一罗列，在此一并致谢！

本书是跨学科、跨行业合作的结晶，得到农业农村部渔业渔政管理局、农业农村部长江流域渔政监督管理办公室、广东省农业农村厅、广东省航道局的具体指导和支持，还得到广东省西江航道事务中心、广东省交通运输规划研究中心、广东省航道勘测设计研究院、广东正方圆工程咨询有限公司、肇庆西江航务建筑工程公司、广州正见建筑工程设计有限公司等单位在产卵场测绘和修复工程方面的支持和帮助。广东工业大学余煜棉教授在统计学方面给予极大的支持，广西壮族自治区水产科学研究院周解高级工程师提供了广西主要江河产卵场测绘图及部分产卵场外景照片，珠江流域水资源保护局谭细畅副研究员，中国水产科学研究院珠江水产研究所李捷、杨计平、朱书礼、武智、夏雨果、张迎秋、陈蔚涛、刘亚秋、高原、曾艳艺、李海燕、刘乾甫、彭松耀、王超、麦永湛等在鱼类分析、数据处理等方面付出了辛勤劳动。本书编写中还得到许多专家的勉励和支持，谨在此表示衷心的感谢！

由于作者水平有限，书中难免存在疏漏之处，望读者提出宝贵意见，以便将来进一步完善。

作　者

2020年12月1日

目 录

丛书序
前言
第1章 产卵场生态学基础 ·· 1
　1.1 河流的一般概念 ··· 1
　1.2 鱼类基础生物学 ··· 6
　　　1.2.1 鱼类形态特征 ·· 6
　　　1.2.2 鱼类结构 ·· 7
　　　1.2.3 鱼类生活习性 ·· 9
　　　1.2.4 鱼类繁殖 ·· 10
　1.3 鱼类资源调查方法 ·· 15
　　　1.3.1 鱼卵、仔鱼调查 ··· 15
　　　1.3.2 产卵群体调查 ·· 22
　　　1.3.3 水声学探测调查 ··· 27
　1.4 鱼类区域性分布 ·· 28
第2章 鱼类产卵场 ·· 33
　2.1 产卵场基本环境条件 ··· 34
　　　2.1.1 中华鲟产卵场 ·· 34
　　　2.1.2 四大家鱼产卵场 ··· 37
　　　2.1.3 其他鱼类的产卵场 ·· 41
　2.2 产卵场水文水动力 ·· 47
　　　2.2.1 长江中华鲟产卵场 ·· 47
　　　2.2.2 四大家鱼产卵场 ··· 48
　　　2.2.3 黄石爬鳅产卵场 ··· 50
　　　2.2.4 斑重唇鱼和新疆裸重唇鱼产卵场 ·· 51
　　　2.2.5 鲤产卵场 ·· 51
　　　2.2.6 澜沧江特有鱼类产卵场 ·· 51
　　　2.2.7 大麻哈鱼产卵场 ··· 51
　2.3 珠江鱼类早期资源与径流量 ·· 51

第3章 产卵场功能 ·· 55

3.1 产卵场功能属性 ·· 56
3.1.1 产卵场功能指标 ·· 56
3.1.2 产卵场功能概念 ·· 56
3.1.3 产卵场功能时空差异 ·· 57
3.1.4 产卵场功能周期性 ·· 60

3.2 广东鲂产卵场功能研究 ·· 61
3.2.1 广东鲂 ·· 61
3.2.2 产卵江段地形地貌 ·· 63
3.2.3 产卵场江段水文环境 ·· 66
3.2.4 水文水动力模型 ·· 68
3.2.5 水文水动力因子分析 ·· 86

3.3 仔鱼出现与未知功能位点的水文水动力关系 ·· 107
3.3.1 获得仔鱼监测数据 ·· 107
3.3.2 各位点水文水动力方程建立 ·· 109
3.3.3 仔鱼多度与各位点水文水动力关系分析 ·· 111

3.4 产卵场功能位点确定 ·· 112
3.4.1 方法建立 ·· 112
3.4.2 产卵场功能位点相关关系赋值判断方法 ·· 113
3.4.3 广东鲂产卵场功能位点判定示例 ·· 113

第4章 产卵场功能受损评价 ·· 117

4.1 产卵场功能定性评价 ·· 118
4.1.1 鱼类物种水平评价 ·· 118
4.1.2 鱼类资源量水平评价 ·· 118
4.1.3 江河物理形态变化评价 ·· 119
4.1.4 水文情势变化评价 ·· 120
4.1.5 水文水动力因子水平评价 ·· 121

4.2 产卵场功能受损定量评价 ·· 147
4.2.1 功能流量受损定量评价 ·· 148
4.2.2 水文水动力因子受损定量评价 ·· 154
4.2.3 早期资源量损失定量评价 ·· 156

4.3 功能流量-水动力-仔鱼量关系 ·· 160

		4.3.1 流量因子与水动力因子关系	161
		4.3.2 流量因子与仔鱼量因子关系	162
		4.3.3 水动力因子与仔鱼量因子关系	164
		4.3.4 流量与水动力、仔鱼量两自变量关系	166
		4.3.5 水动力与流量、仔鱼量两自变量关系	166
		4.3.6 仔鱼量与流量、水动力两自变量关系	167
		4.3.7 三种评估方法讨论	167
		4.3.8 产卵场受损形式	170
	4.4	基于鱼类早期资源量的产卵场功能评价体系	171
		4.4.1 珠江中下游鱼类产卵场功能评价	172
		4.4.2 基于鱼类早期资源量的产卵场功能评价体系的建立	174
		4.4.3 基于鱼类早期资源量的产卵场功能评价体系应用示例	177

第5章 产卵场功能修复

5.1 草型产卵场

5.1.1 人工鱼巢概念 — 180
5.1.2 人工鱼巢材料 — 180
5.1.3 时间与位置选择 — 181
5.1.4 建造方法 — 181
5.1.5 管理与维护 — 182
5.1.6 效果评估 — 183

5.2 水动力型产卵场 — 184

5.2.1 功能物理环境修复 — 185
5.2.2 功能流量修复 — 190
5.2.3 水文水动力修复 — 194
5.2.4 广东鲂产卵场修复示例 — 194

5.3 产卵场管理 — 213

5.3.1 河流鱼类需求 — 214
5.3.2 产卵场功能管理 — 214

参考文献 — 216

第1章　产卵场生态学基础

地球在大约 30 亿～40 亿年前出现水，河流是水与陆地表面相互作用的复合体，在地势和水源供给作用下，形成河床和水流。河床包括河底与河岸两部分。河底是指河床的底部，河岸是指河床的两边。河底与河岸以枯水位为界划分，枯水位以上为河岸，以下为河底。天然河流的河床，其组成与抗冲击性差别很大。山区河床多为石质边界，抗冲击性很强，不易发生变化，这类河床近于刚性边界。冲积平原河床是冲积河床，一般为沙质组成，在水流作用下易发生变化，属可动河床。河流源头一般在地势高的地方，然后沿地势向下流至类似湖泊或海洋的终点。河流是地球上水循环的重要途径，是泥沙和化学物质等进入湖泊、海洋的通道。水为生命的诞生提供了条件，水是生命体的结构成分，也是机体生命过程化学反应的基础物质和介质。水维系着地球生物圈的物种多样性和食物链系统。河流在地球水、生命、生态平衡中起着重要作用，为鱼类等水生生物提供了赖以生存的栖息地，构成了支持河流生命体的基础系统，是河流生态系统的重要组成部分。河流生境组成不仅包括河床的礁石形态、底质构成、河床附着生物、水体与水体物质，也包括河流中湿地、沼泽、深槽、浅滩、急流、缓流、回流等物理环境。鱼类大致出现在 4.05 亿年前，在与地球环境相互作用的演化过程中，河流成为鱼类在淡水与海洋之间洄游的通道，河流中形成了鱼类的产卵场、索饵场和越冬场等。了解河流和鱼类相关的知识，有助于对产卵场的认识。

1.1　河流的一般概念

1. 水

水以固态、液态、气态三种形态存在于自然界，其中固态包括冰、雪、霜、冰雹；液态包括云、雨、雾、露；气态主要是水蒸气。水在水圈、大气圈、岩石圈、生物圈四大圈层中通过各个环节循环运动。地球上的总水量为 13.86 亿 km^3，分为淡水和海水（咸水）两大类。其中 96.5%为海洋，陆地水约占 3.5%，大气水占很少量。淡水存在于冰川、地表河湖、地下含水层中。人类可利用的淡水资源主要是河流水、淡水湖泊水以及浅层地下水，这些淡水只占总淡水量的 0.3%。水是河流的关键要素。

2. 径流

径流是指降雨过程中，雨水满足蓄渗后形成的流动水。流域各处的蓄渗量及蓄渗过程的发展是不均匀的，因此，地面径流产生的时间、地方有先有后，满足蓄渗以后才形成径流。

降雨初期，除一小部分（一般不超过 5%）降落在河槽水面上的雨水直接形成径流外，其余雨水均降落在地表。地表径流的形成与植被类型和郁闭程度有关。茂密的森林，全年最大截留量可达年降雨量的 20%~30%，而被截留的雨水最终消耗于蒸发。下渗发生在降雨期间及雨停后地面尚有积水的地方，下渗强度的时空变化很大。在降雨过程中，当降雨强度小于下渗强度时，雨水将全部渗入土壤中。渗入土中的水，首先满足土壤吸收的需要，一部分滞蓄于土壤中，在雨停后消耗于蒸发，超出土壤持水力的水将继续向下渗透；当降雨强度大于下渗强度时，超出下渗强度的降雨（也称为超渗雨），形成地面积水，蓄积于地面洼地，称为填洼。地面洼地通常都有一定的面积和蓄水容量，填洼的雨水在雨停后也消耗于蒸发和下渗。在平原和坡地流域的地面洼地较多，填洼水量可高达 100 mm，一般流域的填洼水量约 10 mm。随着降雨继续进行，满足填洼后的水开始产生地面径流。

流域内不断降雨，渗水使土壤含水量不断增加，当土壤层含水量达到饱和后，在一定条件下，部分水沿坡地上层侧向流动，形成壤中径流，也称表层径流。下渗水流达到地下水面后，以地下水的形式沿坡地上层汇入河槽，形成地下径流。因此，流域内的降雨，经过蓄渗过程产生了地面径流、壤中径流和地下径流三种。

在流域蓄渗过程中，无论是植被截留、下渗、填洼、蒸发还是土壤水的运动，均受制于垂向运行机制，水的垂向运行使降雨在流域空间上再分配，从而形成了流域的不同产流机制，形成不同主流成分的产流过程。

3. 水系

水流依据地势从高向低沿狭长凹地水道汇合成连通网络结构，依据不同的地势高度形成众多的河源区，地势低处是河口，通常河口水出口为一个或数个。河流水系通常具有各种形状，表现出复杂的几何特征。最终流入海洋的水流称作外流水系，如太平洋水系、北冰洋水系；最终流入内陆湖泊或消失于荒漠之中的水流，称作内流水系。给一条河流水系提供水源的区域称为流域。流域内所有河流、湖泊等各种水体组成水网系统。流域范围以一条河流水系涉及的地形分水线所包围的面积确定。

4. 干流

两条以上大小不等的河流以不同形式汇合，构成一个河道体系。河流一般可分为河源、上游、中游、下游和河口五段。

河源是河流的发源地，干流从河口一直向上延伸到河源。一般按"河源唯长"的原则来确定干流，即在全流域中将最长、四季有水的源头确定为干流河源，它可能是溪涧、泉水、冰川、湖泊或沼泽地等。对于大江大河，支流众多，河源的认定往往较为困难。

上游是紧接河源的河流上段，多位于深山峡谷，河槽窄深，流量小，落差大，水位涨落幅度大，河谷下切强烈，多急流险滩和瀑布。

中游是河流的中段，两岸多丘陵岗地，或部分处平原地带，河谷较开阔，两岸见滩，河床纵比降较平缓，流量较大，水位涨落幅度较小，河床易冲易淤。

下游是河流的下段，位于冲积平原，河槽宽浅，流量大，比降小，水位涨落幅度小，洲滩众多，河床易冲易淤，河势易发生变化。

河口是河流的终点，终点或是海洋、湖泊、水库或其他河流的地方。入海河流的河口，又称感潮河口，受径流、潮流和盐度三重影响。一般将潮汐影响所及之地作为河口区。河口区可分为河流近口段、河口段和口外海滨三段。

5. 支流

流域内的水系汇入主流的各级水流，通常把直接汇入干流的支流，叫一级支流，汇入一级支流的支流叫二级支流，以此类推到各级支流。还有一种是分级法，从源头最小支流开始，称为一级河流，二条一级河流汇合后的河段称为二级河流，以此类推到更高级别的河流，这种分级法确定的各级河流有相近的客观特征。大江大河在入海处都会分多条入海，形成河口三角洲河网。

6. 河道

河道通常是指河流的某一段，有上迄、下止的具体位置属性。河谷是指河流在长期的流水作用下，所形成的狭长形凹地。天然河道的河床称为河槽，是河谷中过水的部分。水面与河床边界的区域称为过水断面，相应的面积为过水断面积，它随水位的涨落而变化。

7. 河网汇流构成

各种径流成分经过坡地汇流注入河网，称为河网汇流过程。这一过程自坡地汇流注入河网开始，直至将最后汇入河网的降水输送到出口断面为止。坡地汇流注入河网后，使河网水量增加、水位上涨、流量增大，成为流量过程线的涨洪段。此时，由于河网水位上升速度大于其两岸地下水位的上升速度，当河水与两岸地下水之间有水力联系时，一部分河水补给地下水,增加两岸的地下蓄水量,称为河岸容蓄;同时,涨洪阶段,出口断面以上坡地汇入河网的总水量必然大于出口断面的水量,这是因为,河网本身可以滞蓄一部分水量,称为河网容蓄。当降水和坡地汇流停止时,河岸和河网容蓄的水量达最大值,而河网汇流过程仍在继续进行。当上游补给量小于出口排泄量时,就进入一次洪水过程的退水段。此时,河网蓄水开始消退,流量逐渐减小,水位相应降低,涨洪时容蓄于两岸土层的水量又补充回河网,直到降水最后排到出口断面为止。此时,河槽泄水量与地下水补给量相等,河槽水流趋向稳定,上述河岸调节及河槽调节现象,统称为河网调节作用。河网调蓄是对净雨量在时程上的再分配,故出口断面的流量过程线比降雨过程线平缓得多。

河网汇流的水运行过程,是河槽中不稳定水流运动过程,是河道洪水波的形成和运动过程,而河流断面上的水位、流量的变化过程是洪水波通过该断面的直接反映,当洪水波全部通过出口断面时,河槽水位及流量恢复到原有的稳定状态,一次降雨的径流形成过程即告结束。

在径流形成中,通常将流域蓄渗过程、地面汇流及早期的表层流形成过程,称为产流过程,坡地汇流与河网汇流合称为汇流过程。径流形成过程实质上是水在流域的再分配与运行过程。产流过程中水以垂向运行为主,降雨使流域空间上水再分配,是构成不同产流机制和形成不同径流成分的基本过程。汇流过程中水以水平侧向运动为主,是流域汇流过程的基本机制,构成降雨在流域上再分配过程。

平原河流流域下垫面地势开阔平坦,河道水流比较舒缓,流速一般在 3 m/s 以下,容易产生泥沙淤积,形成大面积冲积区,平原河流形态变化多样,如边滩、浅滩、沙床、江心滩等,厚度可以达到数十米以上。

8. 河流的落差与比降

河流落差指河流上游、下游两地的高程差,即河流的总落差。某一河段两端的高程差称为河段落差。河流比降有水面比降与河床比降之分,两者不尽相同,但因河床地形起伏变化较大,通常以水面比降代表河流比降。

水面比降又有纵比降与横比降之分。纵比降是指沿水流方向,任一河段上游、下游两断面水位差与其水平距离之比,即单位河长的落差,也称坡度。横比降是指河流横断面上,左岸、右岸的水位高差与河宽比。合计水面纵比降和横比降,反映的是河流沿程能量损耗率,因此也可称能量坡降,能量坡降可按如式(1-1)计算:

$$S = \sqrt{\left(\frac{\partial \zeta}{\partial x}\right)^2 + \left(\frac{\partial \zeta}{\partial y}\right)^2} \quad (1\text{-}1)$$

式中，ζ 为水位；x 为沿水流方向的距离；y 为沿河道横断面方向的距离。

9. 河流长度、宽度与深度

河流长度是指从河源至河口的河道中轴线长度。任意两断面间的轴线长度，称为河段长度。

河流宽度是指河槽两岸间的距离，它随水位变化而变化。水位常有洪水、中水、枯水之分，因而河流宽度相应有洪水河宽、中水河宽和枯水河宽。通常意义下的河宽多指中水河宽，即河道两侧河漫滩滩唇间的距离。

河流的深度在河道中不同地点不同，也随水位变化而变化。通常说的水深，一般是指中水河槽以下的平均深度。

10. 河流深泓线、主流线与中轴线

深泓线是指沿程各断面河床最深点（h_{max}）的平面顺连线。

主流线又称水动力轴线，即沿程各断面最大垂线平均流速（u_{max}）处的平面顺连线。主流线两侧一定宽度内的带状水域，称为主流带。在某些河流上，主流带在洪水期往往呈现浪花翻滚、水流湍急的现象，肉眼可以看得很清楚。主流线具有"大水趋直，小水走弯"的倾向。

主流线与深泓线两者在河段中的位置通常相近，但不重合，有的河段有时也可能相差较远。

中轴线是指河道在平面上沿河各断面中点的平顺边线，一般依中水河槽的中心为据定线，它是量定河流长度的依据。

11. 河流纵剖面与横断面

河流纵剖面有河床纵剖面和水流纵剖面之分。河床纵剖面是沿河床深泓线切取高程数据绘制的河床剖面，反映的是河床高程的沿程变化；水流纵剖面代表水面高程的沿程变化。两者的沿程趋向相同，但并非平行。河流纵剖面的形态体现河流比降的变化。河流纵比降越大，流速越大，说明河流的动力作用越显著。

12. 河势与河型

河势是指河道演变过程中，水流与河床的相对态势，通常用主流线与河岸线、洲滩分布的相对位置来表示。在河道演变分析及治河工程规划中，常常在实测河道地形图上勾绘河流岸线、洲滩、深槽和深泓线位置等，从而可清晰地看出河岸、滩槽的相对位置，以及河道、主流的基本趋向，这种图称为河势图。

河型是指河流在一定来水来沙和河床边界条件下，通过长期的自动调整而形成的河道形态。天然河道是地质构造作用、水流侵蚀作用与泥沙堆积作用的产物，由水流与河床构成，水流作用于河床，河床反作用于水流，两者通过冲刷和泥沙迁移而形成河床形态。

1.2 鱼类基础生物学

鱼类属于脊索动物门中的脊椎动物亚门，是鱼类、两栖类、爬行类、鸟类、哺乳类五大类脊椎动物之一。世界上鱼类总共有 3 万余种，占脊椎动物总数的一半以上，是脊椎动物亚门中最原始最丰富的类群（Nelson et al., 2016）。我国江河湖泊有淡水鱼 1300 多种（Xing et al., 2016），鱼类在脊索动物门下，分为亚门、总纲、纲、亚纲、总目、目、亚目、总科、科、亚科、属、亚属、种及亚种。其基本单位是物种，由相近的种合成一级比一级大的阶元。大众熟悉的鱼类有软骨鱼类和硬骨鱼类。

软骨鱼类是现存鱼类中最低级的一个类群，全球约有 200 多种，中国有 140 多种，绝大多数生活在海洋。其主要特征为终生无硬骨，内骨骼由软骨构成，体表大都被盾鳞，鳃间隔发达，无鳃盖，歪形尾鳍。

硬骨鱼类是世界上现存鱼类中最多的一类，有 2 万种以上。其主要特征是骨骼不同程度地硬化为硬骨，体表被硬鳞、圆鳞或栉鳞，少数种类退化无鳞，皮肤的黏液腺发达，鳃间隔部分或全部退化，鳃不直接开口于体外，有骨质的鳃盖遮护，从鳃裂流出的水，经鳃盖后缘排走，多数有鳔。

1.2.1 鱼类形态特征

鱼类栖息的环境有深水、急流、缓流、浅滩、洞穴、沼泽、淤积区等不同环境，鱼类根据生存需要，在适应水域环境中进化形成不同形态的物种，总体上，鱼类主要形态可归结为纺锤型、平扁型、棍棒型和侧扁型等四类。

1. 纺锤型

纺锤型也称基本型（流线型），是一般鱼类的体形，整个身体呈纺锤形而稍扁。在三个体轴中，头尾轴最长，背腹轴次之，左右轴最短，使整个身体呈流线形或稍侧扁。大部分行动迅速的鱼类属于这种体形。如鳡（*Elopichthys bambusa*）、鳤（*Ochetobius elongatus*）、青鱼（*Mylopharyngodon piceus*）、草鱼（*Ctenopharyngodon idellus*）等。

2. 平扁型

平扁型鱼类的三个体轴中，左右轴特别长，背腹轴很短，使体形呈上下扁平，行动迟缓，多营底栖生活。它们大部分栖息于水底，运动较迟缓。如贵州爬岩鳅（*Beaufortia kweichowensis kweichowensis*）、伍氏华吸鳅（*Sinogastromyzon wui*）、赤魟（*Dasyatis bennettii*）等。

3. 棍棒型

棍棒型又称鳗鱼型。这类鱼头尾轴特别长，而左右轴和腹轴几乎相等，都很短，使整个体形呈棍棒状。这种体形的鱼类大多穴居，善于钻泥或穿绕水底礁石岩缝间，但行动不甚敏捷，游泳缓慢。如黄鳝（*Monopterus albus*）、大刺鳅（*Mastacembelus armatus*）、日本鳗鲡（*Anguilla japonica*）等。

4. 侧扁型

侧扁型鱼类的三个体轴中，左右轴最短，形成左右两侧对称的扁平形。侧扁型类鱼在硬骨鱼类中也较普遍，大多生活在流速缓慢的水体。如广东鲂（*Megalobrama terminalis*）、鳊（*Parabramis pekinensis*）、海南鲌（*Culter recurviceps*）等。

1.2.2 鱼类结构

鱼类终年生活在水中，是用鳃呼吸、用鳍辅助身体平衡与运动的变温脊椎动物。地球上从湖泊、河流到海洋，几乎所有的水生环境都有鱼类栖居。鱼类的身体可分为头、躯干和尾三个部分。头部从吻端到鳃盖后缘部，躯干部从鳃盖后缘至泄殖腔段，泄殖腔以后至尾鳍基为尾部。

1. 头

鱼类的头部主要有口、须、眼、鼻孔和鳃孔等器官。鱼类的口一般位于吻端，由上下颌组成，它既是捕食器，也是鱼类呼吸时入水的通道。有些鱼类的口侧有须，如鲤（*Cyprinus carpio*）和鲇（*Silurus asotus*）具须两对。须具有感觉和味觉作用。鱼类的眼睛位于头的两侧，没有眼睑，不能闭合，也不能较大幅度地转动。眼的角膜平坦，水晶体呈圆球形。鱼眼的前上方左右各有一个鼻腔，其间有膜相隔，分为前后两鼻孔，后者不与口腔相通。头的后部两侧鳃盖后缘有一对鳃孔（只有黄鳝较为特殊，其左右鳃孔合成一个，位于腹面），是呼吸时出水的通道。

2. 躯体

鱼类的躯干部和尾部主要有鳍、鳞片和侧线器官。鳍是鱼类的运动器官，按其位置可分为背鳍、胸鳍、腹鳍、臀鳍和尾鳍。大多数鱼类的体表都披有坚实的鳞片，它是皮肤的衍生物，通常呈覆瓦状排列。有些鱼类（如日本鳗鲡和黄鳝）的鳞片退化，也有残留少数鳞片的鱼类，镜鲤（*Cyprinus carpio* var. *specularis*）是典型的例子。不管有鳞还是缺鳞的鱼类体表，都能分泌大量的黏液保护鱼体。侧线是鱼类特有的感觉器官。它深藏于皮下的管状系统，与神经系统紧密连接。有许多小管穿过鳞片与外界相通。这些小管在体侧表面排列成线状。常见的淡水鱼类的侧线只有一条，从头后部大致沿体侧中线直到尾鳍基部。但尼罗非鲫（*Oreochromis nilotica*）的侧线中断，分上下两段。侧线具有听觉和触觉功能，能感觉水的振动波、水流方向和水压的变化。

3. 尾部

泄殖腔以后至尾鳍基为尾部。尾部有鳍，叫尾鳍。尾鳍位于尾部末端。完整的尾部结构包括鳍、脊椎、肌肉、血管、神经、鳞、侧腺管等。

4. 鳞

可分为盾鳞、硬鳞、骨鳞三种类型。软骨鱼类被盾鳞，由外胚层的釉质和中胚层的齿质共同形成；硬骨鱼类被硬鳞和骨鳞（包括圆鳞和栉鳞两种类型），硬鳞与骨鳞通常由真皮产生。

5. 骨骼

鱼类具有发达的中轴骨骼与附肢骨骼，对于保护中枢神经、感觉器官和内脏，支撑躯体以及整个身体的运动有重要作用。中轴骨骼由头骨（胸颅与咽颅）和脊柱组成。咽颅是围绕消化道最前端的一组骨骼，用来支持口和鳃。脊柱由许多块椎骨组成。

6. 肌肉

鱼类的平滑肌和心脏肌与高等动物无大差别，但横纹肌分节现象明显，分为体节肌和鳃节肌。躯干部肌肉按节排列呈弓形。

7. 鳍

鱼类的附肢为鳍，鳍由支鳍担骨和鳍条组成，鳍条分为两种类型，一种是角鳍条，不分节，也不分支，由表皮发生，见于软骨鱼类；另一种是鳞质鳍条或称骨质鳍条，由鳞片衍生而来，有分节，分支或不分支，见于硬骨鱼类，鳍条间以皮质膜相连。骨质鳍条分鳍棘和软条两种类型，鳍棘由一种鳍条变形而成，是既不分支也不分节的硬棘，为高等鱼类所具有。软条柔软有节，其远端分支（叫分支鳍条）或不分支（叫不分支鳍条），都由左右两半合并而成。鱼鳍分为奇鳍和偶鳍两类。偶鳍为成对的鳍，包括胸鳍和腹鳍各1对，相当于陆生脊椎动物的前后肢；奇鳍为不成对的鳍，包括背鳍、尾鳍、臀鳍（肛鳍）。一般常见的鱼类都具有上述的胸鳍、腹鳍、背鳍、尾鳍、臀鳍等五种鳍，但也有少数例外，如黄鳝无偶鳍，日本鳗鲡无腹鳍等。

8. 皮肤

鱼类的皮肤由表皮和真皮组成。表皮薄，表皮下是真皮层，内部除分布有丰富的血管、神经、皮肤感受器和结缔组织外，真皮深层和鳞片中还有色素细胞、光彩细胞，以及脂肪细胞。

1.2.3 鱼类生活习性

鱼类种类多样，以水体为栖息环境，其活动、觅食、呼吸等都有特殊的习性。

1. 运动

鱼在水中游动时，主要靠排列于身体两侧的肌肉交替收缩，使躯体与尾鳍左右摆动而前进。各鳍相互配合保持身体的平衡并起推进、刹制或转弯的作用。鳍是游泳和维持身体平衡的运动器官。背鳍和臀鳍的基本功能是维持身体平衡，防止倾斜摇摆，帮助游泳。

2. 食性

鱼类的食性通常分为4种类型：滤食性、草食性、肉食性和杂食性。鱼类食物的消化与胃肠的收缩运动有关，还与水温、溶氧量、摄食量、食物的理化性状等因素有关。

3. 呼吸

鱼类除用鳃呼吸外，还有辅助呼吸的方式，如肠呼吸、皮肤呼吸、口腔呼吸、褶鳃呼吸、鳔呼吸等。鱼类有两个鼻孔，但不通口腔（仅肺鱼和总鳍两个亚纲除外），故鱼类的鼻孔没有呼吸作用，只有嗅觉功能。

4. 洄游

某些鱼类在生命活动中有一种同期性、定向性和群体性的迁徙活动习性，这种现象称之为洄游。鱼类身体两侧的侧线是感觉器官，当水温发生变化的时候，鱼类就要寻找适于生活的环境，从而产生洄游。洄游是一种现象，侧线对水流的刺激敏感，能帮助鱼确定水流的速度和识别方向。鱼类凭借这种能力满足生活史过程需要的外部条件，保障种群繁衍。按照鱼类洄游的目的，可分为生殖洄游、索饵洄游、越冬洄游三种类型。按照洄游的方向，又可分为降海洄游和溯河洄游。

5. 鱼类趋流性

鱼类的趋流性是以感觉流速、喜爱流速和极限流速为指标。感觉流速是指鱼类对流速可能产生反应的最小流速。喜爱流速是指鱼类所能适应的多种流速中的最为适宜的流速范围。极限流速是指鱼类所能适应的最大流速，又称之为临界流速。各种鱼类的感觉流速大致是相同的，也可以认为鱼类对水流感觉的灵敏性大致相同。

鱼类根据水流的流向和流速调整其游动方向和速度，使之处于逆水游动或较长时间地停留在逆流中某一位置的状态。鱼类的这种特性是因水压作用，由视觉和触觉等因素综合引起的，并与栖息的自然水域环境有密切关系。

1.2.4 鱼类繁殖

鱼类自然繁殖是在水温、水文、溶解氧、光照等环境条件作用下，机体接受外界条件诱导后，待产雌、雄亲体通过自身激素效应达到性腺成熟，并提供精子、卵子完成受精的过程。鱼类一般为雌雄异体，不同鱼类有不同繁殖方式，大致可分为三种。把成熟的卵产在水中，在体外受精及发育的生殖方式称为卵生，或卵在体内受精后再产出体外的生殖方式也称为卵生。卵不仅在体内受精，而且发育成幼鱼才从母体产出的生殖方式称为卵胎生，其幼鱼的发育不与母体发生营养关系，而是以自身的卵黄为营养。体内受精，胎体与母体发生循环关系，其营养不仅依靠自身的卵黄，而且也依靠母体供给，幼仔发育成熟后由母体产出的生殖方式称为胎生。

软骨鱼类一般为体内受精，行卵胎生、胎生或卵生，这种繁殖方式有利于后代成活，但繁殖力较低。多数硬骨鱼为体外受精，繁殖时，雌性亲鱼将卵排在水体中，同时雄性亲鱼也将精子排入水中，卵子与精子在体外结合受精。受精卵在没有亲鱼保护下自然发育。卵生鱼类占绝大多数，淡水鱼所产的卵多为黏沉性或漂流性，海水鱼产的卵均为浮性。自然状态下发育的胚胎和幼稚鱼易受环境伤害，成活率低，但卵生鱼类排卵量大，通过"以量取胜"的方式得以繁衍后代，成为水体中的主宰类群。

1. 鱼类的精子

鱼类的精子一般由头部、中段和尾部组成，头部较大，中段有线粒体供能器，尾部较长。与哺乳类不同，一般认为硬骨鱼类精子无顶体。鱼类精子按其结构特性分成螺旋形、栓塞形和圆形三种类型，其中圆形精子是常见鱼类的共有特征。

鱼类精子激活后运动时间很短，精子需要在有限的时间里找到卵并进入卵膜孔。Kime 等（2001）认为大麻哈鱼（Oncorhynchus keta）精子激活后运动时间小于 30 s，只能绕卵运动不到半圈（3～4.9 mm）。鲁大椿等（1989）对家鱼精子用淡水激活后，首先观察到十多秒漩涡状运动（激烈运动），然后是短暂的快速运动和短时间的慢速运动，之后是较长时间的颤动至运动停止。激烈运动时间长于快速运动与慢速运动之和，此时精子受精活力最强；慢速运动精子受精活力明显降低；颤动时间多于前三种运动时间之和，此时精子无受精能力，认为受精最佳时间在 30 s 内。通常鱼类精子的密度在 10^9 ind./ml 以上，精卵比在 1.5×10^5 时，受精率约 60%；在 2.0×10^5 时，受精率高于 70%；在 3.5×10^5 时，受精率达到 88%以上。精子的活力与雄鱼的发育状况有关，也与繁殖季节有关，一般在繁殖季节中期，精子活力最强。薛家骅等（1966）发现将草鱼精子一滴精液稀释在 20～30 ml 水中，平均受精率在 91%；稀释在 100 ml 以上水中，平均受精率只有 50%。也就是说，稀释度越高，受精率越低。不同类群的鱼类精子平均密度不一样，如鲤科鱼类的精子密度较鲟科鱼类高一个数量级，但相同类群的鱼类精子平均密度相差不大，如达氏鲟精子的平均密度为 1.52×10^9 ind./ml，中华鲟（Acipenser sinensis）精子的平均密度为 3.26×10^9 ind./ml，史氏鲟（Acipenser schrenki）精子平均密度为 2.45×10^9～9.50×10^9 ind./ml；而鲤鱼精子平均密度为 29.4×10^9 ind./ml，团头鲂（Megalobrama amblycephala）精子平均密度为 33.2×10^9 ind./ml，四大家鱼精子平均密度为 26.6×10^9 ind./ml（陈春娜等，2015）。长期的进化过程中，鱼类精卵为了有最大的机会相遇，正常情况下精子激活后会有足够的时间找到并进入卵子。

2. 鱼卵

淡水鱼类大多数卵呈圆球状或椭圆状，也有少许例外。例如，虾虎鱼科卵子呈圆球形，卵膜呈纺锤形；鳑鲏属鱼类卵子呈梨形。

不同鱼类卵子大小差别很大。如有的虾虎鱼的卵径仅 0.3～0.5 mm，而鼠鲨（Lamna nasus）的卵径可达 220 mm。硬骨鱼类卵径一般为 1～3 mm，但海鲇（Arius thalassinus）卵径达 11.7 mm，大麻哈鱼（Oncorhynchus keta）也有 6.5～7.5 mm。一般无护卵行为鱼类的卵子较小，卵胎生和胎生鱼类卵子较大。鱼类卵子最重要的包含物是胚胎发育需要的营养物质卵黄。不同鱼类卵黄形态不同，有颗粒状、球形或梨形等。根据卵黄量和分布，可将鱼卵分为：①间黄卵。卵黄量不丰富，不均匀地散布于原生质中，但较集中于植物极。如肺鱼类和软骨硬鳞鱼类的卵子。②端黄卵。卵黄量丰富，卵黄与原生质分离，集中于植物极，原生质大都集中在动物极。大部分鱼类为端黄卵类型。

根据卵子生态特点和密度，一般分为漂流性卵、黏沉性卵、黏草性卵、浮性卵、蚌内寄生卵等类型。

1）漂流性卵

又称半浮性卵。这类卵产出后吸水膨胀，出现较大的卵周隙。密度稍大于水。在流水中悬浮于水层中，静水中则下沉至底部。草鱼、青鱼、鲢（*Hypophthalmichthys molitrix*）、鳙（*Hypophthalmichthys nobilis*）、赤眼鳟（*Squaliobarbus curriculus*）、壮体沙鳅（*Botia robusta*）、鳡（*Luciobrama macrocephalus*）、鳊、鳜等产漂流性卵。

2）黏沉性卵

卵子比水重，卵粒一般较小。鱼卵产出后沉在水底或黏附于卵石、砾石或礁石上发育。产黏沉性卵鱼类，有中华鲟、广东鲂、宽鳍鱲（*Zacco platypus*）、叉尾平鳅（*Oreonectes furcocaudalis*）、福建纹胸鮡（*Glyptothorax fukiensis fukiensis*）、鲀类等。

3）黏草性卵

卵子比水重，卵粒一般较小。鲤、鲫等的鱼卵产出后黏附在水生植物的茎、叶上。

4）浮性卵

卵子比水轻，产出后漂浮于水层中。江河鱼类中产浮性卵的种类较少，有七丝鲚（*Coilia grayii*）、大眼鳜（*Siniperca kneri*）、鲥（*Tenualosa reevesii*）、短颌鲚（*Coilia brachygnathus*）等。卵粒一般较小，内含油球。一般无色透明，自由漂浮在水体上层，油球的数量、色泽、大小和分布是重要的种类分类特征。有些鱼类的卵只有一个油球，如斑鰶（*Clupanodon punctatus*）的卵，为单油球卵；有些鱼类如鲥，它们的卵含有数个大小不等的油球，属多油球卵。胚胎发育时，单油球卵的油球位于卵子的植物极，而多油球卵的油球则散布在卵黄之间。孵化前后便集中起来变成油块，位于卵黄囊的一端，直至被吸收消失。

5）蚌内寄生卵

蚌内产卵鱼类有大鳍鱊（*Acheilognathus macropterus*）、短须鱊（*Acheilognathus barbatulus*）、越南鱊（*Acheilognathus tonkinensis*）、高体鳑鲏（*Rhodeus ocellatus*）等。

3. 鱼类的交配

大多数鱼类的生殖器官由生殖腺（又称性腺）和生殖导管组成。前者用来产生精子或卵子，后者是向外输送精子或卵子。进行体内受精的鱼类，雄性具有特殊的交配器，把成熟的精子射入雌性的生殖导管内。生殖腺一般成对，位于其腹部内的两侧，极少数为单数；雄性的生殖腺为精巢，一般为白色，也称鱼白，精巢产出精子；雌性的生殖腺为卵巢，有青色、黄色、橙黄色、红色等颜色，卵巢产出卵子。两性生殖的鱼类占绝大多数，有卵生、卵胎生与胎生，只有极少数的硬骨鱼类行孤雌生殖。软骨鱼类虽然也有卵生、卵胎生与胎生，但它们都是行体内受精的，所以它们的雄鱼必须具有交尾器才能将精子送入雌鱼的体内，也就是"交尾或交配"，它们的交尾器与硬骨鱼类不同，是由腹鳍内侧的鳍条变形而成的。硬骨鱼类大多行体外受精，但也有少数鱼类行体内受精，它们都有交尾器，将精子送入雌鱼的体内。硬骨鱼类的交尾器有两种来源，一种是由臀鳍最前边的鳍条变形而成，另一种是由生殖窦突出发育而成。

鱼类达到性成熟后雄鱼各自去寻找交尾的伴侣，有的鱼一生只产卵一次，例如，鲑在大海里成长到性成熟需要2～3年，性成熟后回溯到出生的河流去交配产卵而后死亡；有的鱼则一生可行多次交配产卵。雄鱼性成熟往往会显现鲜艳的婚姻色，吸引成熟雌鱼交配。对于大部分鱼来说，发情季节，鱼群集游，雌雄鱼互相追逐、摩擦身体，然后雌鱼排卵于水中，雄鱼排精于水中，在水中精卵结合完成受精。鱼类受精卵有沉性、浮性、漂流性、黏附性等类型，均在水体中发育成鱼苗。

1）追逐

每到繁殖季节，雄鱼会有追逐雌鱼的形迹出现，刚开始，只是偶尔追逐，随后追逐行为会越来越频繁，这是雄鱼的求偶行为。

2）触碰

成熟雌鱼在排卵前会释放出性信息，引诱雄鱼加紧追逐，此时，雄鱼会紧追雌鱼，并以头顶撞雌鱼的腹部，用身体碰撞雌鱼，这时说明雄鱼已准备好随时排出精液。

3）交配

雄鱼始终紧追雌鱼不放，有时甚至会将雌鱼撞翻，说明很快就会产卵了。当雌鱼在前面摆尾产卵时，雄鱼会紧接着排精，从而使鱼卵受精。

Götmark等（1984）认为繁殖期性成熟鱼进入产卵场进行聚群，其间有复杂的求偶表演行为，因而，衍生出"求偶场"概念。求偶场是动物雄性个体繁殖期进行聚群求偶表演、交配的场所，雌性个体为交配而来到这些场所。有些繁殖雌性出现在求偶场的目的是受精，但不在求偶场内产卵或产仔（部分体外受精物种也可能发生求偶场交配制度）；雄性个体通过聚群以提高对捕食者的防御。与其他交配制度相比，求偶场交配制度强调雄性繁殖仅提供精子，对子代不提供任何照顾；雌性进入求偶场的唯一目的是交配，其余繁殖行为均不在求偶场发生。

求偶场交配表现为繁殖个体以集群方式进行求偶、交配，这种集群行为与性选择之间的关系表现在以下两方面：如果集群是雄性单方面所决定的，则雌性的性选择可能受到限制；如果集群是由雌性决定，则这种集群既可反映雌性的性选择偏好，又可反映出雌性在交配繁殖中的协调作用。环境因素（如食物、水、地形地貌等）也可能影响某些求偶场物种繁殖期集群。Oring（1982）认为动物个体为获得配偶而采取的行为对策可定义为交配制度，它包括三方面含义：①获得配偶的数量；②获得配偶的方式；③配偶间是否存在结对（pair bonds）以及配偶间的联系方式。Hughes（1998）认为对交配制度的研究经历了生态学、行为学、比较心理学和形态学等学科的独立分析及多学科综合分析的研究阶段。游章强等（2004）认为鱼类存在求偶场交配制度。

4. 受精

鱼类受精有体外受精和体内受精两种类型。绝大多数鱼类为体外受精。精卵在水中保持受精的时间很短，精子一般在几十秒内就失去受精能力，卵子通常在一两分钟到十几分即失去受精能力。精子排出体外，水体使精液稀释而激活精子运动，找到卵膜孔进入卵子。精子进入卵内后精核核膜很快消失，雌雄核融合后进入卵分裂的发育期。

沈其璋等（1990）在研究泥鳅（*Misgurnus anguillicaudatus*）精子入卵的动力机制中认为，在成熟卵与水接触，卵膜本身吸水膨胀过程中，卵膜与质膜之间迅速形成具有一定真空度的空间（卵周隙），使卵外围的水"负吸"快速通过卵膜孔进入卵周隙，将悬浮于水体中的精子吸入卵子，使卵子得于受精。电镜观察卵膜结构，发现以卵膜孔为中心，卵球整个凹陷区呈现出一个有规则的涡旋状结构。卵膜孔进口呈漏斗状，使进入卵周隙的水具有径向流速和周向流速，成为汇流与环流的"叠加"或"相加"，形成吸引精子的特定流场。泥鳅卵吸水膨胀时形成卵膜孔的流速达到 6.857 m/min。可见卵子对精子具有强大的瞬间吸引力，这是鱼类能够完成繁殖的关键因素，其中或体现了生物对环境的适应。

可以想象，四大家鱼卵子的卵周隙更大，应该数十倍于泥鳅卵周隙，其吸水膨胀的速率将更大，吸引精子具有更大的动力，这似乎提示四大家鱼更能适应急流。

5. 胚胎发育

鱼类受精卵有体外发育和体内发育两种类型。精子与卵子结合之后会形成受精卵，由于卵黄的分布具有不对称的特性，受精卵分为动物极（会发展成外胚层）和植物极（会发展成中胚层与内胚层）。在卵裂时期，受精卵会先分裂成两个细胞，之后细胞通常会逐次倍增。细胞分裂成 16～32 个细胞的阶段称为桑椹胚（morula）期。到了 32 个以上细胞阶段，称为囊胚（blastula）期，囊胚内部靠近动物极的区域会形成一个囊胚腔。

鱼类的胚胎发育可以分为胚前发育和胚后发育两个时期，以胚体孵出前后为界限。胚前发育在卵膜内进行，从一个受精卵逐渐发育成一个活动的幼体，最后破卵膜孵出，这个过程常称作孵化。胚后发育指从孵出到能够开始摄食外界营养的时期或主要器官分化为止。

胚前发育在卵膜内进行，以卵黄为营养，经历卵裂、胚体形成、器官分化三大阶段。胚胎发育受温度影响，水温越低，发育越慢。四大家鱼在胚孔封闭期前后对温度变化尤其敏感。水体溶解氧是胚胎发育的关键，在正常溶解氧量范围内，含氧量越高，孵出仔鱼越多。但是，缺氧常促使胚胎提前孵出，提高氧的饱和度则抑制孵出。

1.3 鱼类资源调查方法

鱼类资源量变化可反映产卵场功能状况。鱼类具有游泳特性，种群空间分布具有季节性变化特点，对鱼类种群资源量进行评估十分困难。鱼类资源量评估主要有早期资源评估、产卵群体评估、水声学探测评估等方法。

1.3.1 鱼卵、仔鱼调查

1. 采样

1）漂流性卵、仔鱼采样

早期发育阶段的鱼卵、仔鱼处于"随波逐流"的状态，主动游泳能力弱，可以通过定置网具收集采捕，在鱼类资源的定量方面具有独特的优势。针对漂流性卵和仔鱼资源的发生规律、漂流方式、时空分布、种类组成等方面有许多研究资料（佚名，1911；陈椿寿，1930；陈椿寿等，1935；林书颜，1933；陈理等，1952；易伯鲁等，1988；湖北省水生生物研究所鱼类研究室，1976；长江水系渔业资源调查协作组，1990；曹文宣等，2007；珠江水系渔业资源调查编委会，1985；广西壮族自治区水产研究所，1985；陆奎贤，1990；姜伟，2009；黎明政等，2010；李世健等，2011），历史资料反映了鱼类资源的变化过程。生产中采用定置弶网采捕江河鱼苗，科学监测使用流动圆锥网、定量弶网对鱼类早期资源进行采样。虽有许多关于鱼类早期资源监测的报道，但由于方法不统一，不同历史时期、不同实验室的数据难以比对。

鱼类早期资源调查具有以下优点：①鱼类早期发育阶段缺乏主动游泳能力，容易捕捞，在成鱼调查中不能发现的种类，在早期资源调查中也有可能采集到。②样本数量有保证，对资源破坏程度小，对资源的估算较精确。③采样简单，费用较低，很容易利用网具采捕。

（1）网具

弶网属于定置网具，也称漂流性网具。在家鱼人工繁殖成功之前，长江、珠江渔民均是通过网具在江河采捕野生鱼苗。渔民在捕捞鱼苗生产中通过不断改进网具提高采捕捞效率（硕青，1959），最终弶网成为采集野生鱼苗的主要生产工具。李新辉等改进了传统的定置弶网用于科学监测，并将改进的采样方法写入水产行业标准《河流漂流性鱼卵、仔鱼采样技术规范》（SC/T 9407—2012），为不同观测之间进行比较奠定了基础。河流漂流性卵、仔鱼监测用弶网，网口圆形或矩形，网口面积 0.5～1.5 m^2，网长 2～6 m；网末端与集苗箱相连，集苗箱半浮出水面（图 1-1）。圆锥网，网口圆形，内径 50 cm，网长 200 cm，网身网目 500 μm。

集苗箱和集苗筒的网目应小于对应的网身网目。网箱大小可以根据网的大小而定，集苗筒一般以 1 L 左右为宜（图 1-2）。图 1-3 示作业弶网，图 1-4 示集苗箱，图 1-5 示采样操作。

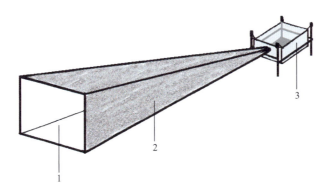

图 1-1　弶网

1-网口；2-网衣；3-集苗箱

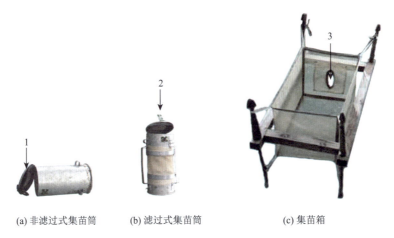

(a) 非滤过式集苗筒　　(b) 滤过式集苗筒　　(c) 集苗箱

图 1-2　集苗器（由中国科学院水生生物研究所惠赠）

1-密封盖；2-锁扣；3-弶网接口

图 1-3　作业弶网　　　　图 1-4　集苗箱　　　　图 1-5　采样操作

（2）站位设置

固定采样点宜选择在产卵场下游，河床相对平直，水流平缓、速度在 0.3~0.5 m/s、流态稳定的位置，通常距离河岸 2~15 m，水深 2~5 m 较为合适，采样点可设在河流的一侧或两侧，优先考虑靠近主流的一侧。断面采样按河流宽度一般设左、中、右 3 个点进行。采样断面至少 3 个，应尽可能覆盖研究对象的产卵场和育肥场。

普遍认为在早期生活史阶段产漂流性卵的鱼类完成生活史需要有 300~400 km（平均 350 km）的漂流长度，否则鱼卵无法顺利孵化出膜。将完成生活史所需的最小水域范围称为漂移发育单元。因此，较长的河流需要根据漂移发育单元设置多个采样断面。采样起始点应尽量靠近河流的下游以保证观测评估结果尽可能地涵盖江河中的所有产卵场。

一般可只在水表层（0~3 m）采样。在采样点水深大于 20 m 时，可分表层、中层、底层采样。

（3）采样方法

鱼卵、仔鱼的采样需要在鱼类繁殖季节进行，根据调查目的确定采样时间。大部分鱼类在春夏季产卵，也有鱼类在秋冬季产卵。高峰期一天的产卵量可能高于平时一个月的总和。为了尽量监测到实际发生数据，提高采样频率是必要的手段。建立固定采样位点，每日安排昼夜采样，覆盖全年（至少包含整个繁殖期）样本可准确了解河流生态单元中鱼类补充群体发生的过程、种类组成和资源量。有特殊需求的采样可依据调查目的和采样对象的差异，并视天气、水温、浊度、水流等实际情况确定具体采样时间和采样次数。采样时段尽可能包含一个或多个洪峰的涨落全过程。

定置网具网口逆水流方向固定于采样水层，保证网口面与水流方向垂直，网口完全沉入水面之下。弶网一次采样持续时间 0.5~3 h，可视网具大小、悬浮垃圾量和"苗汛"情况调整采样时间。采样过程中应分别于采样的开始、中间阶段和结束前测量流经采样网口的水流速度，获取网口水流速度数据，记录采样持续时间。

在规定的采样时间内，起网前先剔除网衣（或集苗箱）中的垃圾，然后将其中的鱼卵、仔鱼移于盛有一定水量的平底浅容器中，用镊子和胶头吸管把鱼卵、仔鱼拣出置于洁净的培养皿（或搪瓷碗）中。

圆锥网通常作为流动点采样工具，采用拖网方式采样。将网具悬挂于船的左（右）舷，使其稳定在采样水层，水平拖网 10～15 min，船速为 1～2 kn（0.5～1 m/s）。采样时应测定网口处水流速度以及采样持续时间。

2）黏沉性卵、仔鱼采样

评估产黏沉性卵鱼类的早期资源是一个难题，尤其在较深、水下地形复杂的水域，难以采卵或获得仔鱼样本。

一般在产卵场按抽样原则取石块等附卵介质，或从砂砾河床中设置样方获得卵样品。也可在产卵场下游用定置网具采集受水动力推动向下游漂流的鱼卵和仔鱼。样方一般以 1 m² 的正方形为宜。方框内可选相邻两边（如顶边、左边）等距离各三个点的五点取样法采样本（两边相交处共用一个样本）；也可根据河流带状特点，先将调查水域划分成若干等分段，按抽样比率决定采样间隔，选用等距取样法。例如，调查水域总长为 100 m，如果要等距抽取 10 个样方，那么抽样的比率为 1/10，抽样距离为 10 m，然后可再根据需要在每 10 m 的前 1 m 内进行取样，采样时样方大小要求一致。

3）黏草性卵、仔鱼采样

一般在产卵场按抽样原则取附卵水草得到黏附卵数（样方参照黏沉性卵、仔鱼采样），也可在产卵场下游用定置网采受水动力推动向下游漂流的鱼卵和仔鱼。

4）浮性卵、仔鱼采样

通常用拖网、手抄网或定置网采浮性卵、仔鱼。用拖网或手抄网采样，一般网口沿水流垂直方向向上拖动采样，或沿逆水方向拖动采样，也可在产卵场下游用定置网采受水动力推动向下游漂流的鱼卵和仔鱼。

5）蚌内寄生卵、仔鱼采样

一般在产卵场按抽样原则在河底部淤积层采蚌类解剖，数寄生卵的数量（样方参照黏沉性卵、仔鱼采样），也可在蚌分布区域下游用定置网采离开蚌体受水动力推动向下游漂流的鱼卵和仔鱼。

6）筑巢产卵鱼类的卵、仔鱼采样

筑巢产卵鱼类有黄颡鱼、乌鳢等。一般通过评估样地的鱼巢数量，并按抽样原则从鱼巢取样数卵（样方参照黏沉性卵、仔鱼采样），也可在产卵场下游用定置网采受水动力推动向下游漂流的鱼卵和仔鱼。

7）卵胎生仔鱼采样

卵胎生鱼类有赤魟（*Dasyatis akajei*）、食蚊鱼等。用拖网或手抄网采样，或捕获亲体获得仔鱼数据。

8）食卵鱼监测

大江大河中，许多鱼类在深水、急流中产卵，分散在水中黏附于介质的卵难以被人发现。而有一些鱼类生活在水流湍急的深水河槽或深潭的岩石间隙，喜欢食鱼卵，采捕并即时解剖这类鱼，往往可以发现摄食的卵。通过统计分析卵的种类和结构组成，可以确定产卵场的产卵主体及规模，从而实现资源量评估。

2. 种类鉴定

1）形态鉴定

曹文宣等（2007）、梁秩燊等（2019）描述了多种鱼类早期发育阶段的形态特征，可用于指导种类鉴定。不能直接鉴定种类的鱼卵或仔鱼可通过活体培养方式，直至能够鉴别出种类为止。

2）DNA 鉴别

鱼类早期发育阶段可供种类识别的形态参数有限，尤其在同一属内许多鱼类种类形态接近，难以区分，给研究小类群鱼类带来困难。21 世纪，现代生物学发展十分迅速，大量的分子生物学创新性技术融入生物学相关的各个领域，以分子手段对物种进行种类识别的方法得到了空前的发展，并在鱼类种类鉴定中广泛应用。分子鉴定方法不依赖于生物外部形态性状，通过少量的生物组织就能够实现种类的准确鉴定，特异性极高，可重复性强，鉴定结果不受鉴定人经验的影响。近年发展的环境 DNA（eDNA）技术仅用生物体脱落在水体的微量样本即可鉴别物种，环境 DNA 技术的建立将更方便于稀有珍贵物种的生态学研究。目前鉴定种类常用的分子手段有 PCR-RFLP 技术、微卫星标记技术等，尤其以 DNA 条形码技术最为常用。早期发育阶段的种类鉴别可拓展认识较小类群（比如某一个亚科或是某一个属）的鱼类产卵场。生态系统中各物种存在都有其特定的功能，识别早期发育阶段鱼类种类，是直接了解其繁殖需求及产卵场功能的关键。

3. 漂流性鱼类早期资源量测算

1）漂流性鱼类早期资源

通过采获的漂流性鱼类早期资源（样品）数据，结合采样点的径流量、流速、采样时间和断面系数，可以测算漂流性鱼类早期资源量，从而判断产卵场的功能状况。

（1）单位捕捞努力量渔获量

单位捕捞努力量渔获量（catch per unit fishing effort，CPUE）的计算方法根据公式（1-2）：

$$\text{CPUE} = \frac{m}{t} \tag{1-2}$$

式中，CPUE 为单位捕捞努力量渔获量[ind./(h·net)]；m 为一个网具一次采集时间内采集到的样品数量（ind.）；t 为一次样品采集的持续时间（h）。

（2）种类组成

各种类早期资源的比例组成按公式（1-3）计算：

$$P_i = \frac{N_i}{N} \times 100 \quad (1\text{-}3)$$

式中，P_i 为第 i 种鱼类早期资源量占所有鱼早期资源总量的百分比（%）；N_i 为第 i 种鱼类早期资源量（ind.）；N 为所有鱼早期资源总量（ind.）。

（3）资源量测算

假设样品在整个断面上的分布是均匀的，资源量按公式（1-4）计算：

$$N_t = D \times Q \times t \quad (1\text{-}4)$$

式中，N_t 为资源量（ind.）；D 为密度（ind./m³）；Q 为流量（m³/s）；t 为采样时长（s）。

然而实际上由于样品在采样断面的分布往往是非均匀的，资源量估算时需要增加断面系数（C）进行修正，则资源量计算公式为

$$N_t = D \times Q \times t \times C \quad (1\text{-}5)$$

断面系数是采样断面各采集点的样品平均密度与固定采样点样品密度的比值。具体按公式（1-6）计算：

$$C = \frac{\overline{D}}{d} \quad (1\text{-}6)$$

式中，C 为早期资源断面系数；$\overline{D}$ 为采样断面各采集点的样品平均密度（ind./m³）；d 为固定采样点的样品密度（ind./m³）。

早期资源的密度计算公式为

$$D = \frac{m}{S \times V \times t} \quad (1\text{-}7)$$

式中，D 为一次采集的样品密度（ind./m³）；m 为采集时间内采集到的样品数量（ind.）；S 为采集网的网口面积（m²）；V 为采集网网口处平均水流速度（m/s）；t 为采样时长（s）。

综合起来一次定时采集时间内流经采样断面的样品量则为

$$M_t = D \times Q \times t \times C = \frac{m}{S \times V \times t} \times Q \times t \times C = \frac{C \times m \times Q}{S \times V}$$

即每次采集时间内的样品量可以用公式（1-8）计算：

$$M_t = \frac{C \times m \times Q}{S \times V} \quad (1\text{-}8)$$

式中，M_t 为采集时间内流经采样断面的早期资料总量（ind.）；C 为采样点的早期资源断

面系数；m 为采集时间内采集到的样品数量（ind.）；Q 为采样时间内采样点所在断面的流量（m^3/s）；S 为采样网具的网口面积（m^2）；V 为采样时间内流经网口的平均水流速度（m/s）。

由于早期资源的采样为非自动连续采样，考虑采样间歇期的早期资源量可测算出更精确的资源量：

$$M = \frac{t'}{2} \times \left(\frac{M_1}{t_1} + \frac{M_2}{t_2} \right) \tag{1-9}$$

式中，M 为前后两次采集之间间歇时间的早期资源量（ind.）；t' 为前后两次采集之间的间歇时间（h）；t_1、t_2 为前后两次采集的持续时间（h）；M_1、M_2 为前后两次采集时间内采集的早期资源数量（ind.）。

以每天采样 4 次，每次采样 2 小时，采样时间以 0:00~2:00、6:00~8:00、12:00~14:00 和 18:00~20:00 为例，假设每次采集时间内采集的早期资源数量分别为 N_1、N_2、N_3 和 N_4，且前一天和后一天早期资源的密度无显著变化，即后一天 0:00~2:00 的采集量 $N_5 \approx N_1$，则一天内流经断面的资源量应该为：

① 算法一

采集时间内的资源量：$N_1 + N_2 + N_3 + N_4$

非采集时间（间歇时间为 4 h）内的资源量：

$$\frac{4}{2}\left(\frac{N_1}{2} + \frac{N_2}{2}\right) + \frac{4}{2}\left(\frac{N_2}{2} + \frac{N_3}{2}\right) + \frac{4}{2}\left(\frac{N_3}{2} + \frac{N_4}{2}\right) + \frac{4}{2}\left(\frac{N_4}{2} + \frac{N_5}{2}\right) \tag{1-10}$$
$$= 2(N_2 + N_3 + N_4) + N_1 + N_5 \approx 2(N_1 + N_2 + N_3 + N_4)$$

全天采集的鱼卵、仔鱼总量：$N \approx 3(N_1 + N_2 + N_3 + N_4)$

② 算法二

鱼卵、仔鱼总量为

$$N = \frac{N_1 + N_2 + N_3 + N_4}{2 + 2 + 2 + 2} \times 24 = 3(N_1 + N_2 + N_3 + N_4) \tag{1-11}$$

两种算法结果的差异主要取决于 N_5 和 N_1 的差异，而 N_5 和 N_1 的差异大小取决于一天中采样的次数，采样的次数越多，N_5 和 N_1 的差异就会越小，式（1-12）更为简便：

$$M_i = \frac{\sum_{t=1}^{n} M_t'}{t_i} \times 24 \tag{1-12}$$

式中，M_i 为第 i 天流经采样点的早期资源量（ind.）；M_t' 为第 i 天中第 t 次采集时间内流经采样点的早期资源量（ind.）；n 为第 i 天内的采样次数；t_i 为第 i 天各次样品采集的累积时长（h）。

无论是评价自然河流的资源量还是针对工程建设的影响评价，一般都想知道一年的资源总量或者损害量。可根据每天的资源量求算术平均值，即用公式（1-13）计算获得每年的资源量：

$$M_{年} = \frac{\sum_{i=1}^{n'} M_i}{n'} \times 365 \qquad (1-13)$$

式中，$M_{年}$ 为全年流经采样点的早期资源总量（ind.）；M_i 为第 i 天流经采样点的早期资源量（ind.）；n' 为全年采样的天数。

而各种类早期资源量在得知种类组成和资源量之后，可以很容易用资源总量乘以相应种类占总量的百分比求得，即可根据公式（1-14）获得：

$$M_i' = M_{年} \times P_i \qquad (1-14)$$

式中，M_i' 为第 i 种鱼类早期资源年总量（ind.）；$M_{年}$ 为全年早期资源总量（ind.）；P_i 为第 i 种鱼类早期资源量占所有鱼早期资源总量的百分比（%）。

2）其他类型早期资源估算

除漂流性卵、仔鱼外的其他类型的鱼类早期资源测算，需要依据抽样方法来确定资源的计算方法。抽样方法大致有简单随机抽样、系统抽样、分层抽样、整群抽样、多段抽样、PPS 抽样（概率与元素的规模大小成比例的抽样）、判断抽样、雪球抽样等。以简单随机抽样的方法为例，假设鱼卵分散在 A 面积的河床（或 A 面积中的鱼类摄食了鱼卵），将 A 分为等面积的 N 个样方（如 1 m² 的正方形），按标准抽出 n 个样方计算受精卵数量 n_i，资源量 R 计算为：

$$R = \frac{\sum n_i}{n} \times N$$

1.3.2 产卵群体调查

产卵群体是早期补充群体资源量的重要影响因素之一。结合产卵群体和早期资源的调查，可以对产卵场的功能进行评价。由于直接研究鱼类资源量存在较大困难，通常用渔获量来反映鱼类资源量。渔业资源调查应首先针对评价河流进行文献查阅，收集研究水域有关鱼类和渔业相关的公开发表文献及官方统计资料等，走访渔民采集历史捕捞信息，掌握江河渔业资源的背景资料。

捕捞调查应掌握目标水域的重要渔业生物的种类组成、数量或生物量分布，分析渔业生物的群落结构，并根据渔获物分析掌握主要渔业种类的生物学特征。通过资源类群的结构特征，分析评价河流的主要产卵场类型，进而评估产卵场的功能。

运用特定的渔具在调查水域中进行一定时间的采样作业调查，是河流渔业资源调查的一种重要方式。采样调查需要渔具、船只和人员的配备，较为烦琐。在渔船聚集的码头或市场对捕捞渔获物进行抽样调查，也是渔业资源调查中较为常见的方法。

通常渔业资源调查需要对调查方式、方法、采集数据等进行建档管理，内容包括调查抽样方式、调查站位、调查时间、作业方式、样品种类、性别、规格大小、数量、质量等信息，采集样品应标记编号、固定保存等。

1. 调查网具

开展科学调查采样的渔具渔法通常有刺网类、围网类、拖网类、地拉网类、张网类、敷网类、抄网类、掩罩类、陷阱类、钓具类、耙刺类、笼壶类、诱捕类等。有些渔具渔法需要管理部门的特许批准。

2. 站位设置

鱼类群落分布与河宽、温度、海拔、水质和水体环境属性有关。因此，在设置调查站位时，应综合考虑物种对象分布、环境梯度等因素。渔业生物的时空分布常受水域物理和化学环境以及人类活动的影响，调查站位应根据河流的环境空间梯度或功能特征进行设置，一般应在目标河流的上游、中游、下游，或在产卵场、河流汇合点下游布点，也可在河流中按一定间隔均匀设置采样站点（李捷等，2012），遇水坝时应在水坝上游、水坝下游增设样点，在产卵场、河流汇合点下游可增设采样站点。季节性调查能反映渔业资源适应周年环境的动态变化，在渔业资源调查中较为常见。季节性调查可以是春、秋两季，也可以在春、夏、秋、冬四季或依据月份逐月调查。

3. 调查时间

对产卵群体的调查，应该选择鱼类繁殖期。繁殖期鱼类进入产卵场待产，此时鱼群聚集，易捕捞，采捕的鱼多为性成熟个体。

4. 采样操作

捕捞调查中，常用单日渔获量来衡量渔业资源量的多少。由于渔民有同时使用多种渔具作业的习惯，单种网具不能实现连续 24 h 作业，故调查作业时间为 1～24 h 不等。通常刺网类和钓具类渔具每次作业 3～5 h，笼壶类渔具每次作业 24 h，力求在作业时间相似的时间段（凌晨、白天、傍晚或夜间）进行，以保证不同站点数据的可比性。

在有渔船作业的水域或码头，按照现场各种渔具类型的作业渔船比例，随机收集 10

船或 10 网次以上的渔获物，每种作业渔具类型数不少于 2 个，捕捞作业时间应控制在 24 h 内。统计分析渔获物结构和渔船单日渔获量，记录渔获物重量、渔船功率、渔具分类、作业时间等信息。

5. 样本分析

1）产卵群体鉴别

（1）年龄

鱼类性成熟年龄周期差异很大。自然条件下一些当年繁殖的鱼类可以生长达到性成熟，如唐鱼等许多热带亚热带小型鱼类；有些鱼类需要 10 多年才能达到性腺发育成熟，如中华鲟。大部分鱼在 2~6 龄可达到性腺发育成熟。因此年龄是鉴别亲体的重要指标。季节是影响鱼类生长的因素。春夏季水温上升，饵料丰富，鱼体新陈代谢旺盛，摄食量大，生长速度快。到秋冬季，水温下降，饵料贫乏，鱼体新陈代谢缓慢，生长速度转慢，冬季甚至停止生长。到第二年春季水温升高，生长速度又逐渐加快。在鱼体长增长停滞时，鱼体上的鳞片生长也相应停滞。生长快时鳞片形成"宽带"，生长慢时鳞片形成"窄带"，从而形成鉴别鱼类生长期的年轮。年龄也记录在类似脊椎等的骨骼中。通过年龄分类可以识别亲体类群。

年龄与生长相关，许多文献报道了鱼类年龄与生长的关系，因此通过体长或体重大概也可掌握亲体类群的大小。

（2）性腺发育

通过解剖观察性腺发育是确定产卵群体最可靠的方法之一。对采获的鱼类标本进行解剖分析，根据性腺发育程度确定亲体及其数量。鱼类性腺发育通常分六个时期。

Ⅰ期：卵巢、精巢紧贴在鳔腹两侧，是一对半透明的线状细丝，用肉眼不能区分性别。

Ⅱ期：卵巢扁带状半透明，呈肉红色，肉眼尚看不清卵粒，但药物固定后的卵巢呈花瓣状分叶；Ⅱ期精巢呈细带状，半透明，肉眼较难区别性别。

Ⅲ期：卵巢呈青灰色，肉眼能看清卵粒。达到性成熟年龄后的四大家鱼雌性个体都是以Ⅲ期卵巢越冬。Ⅲ期精巢稍呈圆柱状，外表呈粉红色或淡黄色。达性成熟年龄后Ⅲ期精巢可由Ⅵ期自然退化或由Ⅴ期排精后回复而成。

Ⅳ期：卵巢呈青灰色稍带棕黄色，卵粒明显，放置固定液中可游离脱落。在生殖季节，成熟后的卵巢几乎充满整个腹腔，用挖卵器从泄殖腔一侧伸入卵巢旋转取卵检查。卵经透明液（85%乙醇）处理 2~3 min 后，肉眼隐约可见鱼卵大部分卵核偏心，发育较差的卵则卵核大多居中，而过熟和退化的则无核心。Ⅳ期精巢呈不规则长扁平状，灰白色。鲤、鲫达性成熟年龄时都是以Ⅳ期精巢越冬。

Ⅴ期：卵巢松软，青灰色。卵粒游离于卵巢腔内，提起鱼体，卵粒可从泄殖腔自动流出。Ⅴ期精巢增厚，呈白色，表面有明显血管分布。

Ⅵ期：卵巢为退化或产后之卵巢。表面血管萎缩、充血，呈紫红色，卵巢体积逐渐缩小，卵巢膜松弛、变厚，外表可见灰白色多角、扁平斑点。退化或产后余下的卵解体，逐渐吸收进入下一卵巢发育周期的第Ⅱ期。Ⅵ期精巢呈淡黄色，体积显著缩小、充血，精液发黄，遇水成团不散，精子死亡或无精子。之后逐渐吸收进入下一精巢发育周期的第Ⅲ期。

对Ⅳ～Ⅴ期卵巢计重，取单位质量的卵巢进行数卵分析，可以获得怀卵量数据。通过怀卵量数据可以测算产卵群体的卵量。在渔业资源调查中，通常使用相对怀卵量估算产卵群体的卵量，即是以性成熟的雌性质量为基数，通常将相对怀卵量 50～120 ind./g 作为群体测算的参考范围值。

2）区域性种群差异

不同江段鱼类种群分布有差异，这种差异表现在群落构成、种群构成和资源量等方面。种群差异也反映出不同江段产卵场功能差异。鱼类空间差异决定产卵场分布也有空间差异，这种差异包含两方面，一方面是不同江段的产卵场适合不同鱼类种类，另一方面是同一种鱼类在不同江段对产卵场的适应也有差异。通常产漂流性卵的鱼类产卵场较为集中，洄游性鱼类、江河中成优势种的鱼类产卵场也比较集中。更多种类的鱼类产卵场零星分散在江河的不同水域中，这些鱼类大多数产黏沉性卵，通常这些鱼类的生物量在鱼类群落中占比较小。黏沉性卵受精后黏附在砂砾、水草、卵石或水下礁石上发育，孵化出膜的仔鱼也会受水动力带动而随水流向下游漂浮发育。表 1-1 列出 2015～2016 年珠江主要干支流鱼类早期资源种类结构差异，从中也可窥视河流水系中鱼类产卵场的空间差异。

表 1-1 珠江主要干支流鱼类早期资源种类分布 （单位：%）

种类	西江干流			西江支流					东江
	石咀	封开	高要	石龙	下楞	金陵	老口	江口	古竹
鳘类	6.30	13.60	4.10	0.20	37.90	27.70	1.60	4.60	16.20
鲤/鲫	0.30	0.00	0.00	0.40	0.30	0.20	0.10	0.00	0.10
鲷属	4.90	3.10	13.10	0.10	0.00	5.50	0.00	0.00	16.30
鳜属	3.40	3.20	0.20	9.30	3.70	1.60	0.10	0.10	1.00
飘鱼属	5.10	16.20	0.90	2.40	0.40	1.40	0.30	0.00	0.10
银鱼科	3.30	0.10	0.40	7.50	0.50	0.10	0.00	0.70	0.10

续表

种类	西江干流			西江支流					东江
	石咀	封开	高要	石龙	下楞	金陵	老口	江口	古竹
鲌类	3.80	3.50	0.90	30.70	2.70	0.80	3.40	0.00	0.40
银鮈类	4.50	3.20	4.40	17.50	31.20	8.40	0.10	0.10	38.10
鳅科	4.40	2.20	1.90	3.40	8.90	1.30	0.00	0.00	9.00
虾虎鱼科	15.30	8.40	0.50	0.40	2.40	25.90	74.90	88.90	10.40
鳈亚科	1.10	0.00	0.00	3.50	0.00	6.40	10.20	2.00	1.90
广东鲂	0.00	4.00	17.60	0.00	0.00	0.00	0.00	0.00	0.00
赤眼鳟	7.00	40.00	38.70	1.00	1.60	0.30	1.60	0.70	2.20
鲮	1.90	0.40	8.80	1.80	2.20	0.30	0.10	0.50	0.10
青鱼	0.00	0.20	0.30	0.10	0.00	0.00	0.00	0.00	0.00
草鱼	0.50	0.30	1.10	2.60	0.70	0.10	0.00	0.00	0.70
鲢	0.30	0.90	2.50	0.20	0.50	0.10	0.00	0.00	0.60
鳙	0.10	0.30	0.70	0.50	0.00	0.00	0.00	0.00	0.10
鳡	0.00	0.10	0.50	0.20	0.00	0.00	0.00	0.00	0.00
鳤	0.00	0.00	0.20	0.00	0.00	0.00	0.00	0.00	0.00
罗非鱼	0.30	0.10	0.00	9.50	2.10	3.10	7.70	0.50	1.70
其他	37.50	0.20	3.20	8.70	4.90	16.80	0.00	1.90	1.00

6. 产卵群体资源量测算

单位捕捞努力量渔获量法是广泛使用的渔业资源评估方法。即在规定的时期内，一个单位捕捞努力量渔获的平均重量或数量，可作为在特定时期（一般为一年或一个汛期）内投入某渔业的捕捞作业单位的质量或数量。该方法同样适用于产卵群体的估算。相比渔船功率，渔具网具的类型、大小和作业时间，与渔获量的联系更密切直接，更能细致反映渔获量。设定 B 为产卵群体量，故在 CPUE 计算时，选用了渔具规格和作业时间作为捕捞努力量：

$$\mathrm{CPUE} = B/nt \tag{1-15}$$

式中，B 为某规格渔具的总渔获产卵群体量（kg 或 ind.）；n 为渔具数量（net）；t 为采样时间（d 或 h）。CPUE 即单位时间内单位渔具的渔获量[kg/(net·d)，(ind./(net·d)或 kg/(net·h)，ind./(net·h)]。基于 CPUE 可估算整个河段的渔业资源量。

在渔业资源统计分析中，年捕捞产量被认为是渔业资源现状的重要量化指标。基于单船渔获量和渔船数量等调查指标，给予了年渔获量和某种鱼类年渔获量的估算方法。

因此可根据抽样调查统计的渔业状况数据，计算日均单船渔获产卵群体量和年渔获产卵群体量。

$$\overline{Y}_d = \frac{\sum_{i=1}^{i=n} Y_d}{n} \qquad (1\text{-}16)$$

$$\overline{Y}_a = \sum_{m=1}^{m=12} \left(\overline{Y}_d \times \overline{T}_m \right) \qquad (1\text{-}17)$$

$$Y_a = \overline{Y}_a \times N = \sum_{m=1}^{m=12} \left(\overline{Y}_d \times \overline{T}_m \right) \times N \qquad (1\text{-}18)$$

式中，Y_d 为调查渔船单日渔获产卵群体量[kg/(艘·d)]；m 为调查月份；n 为进行渔获物调查的渔船数量；$\overline{T}_m$ 为调查月份所有渔船的平均作业天数（d），$\overline{T}_m = \dfrac{\sum_{j=1}^{j=n} T_m}{n}$；$N$ 为该河段的渔船总数量（艘）。

日均单船渔获产卵群体量[$\overline{Y}_d$，kg/(艘·d)]按式（1-16）计算，单船年渔获产卵群体量[$\overline{Y}_a$，kg/(艘·a)]按式（1-17）计算，目标研究河段的年渔获产卵群体量（Y_a，kg/a）按式（1-18）计算。某种鱼类的年渔获产卵群体量由（1-19）式计算：

$$Y_{ai} = Y_a \times W_i\% \qquad (1\text{-}19)$$

式中，Y_a 为研究河段的年渔获产卵群体量(kg/a)；Y_{ai} 为物种 i 的年渔获产卵群体量(kg/a)；$W_i\%$ 为物种 i 的平均质量比例。

1.3.3 水声学探测调查

水声学技术是探测鱼类资源的一种有效手段（Johannesson et al.，1983）。危起伟（2003）采用超声波遥测追踪技术，研究中华鲟的产卵行为与产卵场功能位置。张辉（2007）通过信号追踪技术确定了中华鲟产卵亲体在产卵场区域的活动范围，通过信号分析推测中华鲟产卵前栖息的位置一般在河床高程值较大、地势比较复杂、流速较紊乱的水域。产卵行为发生时中华鲟主要集中至"上产卵区"和"下产卵区"所在的位置。通过遥测技术细化了产卵场的功能区。此外，利用声呐探测技术也能获得鱼群数据。谭细畅等（2009a，2009c，2009d）、武智（2010）、郭喜庚等（2010）分析了回声探测仪在渔业资源评估中的作用，回声探测可评估资源量、禁渔期制度实施效果，结合捕捞调查可以评估产卵群体量。

1. 设备

分裂式波束鱼探仪，实时显示采集的声学数据软件，导航定位仪器和监测船。

2. 数据采集

探测换能器固定于船侧水面下约 0.5 m 流线型导流罩内，按一定船速、航线扫描水域，获得覆盖调查水域的回波数据。

3. 声学数据处理

声学数据进行单体回波识别和计数，通过模型分析数据获得资源量数据。目标强度和鱼体体长之间的关系采用 Foote 等（1980）提出的有鳔鱼类的经验公式：

$$TS = 20 \lg L - 71.9$$

式中，TS 为目标强度（dB）；L 为体长（cm）。

根据全球定位系统记录的数据可以计算出探测的航程。用两点间的距离公式计算航行距离。假设某一点的横坐标和纵坐标分别为 x_1 和 y_1，另一点的横坐标和纵坐标分别为 x_2 和 y_2，则这两点间的距离 S 为

$$S = \sqrt{(x_1 - x_2)^2 + (y_1 - y_2)^2}$$

鱼类密度的估算采用回声计数方法，算法如下：

$$V = \frac{1}{3} \times \tan\frac{\theta'}{2} \times \tan\frac{\phi'}{2} \times (R_2^3 - R_1^3)$$

$$\varphi = \frac{N}{PV}$$

式中，N 为探测到的鱼类个体数量；φ 为单位体积水体鱼类个体数量，即鱼类密度；V 为一次脉冲波束范围的水体体积；P 为不同范围的脉冲波束数量；θ' 和 ϕ' 分别为探测换能器的横向和纵向的有效检测角度；R_2 为探测位置水深；R_1 为探测换能器 1 m 以下的水深。

某一给定水域内评估种类的资源量（N_i, ind.）和生物量（B_i, g）分别为：

$$N_i = \varphi \cdot V \cdot P_i$$

$$B_i = N_i \cdot \overline{w}_i$$

式中，φ 为探测区域鱼类密度（ind./m³ 或 ind./1000 m³）；V 为探测水域水体体积（m³）；P_i 为第 i 种生物在渔获物中所占比例；$\overline{w}_i$ 为评估种类 i 平均质量（g）。

1.4 鱼类区域性分布

鱼类是最古老的脊椎动物，地球上最早出现的鱼是 4.05 亿年前的圆嘴无颌鱼。在历

史长河中，地球上曾经生存过大量的鱼类，随着时间的消逝许多鱼类已经消亡绝灭，今天生存在地球上的鱼类，仅仅是后来出现、演化而来的极小部分种类。无颌鱼后来逐渐进化出具有笨重甲壳的鱼类物种。泥盆纪时期（4.19 亿～3.59 亿年前）的鱼类已分为无颌类、盾皮类、软骨鱼类及硬骨鱼类四大类。现存的盲鳗目（盲鳗）与异甲目物种略有关联。这种底栖滤食动物栖息在浅海中，其头部和有鳞的尾部都覆盖着皮甲。硬骨鱼类以古鳕目鱼类最为古老，鲟形目是其演化的仅存少数种。中生代（2.5 亿～6500 万年前）为鱼类的中兴时代，现代鱼类的各个类群在那时多数已经出现。到新生代（6500 万年前至今）各类群鱼类十分繁茂，成为脊椎动物中的第一大类。

鱼类几乎栖居于地球上所有的水生环境，从淡水的湖泊、河流到咸水的大海和大洋。我国江河湖泊有淡水鱼 1300 多种（Xing et al.，2016），著名的四大家鱼——青鱼（*Mylopharyngodon piceus*）、草鱼（*Ctenopharyngodon idellus*）、鲢（*Hypophthalmichthys molitrix*）、鳙（*Hypophthalmichthys nobilis*）和鲤（*Cyprinus carpio*）、鲫（*Carassius auratus*）等很早已经驯养成养殖品种，长期为人类提供养殖蛋白源。2018 年，我国淡水养殖业产量近 2960 万 t，淡水渔业经济产值约 6350 亿元。在人类走过 6500 多万年的进化历程中，起初自然水域的鱼类是人类极为重要的蛋白质来源，在社会经济高速发展的现代，鱼类在维持河流生态系统平衡、保障人类饮用水安全方面的生态价值和意义更大。

我国领土广阔，地形多样，河流众多。东西跨越的经度有 60 多度，距离约 5200 km；南北跨越的纬度近 50°，距离约为 5500 km。地势由青藏高原向东呈阶梯状分布，气候复杂，降水由东南向西北递减。我国的水资源分布不平衡、河流地区分布不平衡、水文特征地区差异大，东北平原、华北平原、长江中下游平原以及四川盆地内部的成都平原，都是由河流的冲积作用形成的冲积平原。黄土高原上很多地方受流水侵蚀，使地形具有独特的特征。地形、地貌的多样性形成了不同河流的特殊生境，鱼类等生物依据栖息的特征形成特殊的生物群落。

多样化的气候和自然环境，孕育着丰富物种，不同水域有不同的鱼类群落组成。张春霖（1954）将中国淡水鱼类分为黑龙江区、西北高原区、江河平原区、东洋区和怒澜区等五区。

1. 黑龙江区

黑龙江区包括黑龙江、松花江及乌苏里江、图们江、鸭绿江各流域。区内鱼类主要群系是耐寒的种类，如圆口纲的 3 种七鳃鳗，鲑形目的鲑科 10 种、茴鱼科 2 种、胡瓜鱼科 1 种、狗鱼科 1 种，鳕形目的江鳕（*Lota lota*），鲟形目的史氏鲟（*Acipenser*

Schrenckii）、鳇（Huso dauricus），刺鱼目的三刺鱼（Gasterosteus aculeatus）等适应冷水性种类，均为该区特有的代表性种类。

黑龙江水系主要的冷水性鱼类有哲罗鱼（Hucho taimen）、细鳞鱼（Brachymystax lenok）、茴鱼、江鳕、狗鱼及乌苏里白鲑（Coregonus ussuriensis）等大型凶猛鱼类，洄游性鱼类有大麻哈鱼。温水性鱼类有鲤、鲫、鲇（Silurus asotus）、翘嘴鲌（Culter alburnus）、重唇鱼、蒙古鲌（Culter mongolicus）等 80 余种。

鸭绿江水系冷水性鱼类较多，如细鳞鱼（Brachymystax lenok）、哲罗鱼、茴鱼、江鳕、红点鲑（Salvelinus leucomaenis）等。辽东半岛具有喜流性鱼类，如查鱼、重唇鱼、拟鲌、宽鳍鱲（Zacco platypus）、马口鱼（Opsariichthys bidens）、斑鳜（Siniperca scherzeri）等 70 余种。

2. 西北高原区

西北高原区包括新疆、西藏北部、内蒙古、青海、甘肃、陕西、山西等地。区内主要是高原或山地，所栖息的鱼类均具备特殊的适应条件，如能耐旱耐碱，或能栖居于急流水底，故种类比较少。虽该区各属是各区中最少者，但有些适应生存环境的特殊属，种类特别多，成为优势类群。例如，裂腹鱼亚科约 70 种，条鳅亚科 110 种构成该区的特有种类。

3. 江河平原区

江河平原区为一大平原，包括长江中下游、黄河下游、海河流域、淮河流域和辽河下游，区内除各江河干流、支流外，还有鄱阳湖、洞庭湖、太湖、巢湖等数千湖泊。因其地势平坦、水流缓慢，主要鱼类的特点有：形状一般是身体侧扁，头尾均尖，略呈纺锤形，胸鳍、腹鳍、臀鳍、尾鳍都很发达。鲤科的大多数种、属分布在这一区域，如鲤、鲫、鳊、草鱼、青鱼、鲢、鳙、赤眼鳟、鲹、鳡、鳤（Luciobrama macrocephalus）、鲌、银飘鱼（Pseudolaubuca sinensis）、麦穗鱼（Pseudorasbora parva）、铜鱼（Coreius heterodon）、棒花鱼（Abbottina rivularis）、黑鳍鳈（Sarcocheilichthys nigripinnis）等。该区内鲤科鱼类不但种数繁多，且产量丰富，堪称为鲤科鱼类的种质资源中心。

辽河水系冷水性鱼类较少，细鳞鱼是代表性大型鱼类。南亚江河平原鱼类较多，如长吻鮠（Leiocassis longirostris）、黄鳝、日本鳗鲡等，下游有咸淡水鱼类鲚等，其他温水性鱼类约 70 余种。

海河水系多属平原区鱼类，主要有鲤、鲫、草鱼、鲇、鲢、鳙、鲂、乌鳢、鳜、赤眼鳟、鲌类等，另外还有河口性的鮻（Liza haematocheila）、日本鳗鲡等 70 余种。

黄河水系有鱼类 190 余种，主要有鲤、鲫、赤眼鳟及鸽子鱼。下游常见的有花䱻（*Hemibarbus maculatus*）、铜鱼、翘嘴鲌、鲴、鳊、鲢、鳙等。

淮河水系河网密布、鱼类资源丰富，有 200 多种鱼类。主要为平原区鱼类，如鲤、鲫、青鱼、草鱼、鲢、鳙、银鲴、鳊、鲂、鲇、鲌等。长江水系的一些洄游鱼类亦进入淮河水系。

长江是我国最长、最大的河流，多支流和湖泊，有各种鱼类 420 余种（Xing et al.，2016）。平原区鱼类主要有青鱼、草鱼、鲤、鲢、鳙、鲫、鳡、鲸、鳊、鲂、鲇、鳜、乌鳢、翘嘴鲌、蒙古鲌、铜鱼、黄尾鲴、银鲴、黄颡鱼（*Pelteobagrus fulvidraco*）、圆口铜鱼（*Coreius guichenoti*）等。中下游还有胡子鲇（*Clarias fuocus*）、塘鳢、鳝、月鳢（*Channa asiatica*）、鲉类、鳅类等。河口性鱼类主要有鲻（*Mugil cephalus*）、鲅、花鲈（*Lateolabrax joponicus*）、河鲀、舌鳎等。洄游性鱼类主要有鲥、松江鲈（*Trachidermus fasciatus*）中华鲟等。

钱塘江水系有鱼类 100 余种，产量颇丰。除平原区鱼类外，主要有紫斑三线舌鳎（*Cynoglossus purpureomaculatus*）、花鲈、鲻、圆吻鲴（*Distoechodon tumirostris*）等。

4. 东洋区

东洋区包括广东、广西、海南、云南东部、贵州、福建、台湾等地，区内鱼类多属喜温暖的亚热带、热带鱼类。该区内鱼类生活于高山峻岭河川中，由于水流湍急，栖居的鱼类多在口部或胸部具有吸盘，以在急流中生存。该区以热带性生物种类多为特征。有与越南、泰国、缅甸、印度各国相似的鱼类群系组成，其特色代表性种类主要为鲤科的鲃亚科、野鲮亚科、鲀亚科，平鳍鳅科，鲇形目的鲿科、鮡科、粒鲇科、胡子鲇科、鳋科、鲀头鮠科等。基本种类也包含鲤、鲫、鳊、草鱼、青鱼、鲢、鳙、赤眼鳟、鳤、鳡、鲸、银飘鱼、麦穗鱼、棒花鱼、黑鳍鳈等。

闽江水系有鱼类 70 余种，主要有鲤、银鲴（*Xenocypris argentea*）、日本鳗鲡、短尾鲌（*Culter alburnus brevicauda*）、鲂、黄颡鱼、鲇等。此外还有海鲢科、塘鳢科、鲃亚科部分鱼类。

珠江水系鱼类种类丰富，珠江记录淡水鱼类 682 种（李新辉等，2015，2021a）。除鲤、鲫、鳊、草鱼、青鱼、鲢、鳙、赤眼鳟、鳤、鳡、鲸、鲌、银飘鱼、麦穗鱼、棒花鱼、黑鳍鳈等外，还有南方波鱼（*Rasbora steineri*）、鲮（*Cirrhinus molitorella*）、瓣结鱼（*Folifer brevifilis*）等 200 种，稀有鱼类中华鲟、黄唇鱼（*Bahaba taipingensis*）等，河口性鱼类有海鲢（*Elops saurus*）、遮目鱼（*Chanos chanos*）、花鲈、鲅等。

5. 怒澜区

怒澜区为雅鲁藏布江、怒江、澜沧江、金沙江所流经的区域，包括西藏南部和东部、四川西部、云南西部。区内河流均为南北流向，使东洋区和西北高原区的鱼类通过江水的交流而共存于该区。如野鲮亚科、鳅科的沙鳅属、平鳍鳅科、鲿科、鮠科的鮠属、合鳃鱼目的黄鳝、鳢科的乌鳢等种类与东洋区相同；而裂腹鱼亚科、条鳅亚科等种类与西北高原区相同，两区鱼类的混杂是该区鱼类区系的特点。

第 2 章 鱼类产卵场

自然界中的天然河流，经过长期的演变，形成了河湾、急流和浅滩等丰富多样的河流地貌、河道形态，为鱼类创造了特殊栖息生境。从鱼类角度，这些特殊的生境包括产卵繁殖生境、觅食生长生境、越冬栖息生境和洄游通道。我国关注鱼类产卵场源于四大家鱼的养殖史，养殖需要从江河采捕鱼苗，从现有的资料发现 1911 年就记载了采捕鱼苗的方法（佚名，1911），说明我国当时对产卵场的认识已经进入应用水平，熟知产卵场的类型、分布、功能状态，可以适时采捕鱼苗满足于养殖生产需要（陈椿寿，1930，1941；林书颜，1933；陈谋琅，1935；佚名，1935）。1958 年我国养殖鲢人工繁殖成功（钟麟等，1965），以养殖生产为目标的江河采捕鱼苗业逐渐退出历史舞台。随着河流水能、灌溉、航运业的发展，拦河筑坝蓬勃发展，水利枢纽工程影响鱼类资源，20 世纪 80 年代起，发展了通过监测漂流性卵、仔鱼评估水利开发对鱼类资源、产卵场功能的影响研究（周春生等，1980）。2005 年，作者在肇庆段建立了珠江第一个监测漂流性卵、仔鱼的长期定位观测点，通过漂流性卵、仔鱼的逐日变化观测，分析鱼类产卵场功能变化、鱼类资源补充过程、群落结构、种群演替、资源量变化，研究影响鱼类资源、鱼类产卵场的环境因素，研究河流生态系统的功能变化。

产卵场为鱼虾贝等交配、产卵、孵化及育幼的水域，是水生生物生存和繁衍的重要场所，对鱼类资源补充具有重要作用（水产辞典编辑委员会，2007）。鱼类产卵场的要素包括物理要素和环境要素两大类，物理要素主要指河床地形、地貌、河床结构或植被等，环境要素主要指径流量、水位、水温等水文因素。鱼类产卵场功能保障除需要产卵场的要素（物理和环境两大要素）外，还需要鱼类作为生物要素。鱼类在适应环境过程中，选择特殊的栖息地作为产卵场。鱼类在产卵场繁殖，早期资源补充的数量反映产卵场的功能状态，体现产卵场的功能。不同类型鱼类其产卵场类型不同。

鱼类产卵场要实现其功能必须满足上述全部条件。伴随河流发育过程，鱼类根据繁衍的需要，选择特殊的环境繁殖。大部分鱼类繁殖需要水流刺激发情并排卵或排精于体外，精、卵结合需要借助水动力条件。有些鱼类受精卵需要附着发育的介质，或需要满足受精卵漂流（漂浮）发育的水动力条件。大多数产卵场被描述为有深潭、浅滩，礁石密布，有支流汇入的区域，或水草茂盛的区域，具备这样的环境条件，在水流的作用下才会形成满足鱼类繁殖的特殊水动力环境（黄寄夔等，2003；杨宇，2007；杨宇等，2007a，

2007b；李建等，2010；王玉蓉等，2010；张辉等，2011）。繁殖期，鱼类在适宜繁殖的地点群集繁殖，形成了产卵场（林书颜，1935）。鱼类对产卵场有较严格的要求，不同鱼类有不同要求。有些鱼类选择宽阔的大水面作为产卵场，有的以近岸植物丛生处或砂石间作为产卵场。鱼类选择的产卵场所都是有利于其繁殖，或有利于胚胎发育的，这是鱼类在长期进化过程中与环境适应的结果。如果产卵场或环境条件受到干扰和破坏，会影响鱼类的繁殖。当产卵环境不适宜时，成熟雌鱼就不产卵，卵粒将被自身逐渐吸收掉。例如，当水域中不存在卵附着介质时，鲤的性腺即使已充分成熟，也不会产卵；自然界中，草鱼、青鱼、鲢、鳙对产卵场的水文水动力条件要求十分严格，没有满足相应的条件雌鱼不排卵、雄鱼不排精，如果一直没有合适的水文条件，则亲鱼的性腺逐渐萎缩退化。

2.1　产卵场基本环境条件

鱼类产卵场类型多样，环境复杂。目前，产卵场较为深入的研究工作主要集中在中华鲟产卵场和四大家鱼产卵场，也有一些其他鱼类产卵场研究方面的资料。常剑波等（2001）认为产黏沉性卵的鱼类在大型砾石滩前形成产卵场，如达氏鲟产卵场主要分布在金沙江干流下段的一些大型砾石滩前，产卵水域往往流态较乱，流速较急，有利于受精卵的散布。不同河流、江段有不同的环境特征，但产卵场有共性地形特征，如急流水域的产卵场大多数浅滩、深潭交替，礁石、卵石错落分布；许多产卵场在两江汇合点，两股水流汇合作用下形成复杂的流场环境（杨宇等，2007a，2007b；李建等，2011；陈明千等，2013；韩仕清等，2016）。缓流水域的产卵场河床底质松软，或为砂砾，或为淤泥，茂盛的水草为鱼类提供隐蔽、安全的繁殖场所或附卵介质条件等。

2.1.1　中华鲟产卵场

中华鲟（*Acipenser sinensis*）是一种古老的鱼类，有"活化石"之称，分布于中国、日本、韩国、老挝和朝鲜。在我国中华鲟分布在长江和珠江，是国家一级重点保护野生动物，有"水中大熊猫"之称。

1. 长江中华鲟产卵场

据文献记载，中华鲟在长江中上游以川、鄂和赣为多，不进入支流（张民楷，1979）；长江中下游中华鲟分布在主要支流和湖泊，如湘江下游和西洞庭湖一带。每年9月、

10 月，中华鲟洄游到长江地段，有栖息在长江"沙泡"地带等待繁殖的习性。渔民根据多年的经验，认为凡是长江有"沙泡"的地带就有中华鲟分布，"沙泡"越多、"沙泡"沟越深的地方，中华鲟分布越多（江西省九江市农业局，1973；四川省长江水产资源调查组，1975）。葛洲坝建设前，长江中华鲟产卵场分布在金沙江下游的老君滩以下至长江上游的合江县以上约 600 km 江段，主要有绥江的观音店，屏山的红岩子、黑板湾、金堆子、偏岩子，宜宾的三块石，泸县的铁炉滩，合江的黄河口等。在不同的年份，由于水文条件的变化，中华鲟对产卵位点有所选择，规模大的产卵场集中在宜宾安边—屏山福延江段（四川省长江水产资源调查组，1975）。中华鲟产卵场河床岩石壅积，常形成深潭，下段往往是开阔的砾石浅滩（湖北省水生生物研究所鱼类研究室，1976）。由于葛洲坝建设，长江葛洲坝上游中华鲟产卵场功能丧失。1983 年余志堂等在葛洲坝坝下发现中华鲟产卵，通过分析研究确定葛洲坝坝下形成了中华鲟的产卵场（余志堂等，1983），这是长江现存唯一的中华鲟产卵场。1988 年，长江水系渔业资源调查协作组的调查报告描述中华鲟产卵场的地形条件为江面宽窄相间，上有深水急滩，中有回水深潭，下有宽阔的砾石碛坝分布（长江水系渔业资源调查协作组，1990）。危起伟等（1998）用遥测技术跟踪中华鲟的活动，发现中华鲟亲鱼习惯性在产卵场滞留的位置，从而推测中华鲟有两个产卵区；常剑波（1999）描述中华鲟产卵场在葛洲坝坝下至庙嘴之间约 2 km 的江段范围；张辉等（2007）通过标记遥测技术分析了中华鲟产卵场地形，确定了产卵场的功能区位置。在上述基础上，学者们针对中华鲟繁殖条件（杨德国等，2007）、产卵场水文水动力（杨宇，2007；王远坤等，2007，2009b，2010）开展了研究。

2. 珠江中华鲟产卵场

清代《梧州府志》记载在西江梧州水域可捕获"大可达数百斤"的鲟鳇鱼；1936 年的《象州县志》记述，"惟昔夏日涨水，常有鲟鳇鱼发现，堪称特产，每尾大者三数百斤……业鱼者 200 余户，500 多人"（张世光，1987；广西壮族自治区水产研究所等，2006）。珠江中华鲟的产卵场位于红水河、柳江、黔江汇合处（三江口）一带（张世光，1984）（图 2-1），其产卵洄游的路线是：珠江口—西江—浔江—黔江—柳江河口（周解等，1993）。

西江的中华鲟为春季产卵，时间大约在 3 月初至 4 月初，历时一个月左右，最迟不超过清明。1949 年至 1987 年间，渔民在西江封开至红水河的鱼步一带、柳江下游的横古才捕获了多尾中华鲟。1983 年前，产卵场区域内基本上每年都会发现亲鲟"起水"情形（张世光，1987）。表 2-1 为珠江历年记录的中华鲟出现情况。

图 2-1 石龙三江口实景

表 2-1 珠江历年记录的中华鲟出现情况

时间	地点	数量/尾	质量/kg
1957 年	武林（浔江）	1	350
1958 年 2 月	藤县（浔江）	2	180
1958 年 2～4 月	石龙三江口	7	1300
1959 年 3 月	武宣（黔江）	1	150
1963 年 4 月	石龙三江口	2	600
1965 年 3 月	石龙三江口	1	55
1974 年 6 月	石龙三江口	1	160
1975 年 4 月	濛江镇（浔江）	3	—
1975 年	石龙三江口	1	160
1976 年 3 月	西江封开	1	250
1979 年 3 月	石龙三江口	1	250
1981 年 3 月	石龙三江口	1	200
1982 年 3 月	石龙三江口	1	150
1983 年 3 月	武林（浔江）	1	150
1983 年 3 月	石龙三江口	1	—
1985 年 3 月	石龙三江口	1	350
1996 年 2 月 16 日	武宣（黔江）	1*	230

*为受伤死亡。

张世光（1984）描述了珠江中华鲟产卵场位于横古才滩江段和鱼步江段。"横古才产卵场位于象州县石龙公社石龙镇附近的柳江江段内，上距石龙镇 3 km，下离柳江与红水河的汇合处约 2 km。"横古才滩偏向坡度平缓的右岸，水浅流缓，砂砾底质。水上涨时,这一带水面酷似长瓜形。产卵场江段长约 500 m,宽约 300 m,其西岸有一巨石名为"鲟鳇石"。产卵场所在的西岸,呈 S 形湾,山岩陡峭,乱石林立,河床地形极为复杂,高低不平,出现礁石等屏障。有一小沟通入,水流特急,有较大洄旋,常溅起白色翻滚的浪花,河水流向极为复杂,在左岸有洄流水,在右岸则形成广泛的泡漩水。产卵场靠左岸和下游形成很长的卵石碛坝,靠右岸水较深,最深为 23.5 m。20 世纪 80 年代初,渔民描述过去几十年来,每年都能见到中华鲟"起水"的产卵情形,中华鲟在靠近右岸 70～80 m 水面以内产卵。

"鱼步产卵场位于武宣县黄茆公社鱼步大队附近的黔江江段,即红水河与柳江的汇合处开始至下游灵牌石墙江段,上距横古才产卵场 2 km。"产卵场长约 3000 m,宽 300 m 左右。产卵场中段左、右两岸均有一巨石,分别称"鱼公石""鱼母石"。此产卵场的自然条件与横古才产卵场基本相似。区别是鱼步产卵场右岸的山岩比横古才产卵场要长些,基本上都是陡峭的山岩,河身较直,左岸的碛坝不很明显,而产卵场下游的碛坝则较横古才产卵场长,这是由于柳江水向右岸冲击而形成的;又由于红水河含沙量较大,在涨水时鱼步产卵场的河水透明度要比横古才产卵场小些,其水较深,可达 35.8 m。

2.1.2 四大家鱼产卵场

青鱼、草鱼(鲩鱼)、鲢和鳙在我国称为"四大家鱼",从唐代开始养殖,北宋时期养殖区域逐步扩大,逐渐在长江、珠江流域兴盛起来。根据周密《癸辛杂识》的记载,宋末元初时期四大家鱼鱼苗的捕获、运输、筛选、贩卖已经达到商业化程度。而且,宋代产生了四大家鱼混养技术,并迅速普及。迄今,这 4 种鱼仍然是我国淡水养殖的主体鱼。因为它们是人工养殖的鱼类,故称为"家鱼"。1958 年前,四大家鱼养殖苗种来自江河,中国主要鱼苗产地是长江干流、湘江支流和珠江干流的西江,因此四大家鱼的产卵场主要在长江水系和珠江水系。

1. 长江四大家鱼产卵场

长江四大家鱼产卵场主要分布于长江中游江段,产卵规模占长江总产卵量的 75%以上。长江中游素有"九曲回肠"之称,弯道和沙洲是长江中游的常见地形。弯曲型河段在凹岸和凸岸的水流相互掺杂,水流复杂,河湾的凹岸多有深槽,在遇有涨水时,便产生满足鱼类繁殖的水流条件,为鱼类提供产卵场所。20 世纪 60 年代自重庆至彭泽约 1695 km 的长江干流上,分布有四大家鱼产卵场 36 处,年产卵规模 1184 亿 ind.(俞立雄,2018)。长江四大家鱼产卵场调查队(1982)发现,四大家鱼产卵场的河道特点为:江岸有较大的矶头伸入江面，江心多沙洲，河床急剧弯曲。弯曲、沙洲和矶头等具有特殊形态的河道水流环境复杂，是四大家鱼喜欢的产卵场所。四大家鱼产卵场分布江段反复出现深潭-浅滩组合。产卵场横断面有 U 形、V 形及 W 形三种。U 形断面河床质组成沿断面变化较小；V 形断面在弯道处表现为复式断面，河床质组成沿断面变化较大，沿右岸到左岸粒径较大的卵石或砾石逐渐变为粒径较小的粗砂或细砂；W 形断面一般分布在分汊河段（李建等，2010）。长江中游有 40 个河湾，其中 35 个河湾是产卵场区域，占河湾量的 87.5%；40 个含沙洲江段，其中 37 个是产卵场，占 92.5%；38 处矶头型河段全部为产卵场。葛洲坝坝下四大家鱼产卵场在长江宜昌河段虎牙滩，是顺直河道，河道弯曲度不大，但河道地形沿程变化较大。上游断面河道较窄，下游断面河道变宽，并在河道的中部有一个江心洲（胭脂坝）（郭文献等，2011a）。

由于航道、水利枢纽建设，长江许多四大家鱼产卵场消失（长江四大家鱼产卵场调查队，1982；易伯鲁等，1988）。

2. 珠江四大家鱼产卵场

珠江四大家鱼产卵场分布广，从肇庆以上到百色、龙州都有分布，最早记录于 20 世纪 30 年代。珠江三角洲是世界池塘养殖中心，从江河采捕鱼苗发展水产养殖历史悠久。西江鱼类产卵场调查工作主要目标是获得养殖用鱼苗。陈椿寿 1930 年发表了西江鱼苗调查报告——《广东西江鱼苗第一次调查报告》，随后相继有《西江鱼苗调查报告书》（林书颜，1933）、《中国鱼苗志》（陈椿寿，1941）发表。1981 年在农业部支持下，珠江水产研究所组织了云南省、贵州省、广西壮族自治区、广东省等的科研团队对珠江渔业资源与环境进行系统调查，结果显示广西是珠江水系鱼类产卵场的重要分布地，主要经济鱼类的产卵场有 70 余处，占当时产卵场调查量的 80%以上，如鱼步的中华鲟产卵场、桂平东塔四大家鱼产卵场（全国第二大的四大家鱼产卵场）等均分布在广西（莫瑞林等，1985）。历史上珠江广西桂平至广东南海九江段都是采捕鱼苗的江段（林书颜，1933；佚名，1936），每年有数以百亿计鱼苗供应全国各地（姚国成，1999）。广西壮族自治区水产研究所对西江水系的主要产卵场进行了勘测和位置标定。

1）大步角鱼类产卵场

大步角鱼类产卵场（图 2-2）在来宾至红水河口之间。大步角是红水河下游水最深的地方，枯水期有约 80 m 深，是红水河青鱼、草鱼相对集中的产卵场。该产卵场河面较宽，有 150~200 m，夹岸既有大片的沙滩，亦有由大块石和卵石绵延形成的碛坝，洪水季节能形成面积较大、流程较长（约 6000 m）的泡漩水。

大步角也是斑鳠、长臀鮠等鱼类的产卵场。由此可知，复杂的河流地形可为不同的鱼类提供繁殖场所,大部分产卵场可为多种鱼类提供条件,形成复合型的鱼类产卵场。

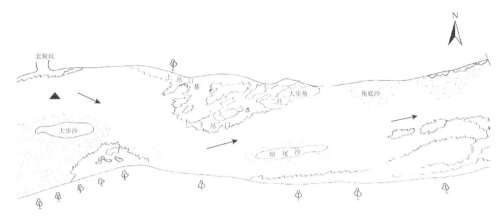

图 2-2 大步角鱼类产卵场(图由周解先生惠赠)

2)前进鱼类产卵场

前进鱼类产卵场(图 2-3)位于桂平市黔江大桥上游鹅蛋滩下江段。此江段峡谷与平坝相间,峡谷内河窄水深,全长 40 km,最深处水深达 85 m。

前进鱼类产卵场位于三江交汇上游的不远处,此处河水易涨易落,该区域鹅蛋滩长数千米,面积 30~40 hm^2,由砂质、卵石质组成,是适合鱼类受精卵黏着孵化的砂卵石滩。滩段右侧水流湍急,滩下水面豁然开阔,滩下右侧水较深,主要为青鱼、草鱼、鲮、鳊及其他土著鱼类的产卵场所。

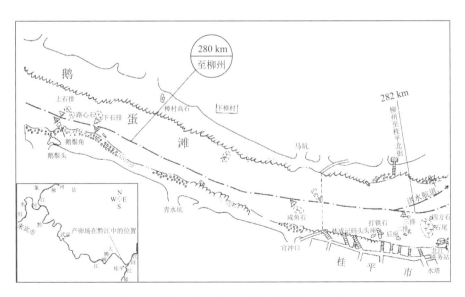

图 2-3 前进鱼类产卵场(图由周解先生惠赠)

3）东塔鱼类产卵场

东塔鱼类产卵场位于浔江上游（图 2-4、图 2-5），自黔、郁两江汇合口起至东塔村长约 7 km。此产卵场是我国第二大、珠江第一大的四大家鱼产卵场。

从底质情况来看，东塔产卵场一带为覆盖型岩溶平原河谷区，由石砾层、砂砾层和黏土层组成。距浔江右岸边 2.5 km 处有一条长约 6.5 km 的大汶地下河，沿东北向发育，底部高程 13.7 m，枯水位 29.8~30.2 m，年变幅 0.04~0.21 m，枯水流量 0.76 m³/s。地下水主要含碳酸钙和碳酸钙镁，pH 为 6.6~7.6；在铜鼓滩左岸沙滩及台地下有三条顺河深溶槽，底部最低高程为 3.816 m；水下记录有溶洞 124 个。两岸为丘陵台地，岸形稳定，两岸露头的岩石为石灰岩，台地上多种植水稻及旱地作物。由于黔、郁两江水的汇合及地下河的流水冲击深槽，江水击起犹如焖火煮开水那样的徐徐向上翻滚的泡漩水面，长达约 7 km，在江水上涨时尤为明显。

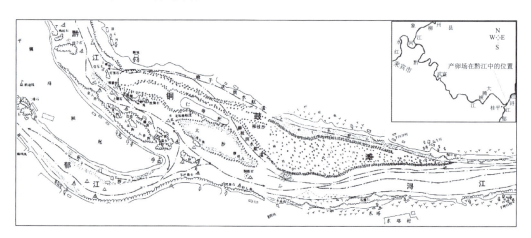

图 2-4 铜鼓滩东塔鱼类产卵场（图由周解先生惠赠）

图 2-5 枯水期东塔鱼类产卵场（图由周解先生惠赠）

2.1.3 其他鱼类的产卵场

1. 黑龙江

黑龙江上游支流呼玛河下游大麻哈鱼（*Oncorhynchus keta*）产卵场底质多由粒径适中的石砾及细沙混合组成（崔康成等，2019）。Morantz 等（1987）描述的产卵场底质的石砾最适直径为 30~82 mm。

2. 伊犁河

1）新疆裸重唇鱼产卵场

新疆裸重唇鱼（*Gymnodiptychus dybowskii*）产卵场位于巩乃斯河中游散流区（蔡林钢等，2013），河道平缓，流速相对较小，水温较高，底质为直径较小的砾石，直径 5~30 cm；繁殖水深 10~80 cm，沿岸带为芦苇、天然草场。巩乃斯河地理位置 43°24′33.19″N~43°34′11.94″N，82°34′49.6l″E~84°44′30.41″E，海拔 828~2525 m，栖息着 17 种鱼类，是伊犁河上游 3 条支流中鱼种类最多的河流。

2）斑重唇鱼产卵场

斑重唇鱼（*Diptychus maculatus*）产卵场位于巩乃斯河上游河源支流，该处海拔高、水温低、水流相对较急，底质为较大卵石，卵石直径 15~80 cm；水质清澈见底，沿岸带为山区峡谷，有茂盛的天然林，斑重唇鱼繁殖水深 10~60 cm。

3. 澜沧江

澜沧江特有鱼类丰富，包括澜沧裂腹鱼（*Schizothorax lantsangensis*）、细尾鮡（*Pareuchiloglanis gracilicaudata*）、兰坪鮡（*Pareuchiloglanis myzostoma*）、德钦纹胸鮡（*Glyptothorax deqinensis*）、无斑褶鮡（*Pseudecheneis immaculatus*）、似黄斑褶鮡（*Pseudecheneis sulcatus*）等，它们均需要砾石缝隙作为卵附着介质（韩仕清等，2016）。鳅科、平鳍鳅科和鮡科的卵在澜沧江随水漂流散布在砾石缝隙间或黏附于河道的叶枝上发育。产卵场深潭浅滩交替，河湾的凹岸多有深槽，底质砾石、卵石；凸岸多为流水平缓、砾石底质的河滩。

4. 元江

张志广等（2014）对鲤的栖息地进行了分析。元江华南鲤（*Cyprinus carpio rubrofuscus*）的产卵场在云南省元江哈尼族彝族傣族自治县县城附近约 20 km 的范围内。该江段水质较好，水草丰富，沿岸有很多回水湾，华南鲤繁殖水深 0.8~1.6 m。

5. 长江

1) 汉江鱼类产卵场

汉江产漂流性卵的鱼类至少有 25 种，其中经济鱼类有草鱼、青鱼、鲢、鳙、鯮、鳡、鳊、鲂、赤眼鳟、铜鱼、吻鮈、鳜及三种鲌属鱼类。产卵场有深潭或岩礁，形成紊乱的流态，常有泡漩水（汉江称为泡沙水）出现（周春生等，1980）。

2) 铜鱼产卵场

铜鱼是长江的重要经济鱼类，为底层鱼类，栖息于江河流水环境，其产卵场主要分布于长江上游，鱼卵随水漂流孵化，鱼苗顺水而下，至中游、下游育肥成长，在成熟前又陆续上溯至产卵江段，属于一种半洄游性产漂流性卵鱼类。产卵场一般为峡谷地区或急水滩处，地形陡峻，深潭浅滩交替出现，河床是由宽变窄的急流滩口（湖北省水生生物研究所鱼类研究室，1976；许蕴玕等，1981；长江水系渔业资源调查协作组，1990）。长江重庆至四川江段有三处铜鱼产卵场，铜鱼产卵场深潭浅滩交替出现，且产卵场每千米江段深潭浅滩的个数约为 1.19 个（姜伟，2009；李倩等，2012）。四川宜宾到重庆朱沱干流江段，全长约 305.7 km，河底比降为 0.23，属长江的川江江段。长江流域流经四川盆地丘陵地区后，河道增宽，水流较平缓，水量骤增，沿江两岸为起伏平缓的丘陵，河谷宽广，没有峡谷。河床地貌起伏大，水流缓急交替，多弯沱、深潭、浅滩，是铜鱼理想的栖息地。随着河流开发利用不断扩大，铜鱼产卵场自然环境受到严重的干扰破坏。在梯级开发的江段，通过控制下泄流量实现铜鱼产卵场生境最大化或许是铜鱼产卵场功能保障的方法之一（李洋等，2016）。

3) 黄石爬鮡产卵场

岷江黄石爬鮡（*Euchiloglanis kishinouyei*）产卵场平均海拔 2700 m，河道平均比降 8.2‰，峡谷高低悬殊，山势陡峭，河谷纵横，滩沱相间。黄寄夔等（2003）对黄石爬鮡的繁殖生境、两性系统和繁殖行为进行了研究。产卵场河床多卵石块。

4) 齐口裂腹鱼产卵场

齐口裂腹鱼广泛分布在长江干流、沱江、嘉陵江干流、金沙江干流、岷江干流及其支流青衣江与大渡河等。陈明千等（2013）、邵甜等（2015）对鱼类产卵场生态水力生境指标和栖息地生境指标开展了研究，探讨了大渡河齐口裂腹鱼产卵场在不同流量下的生境指标变化。

6. 珠江西江

1) 定子滩鱼类产卵场

定子滩鱼类产卵场位于距来宾 12.3 km 的录村坑河段（图 2-6）。产卵场左岸有 2 km

长的卵石沙滩，上游召平角河道较窄，产卵场河面开阔，丰水期又有录村坑大量新水注入，是鱼类比较集中产卵的地方。此处枯水期水浅流急，河况水文十分复杂，是一些急流鱼类喜爱栖居的地方。大型经济鱼类只有在丰水期才在此河段汇集，左岸开阔地有 2 hm² 大的沙滩。

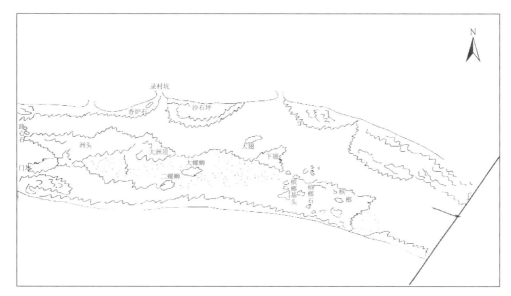

图 2-6　定子滩鱼类产卵场（图由周解先生惠赠）

2）旧城厢至蓬莱洲鱼类产卵场

旧城厢至蓬莱洲河段全长约 7 km，旧城厢（图 2-7）、寺汰滩（图 2-8）、赌命滩（图 2-9）、大塘基（图 2-10）、蓬莱滩（图 2-11）等 5 个急滩险滩首尾相接。该产卵场的特点是：

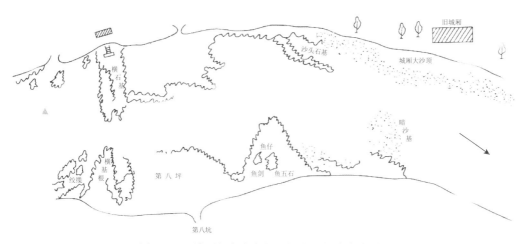

图 2-7　旧城厢鱼类产卵场（图由周解先生惠赠）

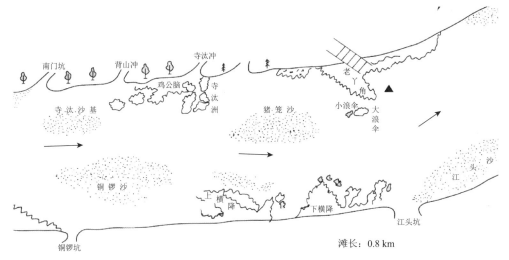

图 2-8 寺汰滩鱼类产卵场（图由周解先生惠赠）

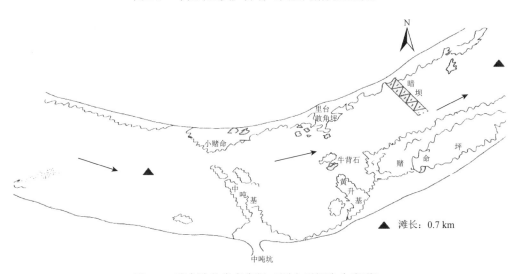

图 2-9 赌命滩鱼类产卵场（图由周解先生惠赠）

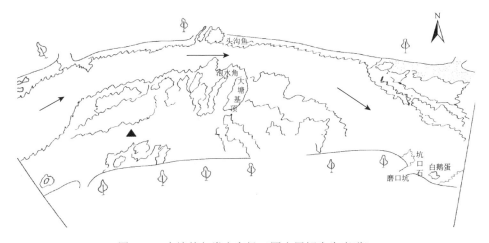

图 2-10 大塘基鱼类产卵场（图由周解先生惠赠）

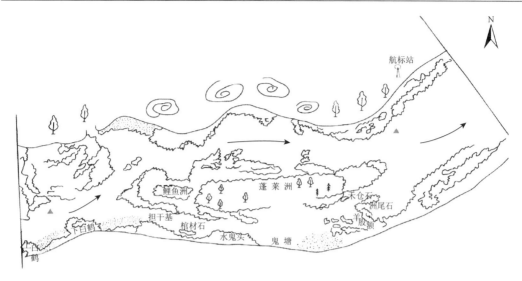

图 2-11 蓬莱滩鱼类产卵场（图由周解先生惠赠）

①上下游落差大，仅在赌命滩河段 1.6 km 滩长，上下落差就达 3 m。

②旧城厢江段河面开阔，丰水期最宽处可达约 500 m，至芝麻滩雷湾河段芝麻石一侧有大片沙洲存在，面积约 30～50 hm^2，蓬莱洲面积 6.5 hm^2，滩头分流，一大一小环洲而下，夹岸礁石滩十分险峻，水深流急。此后红水河下游的诸滩底，均有大小不一的沙滩或沙洲存在。

3）麻风基—秤钩滩鱼类产卵场

麻风基—秤钩滩鱼类产卵场位于麻风基（图 2-12）至孖坑秤钩滩（图 2-13）河段，在红水河口上游。

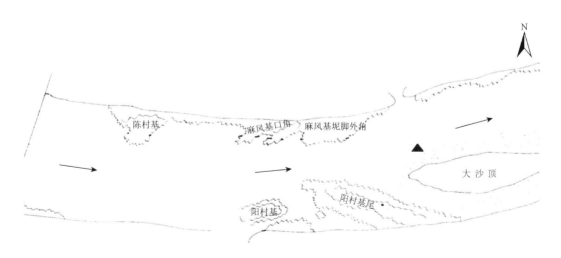

图 2-12 麻风基鱼类产卵场（图由周解先生惠赠）

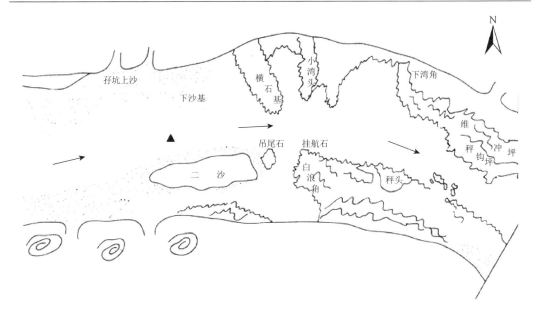

图 2-13　秤钩滩鱼类产卵场（图由周解先生惠赠）

4）大藤峡鱼类产卵场

大藤峡鱼类产卵场主要分布在峡口出口处，该江段因滩险水急如弩而得名为弩滩（图 2-14）。弩滩两岸水下暗礁四伏，漩涡回环，险象环生，大藤峡诸滩以此为最险。

弩滩至小弩滩左岸形成数千米长的大型河滩，平水期、枯水期江右侧百余米水道急流回流、泡漩水区域多。此外，弩滩比降较大，在其滩头注入黔江的较大支流南木河，不但带来丰富的饵料，而且使弩滩段的水域环境更具优势，且易涨易落。弩滩形成高低不平、坑洼众多的复杂地貌，涨水期其水域河况更加复杂。鱼类在弩滩急流中产卵，受精卵向下漂流附于小弩滩沙滩区域孵化。

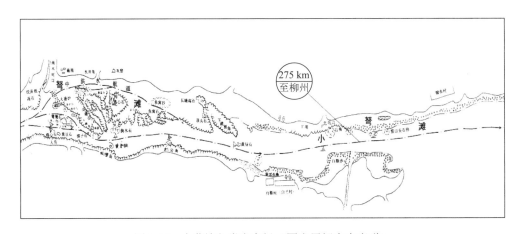

图 2-14　大藤峡鱼类产卵场（图由周解先生惠赠）

2.2 产卵场水文水动力

河流中并非所有区域都能成为鱼类的产卵场，鱼类产卵场不同区域水文水动力分布不均一。Sempeski 等（1995a）发现同种鱼在不同河流中的产卵场流速条件相近；水动力特征分析（包括雷诺数、弗劳德数等）有助于了解鱼类和水流之间的关系（Heede et al.，1990；Gordon et al.，1993）；Crowder 等（2000）用涡量和环流等来表征产卵场的特征。此外，水深、流速和弗劳德数等水文水动力因子也可以表征鱼类产卵场的特征（Moir et al.，2003；Crowder et al.，2000）。江河鱼类产卵场和非产卵场江段的水动力特征可能完全不同，通过对已知产卵场水动力特征分析可研究鱼类产卵繁殖需求，进而可为其他江段产卵场位置确定提供参考（杨宇等，2007b；王远坤等，2010）。

鱼类产卵场不仅仅是一个位置概念，而应该是一个多因素复合的功能体。一些鱼类以波浪水层作为产卵场，另一些鱼类以近岸丛生植物或砂砾为产卵场。de Billy 等（2002）和 Wheaton 等（2004）描述河道中产卵繁殖生境水流动力复杂，流态紊乱，流向多变。江河中多数鱼类的产卵场要求具有紊乱的水流条件，流速、流向多变，易形成紊动漩涡。江河中鱼类早期资源补充与水文过程密切相关，径流量、流速及水位等水文特征是鱼类繁殖的环境要素。江河中，由暴雨、急骤融冰化雪等自然因素引起河湖流水量迅速增加或水位迅猛上涨，该水文过程发生后往往伴随着鱼类早期资源出现。

2.2.1 长江中华鲟产卵场

自葛洲坝建成后长江中华鲟产卵场仅在葛洲坝坝下（余志堂等，1983）。通过对中华鲟产卵场的水文水动力条件进行调查（杨德国等，2007；班璇等，2007，2019；杨宇，2007），掌握了产卵场的基本水文水动力条件（表 2-2）。同时，针对产卵场地形与葛洲坝电站运行流量情况开展了产卵场水文水动力分析研究（易雨君等，2007，2008；危起伟等，2007；王远坤等，2007，2010；吴凤燕等，2007；王煜等，2014；班璇等，2014）。此外，学者通过栖息地模拟优化产卵场的流量（赵越等，2013）、流速（蔡玉鹏等，2006；杨宇等，2007a）、断面平均涡量（王远坤等，2009b；陶洁等，2017），对产卵场江段的动能梯度进行分析（李建等，2009），了解中华鲟偏好流速环境（杨宇，2007），优化中华鲟产卵功能发挥与葛洲坝电站运行调度条件（黄明海等，2013），并在湍动能的参数量值等方面提出了一些优化方案（陶洁等，2017）（表 2-3）。

表 2-2 中华鲟繁殖的水文水动力条件

序号	水文水动力	测量值
1	水位	日平均水位范围为 40.69～47.32 m（黄海高程），平均为 43.91 m（杨德国等，2007）
2	流量	日平均流量范围为 7170～26000 m³/s，平均为 13 908 m³/s（杨德国等，2007）
3	含沙量	日平均含沙量范围为 0.10～1.32 kg/m³，平均为 0.46 kg/m³（杨德国等，2007）
4	流速	日平均流速范围为 0.81～1.98 m/s，平均为 1.30 m/s（杨德国等，2007） 表层流速是 1.37～2.98 m/s（班璇等，2007），底层流速是 1.0～1.7 m/s（杨德国等，2007） 长江荆江段进行捕捞同步测流得到的中华鲟喜好流速为 1.0～1.2 m/s，克流能力在 2.0 m/s 左右（杨宇，2007）
5	水深	9.5～18.5 m（班璇等，2007）
6	断面平均涡量	0.27～0.85/s（鱼卵集中区下限值为 0.4/s）（杨宇等，2007a）

表 2-3 中华鲟繁殖的优化水文水动力条件

序号	水文水动力	模型分析值
1	水位	42 m
2	流量	适宜流量范围为 13000～19000 m³/s（赵越等，2013）
3	流速	接近水面 1.67 m 处最大平均流速为 2.8 m/s，底部最小，最小平均流速只有 0.20 m/s（单点最大流速为 3.96 m/s，最小流速仅为 0.73 m/s）（蔡玉鹏等，2006） 上区产卵场底层，产卵受精区流速范围为 0.6～1.5 m/s，播卵区流速小于 1.7 m/s，着卵孵化区流速小于 1.5 m/s。上区产卵场大部分范围流速小于 1.3 m/s。下区产卵场底层，产卵受精区流速范围为 0.8～1.7 m/s，播卵区流速范围为 0.8～1.9 m/s，着卵孵化区流速范围为 0.4～1.7 m/s。下区产卵场流速大部分范围流速小于 1.3 m/s（陶洁等，2017） 中华鲟一般在 0.75～2.1 m/s 的流速范围出现。其喜爱流速（即偏好流速）为 1.17～1.54 m/s，克流能力为 2.1 m/s（杨宇，2007）
4	断面平均涡量	断面平均涡量 1.38×10^{-3}～1.64×10^{-3}/s（王远坤，2009b） 上区产卵场产卵受精区涡量小于 0.44/s，播卵区涡量小于 1.62/s，着卵孵化区涡量小于 0.53/s；下区产卵场产卵受精区涡量小于 0.18/s，播卵区涡量小于 0.90/s，着卵孵化区涡量小于 1.08/s（陶洁等，2017）
5	湍动能	上区产卵场的底层湍动能为 0～0.15 m²/s²，产卵受精为 0～0.03 m²/s²，播卵区为 0～0.15 m²/s²，着卵孵化区为 0～0.11 m²/s²。下区产卵场的底层湍动能为 0～0.11 m²/s²，产卵受精为 0～0.024 m²/s²，播卵区为 0～0.11 m²/s²，着卵孵化区为 0～0.11 m²/s²。上下区产卵场的底层湍动能范围为 0～0.15 m²/s²（陶洁等，2017）
6	动能梯度	中华鲟在产卵场主要分布在动能梯度均值大于 0.02 J/(kg·m)的位置（杨宇，2007）

中华鲟产卵场功能仍然受类似葛洲坝河势调整工程的影响（班璇等，2014），也受电站运行等方面的影响。由于水文情势受环境变化的影响，中华鲟产卵场的水文水动力条件随水文情势的变化而动态变化，保障产卵场功能的水文水动力条件是一项需要长期努力和持续进行的工作。在确定基础水文水动力条件后，需要建立相应的标准，实时观测产卵场的水文水动力指标，制定繁殖功能流量调度规程，通过实时调度最大限度保障产卵场的水文水动力条件。

2.2.2 四大家鱼产卵场

1. 长江四大家鱼产卵场

梯级开发对长江四大家鱼产卵场造成重大影响，自葛洲坝建设后鱼类资源持续下降,为保障四大家鱼资源,许多科学家投入四大家鱼繁殖水文需求、产卵场水动力、模拟产卵场栖息地等方面的研究。早期主要关注温度、水位、流量和流速。长江上游四大家鱼一般在涨水后 0.5~1 d 即见产卵,中游江段在涨水后 1~2 d 甚至 3 d 才见产卵。监利江段江水水位涨幅 0.73~6.92 m,平均涨幅 3.77 m,流量增加 5300~16900 m³/s,平均增加 9833 m³/s,四大家鱼出现苗汛。通常,苗汛持续时间都在 4 d 以上(长江四大家鱼产卵场调查队,1982;余志堂,1988;邱顺林等,2002;易伯鲁等,1988)。刘明典等(2018)细化了四大家鱼鱼苗丰度与水文过程的关系,表2-4 列示了部分水文研究结果。

表 2-4 长江四大家鱼产卵场水文水动力研究部分结果

序号	水文水动力	测量值
1	水温	18~26.8℃(长江四大家鱼产卵场调查队,1982)
2	水位	监利江段水位上升 2.09 m,日均水位涨幅为 0.35 m,流量上涨 13 000 m³/s,日均流量涨幅为 2167 m³/s(余志堂,1988)
3	流量	流量增加 5300~16900 m³/s,平均增加 9833 m³/s(邱顺林等,2002)
4	流速	平均流速为 0.95~1.3 m/s(易伯鲁等,1988)

受建坝的影响,河流水文情势发生改变,四大家鱼找不到合适的水文水动力条件而无法产卵。李翀(2006a,2006b)提出了四大家鱼的生态水文目标;李建等(2010)采用数值模拟研究产卵河段的形态特征与能量坡降、水流流态、动能梯度、能量损失和弗劳德数等水文水动力因子的关系;班璇等(2019)探讨建立鱼类资源量与关键水文识别指标体系。大多数模型研究希望优化梯级电站运行,找到兼顾发电和四大家鱼繁殖的方法。虽然对四大家鱼产卵场的水文水动力条件有所掌握(表 2-5),但用于繁殖功能流量调度,还需要解决许多技术问题。繁殖功能流量调度应该尽可能满足自然水文过程条件,让亲鱼从"时空"上得到繁殖需要的水文水动力条件。

表 2-5 长江四大家鱼产卵场模型优化水文水动力条件

序号	水文水动力	模型分析值
1	流量	宜昌站四大家鱼产卵期(4~6 月)的最小生态流量为 3720~9620 m³/s,适宜繁殖需要的流量为 5420~16000 m³/s。不危及长江中游四大家鱼生存和繁殖后代的最小生态流量为 4570 m³/s,其生存和繁殖后代的最适宜生态流量为 12000~15500 m³/s(李建等,2011);四大家鱼适宜的繁殖流量为 75000~12500 m³/s,最适宜繁殖流量为 10 000 m³/s(郭文献等,2009)
2	弗劳德数	四大家鱼产卵场常分布的河段内大部分位置的弗劳德数为 0.1 左右(李建等,2011)
3	动能梯度	产卵场沿垂直河道方向能量坡降变化较大,能量损失相对较大,动能梯度较小,且沿横断面的波动也较小(李建等,2011)

2. 珠江四大家鱼产卵场

2007～2012 年，珠江东塔四大家鱼产卵场总体上还未受到水利工程的直接破坏，四大家鱼早期资源量在 150 亿 ind./a 以上，这个数据是我国大江大河产卵场近似天然状态下的功能表现数据。分析 2007～2012 年珠江肇庆段仔鱼出现与洪峰关系发现，四大家鱼仔鱼出现对应的洪峰起涨流量大部分在 3000～8000 m³/s，其中起涨流量超过 4000 m³/s 时仔鱼峰出现相对较多（图 2-15）。

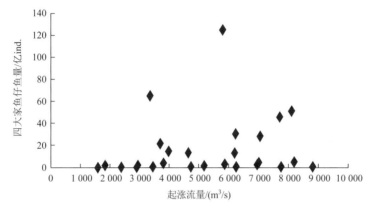

图 2-15 起涨流量与仔鱼量的关系

表 2-6 列示了仔鱼监测点四大家鱼仔鱼出现的最适流量与上游产卵场区域水位的关系。四大家鱼主要繁殖期大湟江口断面最小洪峰流量为 7500 m³/s，14 280 m³/s 是对应珠江中下游四大家鱼卵苗分布集中的流量；大湟江口水位变幅最小值为 0.5 m，最适水位变幅为 3.76 m，日水位变幅为 1.88 m。

表 2-6 珠江四大家鱼仔鱼出现最适流量与产卵场江段水位关系

种类	高要最适流量/(m³/s)	大湟江口最适水位/m	武宣最适水位/m
青鱼	13 125	25	43
草鱼	12 845	25	43
鲢	12 781	25	43
鳙	13 033	25	43

2.2.3 黄石爬鳅产卵场

黄石爬鳅产卵场河道平均比降 8.2‰，峡谷高低悬殊，流速 3.0～5.7 m/s，透明度 5 m 以上（黄寄夔等，2003）。

2.2.4 斑重唇鱼和新疆裸重唇鱼产卵场

斑重唇鱼繁殖水深 10~60 cm，水流速度 0.3~1.0 m/s。新疆裸重唇鱼繁殖水深 10~80 cm，水流速度 0.2~0.6 m/s（蔡林钢等，2013）。

2.2.5 鲤产卵场

张志广等（2014）描述鲤产卵要求的水深为 0.8~1.6 m，流速为 0.2~0.4 m/s。

2.2.6 澜沧江特有鱼类产卵场

澜沧江鱼类产卵场天然状态下 5 月流量在 412~1027 m^3/s 变化，变幅达 615 m^3/s；水深在 2.12~3.46 m 变化，变幅达 1.34 m；水面宽在 110~150 m 变化，变幅达 40 m（韩仕清等，2016）。

2.2.7 大麻哈鱼产卵场

大麻哈鱼（*Oncorhynchus keta*）产卵场在流速较小、水深 0.2~0.8 m、河床底质为卵石、石砾的水域（李培伦等，2019）。

2.3 珠江鱼类早期资源与径流量

作者通过珠江肇庆段逐日的漂流性鱼类早期资源监测结果与对应的流量分析，获得该江段优势鱼类早期资源补充与流量的关系。采样断面与四大家鱼产卵场距离约 300 km，仔鱼采样点的流量与邻近产卵场大湟江口水文站测算的繁殖峰值流量数据接近，采样点仔鱼出现的流量变化数据可作为认识产卵场流量过程的参照数据，可以为其他江河研究鱼类繁殖生态流量提供参考。

1. 草鱼

珠江草鱼仔鱼出现在 5000~26800 m^3/s 流量区间。其中，10000~15000 m^3/s 流量区间的仔鱼量占全年仔鱼总量的 51.2%，>15000~25000 m^3/s 流量区间的仔鱼量占 23.4%，25 000 m^3/s 以上流量区间的仔鱼量占 23.1%。

2. 青鱼

青鱼仔鱼出现在 10000~26800 m^3/s 流量区间。其中，约 51.0%的仔鱼出现在 10000~

15000 m³/s 流量区间，38.3%仔鱼出现在＞15000～25000 m³/s 流量区间，25 000 m³/s 以上流量区间仔鱼量约占 10.7%。

3. 鳙

鳙仔鱼出现在 5000～26800 m³/s 流量区间。其中，5000～10000 m³/s 流量区间的仔鱼量约占全年仔鱼总量的 1.7%，＞10000～15000 m³/s 流量区间的仔鱼量约占 46.5%，＞15000～20000 m³/s 流量区间的仔鱼量约占 20.3%，＞20000～25000 m³/s 流量区间的仔鱼量约占 16.9%，25 000 m³/s 以上流量区间的仔鱼量约占 14.6%。

4. 鲢

鲢仔鱼出现在 5000～26800 m³/s 流量区间。其中，5000～10000 m³/s 流量区间的仔鱼量占全年仔鱼总量的 2.2%，＞10000～15000 m³/s 流量区间的仔鱼量占 51.3%，＞15000～20000 m³/s 流量区间的仔鱼量占 15.6%，＞20000～25000 m³/s 流量区间的仔鱼量占 21.6%，25 000 m³/s 以上流量区间的仔鱼量占 9.3%。

5. 七丝鲚

七丝鲚仔鱼出现在 10000～20000 m³/s 流量区间。其中，15000～20000 m³/s 流量区间的仔鱼量占全年仔鱼总量的比例超过 80%。

6. 银鱼

银鱼仔鱼出现在 1000～30000 m³/s 流量区间。其中，1000～5000 m³/s 流量区间的仔鱼量占全年仔鱼总量的 20%以上，＞5000～10000 m³/s 流量区间的仔鱼量约占 15%以上，＞10000～15000 m³/s 流量区间的仔鱼量约占 25%以上。

7. 赤眼鳟

赤眼鳟在 2230～30900 m³/s 流量区间都能繁殖。10000～15000 m³/s 流量区间的仔鱼量占全年仔鱼总量的 43.8%，＞15000～20000 m³/s 流量区间的仔鱼量约占 17.4%，＞20000～25000 m³/s 流量区间的仔鱼量占 25.2%，25 000 m³/s 以上流量区间的仔鱼量占 7.2%。

8. 鳡

鳡在 2840～26800 m³/s 流量区间都能繁殖。5000～25000 m³/s 流量区间的仔鱼量占全年仔鱼总量的 93.0%。其中，10000～15000 m³/s 流量区间的仔鱼量占 40.9%。

9. 鳡

鳡在 5000～20000 m³/s 流量区间都能繁殖，但集中出现仔鱼的流量区间为 10000～15000 m³/s，约占全年仔鱼总量的 65%。

10. 鲌类

鲌类在 1000～30000 m³/s 流量区间都能繁殖，但集中出现仔鱼的流量区间为 5000～25000 m³/s，占全年仔鱼总量的 95.1%。

11. 飘鱼属

飘鱼属在 1000～30000 m³/s 流量区间都能繁殖。其中，5000～10000 m³/s 流量区间的仔鱼量约占 25%，＞10000～15000 m³/s 流量区间的仔鱼量约占全年仔鱼总量的 35%以上，＞15000～20000 m³/s 流量区间的仔鱼量约占 20%。

12. 鳘类

鳘类在 2700～30900 m³/s 流量区间都能繁殖。其中，5000～10000 m³/s 流量区间的仔鱼量占全年仔鱼总量的 23.7%，＞10000～15000 m³/s 流量区间的仔鱼量占 42.9%，＞15000～20000 m³/s 流量区间的仔鱼量占 16.0%。

13. 鮈类

鮈类在 3170～26800 m³/s 流量区间都能繁殖。5000～10000 m³/s 流量区间的仔鱼量约占全年仔鱼总量的 7.7%，＞10000～15000 m³/s 流量区间的仔鱼量约占 45.1%，＞15000～20000 m³/s 流量区间的仔鱼量达到 26.3%，＞20000～25000 m³/s 流量区间的仔鱼量占 14.9%。

14. 鲮

鲮仔鱼主要在 10000～30900 m³/s 流量区间出现，低于 10 000 m³/s 流量的仔鱼量极少。10000～15000 m³/s、＞15000～20000 m³/s 流量区间出现的仔鱼量分别占全年仔鱼总量的 33.7%和 39.3%，＞20000～25000 m³/s 流量区间的仔鱼量占 15.4%。

15. 鲌亚科

鲌亚科仔鱼在 1700～30900 m³/s 流量区间出现。其中，＞10000～15000 m³/s 流量区间的仔鱼量占全年仔鱼总量的 38%以上，5000～10000 m³/s 流量区间的仔鱼量占 15.3%，＞15000～20000 m³/s 流量的仔鱼量占 18.4%。

16. 鲤/鲫

鲤与鲫繁殖习性相近，早期发育阶段形态差异较小。鲤/鲫在 2300～5470 m³/s 流量区间繁殖。5000 m³/s 以下流量的仔鱼量约占全年仔鱼总量的 90.7%，5000～10000 m³/s 流量区间的仔鱼量仅占 9.3%。

17. 壮体沙鳅

壮体沙鳅仔鱼在 5000～26800 m³/s 流量区间出现。20000～25000 m³/s 流量区间的仔鱼量占全年仔鱼总量的 29.9%，10000～15000 m³/s 流量区间仔鱼占 16.1%。

18. 鳜属

鳜属仔鱼在 2900～26800 m³/s 流量区间出现。10000～20000 m³/s 流量区间的仔鱼量占全年仔鱼总量的 60.4%；10 000 m³/s 以下流量出现的仔鱼仅占全年的 3.5%，25 000 m³/s 以上流量区间的仔鱼量占全年的 14.3%。

19. 虾虎鱼科

虾虎鱼科仔鱼在 2000～25000 m³/s 流量区间出现。2000～3000 m³/s 流量区间的仔鱼量约占全年仔鱼总量 50%左右；4000～5000 m³/s、＞5000～10000 m³/s、＞10000～15000 m³/s 流量区间的仔鱼量各占全年 10%左右。

第3章 产卵场功能

有历史记录的养殖鱼类发生在范蠡所处年代（公元前536年～公元前448年），《陶朱公养鱼经》中记录了养殖利用鱼类。1958年以前我国养殖业需要从江河中获得鱼种。唐代有专门从江河采捕鱼苗的技术，说明当时已经认识鱼类繁殖及产卵场。1911年《水产画报》描绘了捕捞鱼苗的过程，20世纪30年代开始记录在西江、长江的系统鱼苗调查，涉及大型产卵场功能和位置（陈椿寿，1930；林书颜，1933；陈谋琅，1935；佚名，1935；林书颜，1935）。历史文献资料反映珠江、长江供养殖生产用的鱼苗各约180亿～200亿尾（佚名，1936；佚名，1937；孙经迈，1942；陈谋琅，1953），间接说明了产卵场的功能状态。鱼苗生产主要在珠江流域的广东省、广西壮族自治区（佚名，1941；陈理等，1952），长江流域的湖北省、湖南省、江西省、四川省、安徽省、江苏省（佚名，1937；佚名，1935；佚名，1952a，1952b，1957；佚名，1955），说明长江和珠江中下游是四大家鱼鱼苗漂流扩散的重要区域。

水流流动与河床摩擦过程发生的水动力变化，如何成为产卵场的功能条件，一直缺乏系统研究。物理层面上，线性河流地形复杂，各位点物理属性不均一，水流经过不同的位置产生的水动力条件不同。生物层面上，鱼类在适宜环境中选择特殊的河道产卵，并形成产卵场。人们发现成为产卵场的河道在水流物理属性上有共性，通常可用流速、涡量、流态、紊动动能、流场或弗劳德数等表示。因此，鱼类产卵场也有共性水动力特征，但不同鱼类的产卵场其水动力条件有差异。鱼类如何通过体表感知水动力等环境信息，触发机体产生生物化学反应使待产卵子、待排精子迅速进入成熟状态，并进行排卵、排精的生理机制仍然缺少研究。由于产卵场的功能状况最终由产出鱼类早期资源的数量所反映，因此，目前引入与鱼类繁殖相关的生物量参数研究产卵场功能，这是进一步了解鱼类繁殖生理机制的重要步骤。精确掌握鱼类繁殖的水动力因子量值，就有可能针对性地找到鱼类个体感知水动力因子的受体（或受体部位），解开鱼类繁殖受水动力条件影响的生理应答机制。

本章将探讨建立一种通过分析仔鱼发生与江河水文水动力条件关系来确定江段上产卵场功能位点的方法。第一步通过产卵场三维水文水动力模型将产卵场江段沿程的特征位点假定为功能位点，结合研究江段与仔鱼发生相关的若干典型流量数据，计算各位点水文水动力因子变化值；第二步将典型流量下的各水文水动力因子模拟值与下游长期定点监测的仔鱼数据建立相关关系；第三步是通过对相关关系值赋分及加权比较的方法对待识别位点进行功能判断。由于鱼类繁殖有一定的周期，繁殖行为受气候、水文条件的偶然影响，因此，某一年度的产卵场功能状况也受周期性、偶然因素的影响。本书引入长期定位观测点、规范方法采样、数据连续、数周年的仔鱼数据来代表鱼类繁殖关联数据，尽可能客观反映仔鱼发生与功能位点的水文水动力关系，减少确定产卵场功能位点的环境干扰因子的影响。

3.1 产卵场功能属性

径流量是指在某一时间段内，通过河流某一过水断面的水量。一条河流的状态，可通过年径流量（通流总量）来描述，单位为 m^3；也可通过平均流量来描述，单位为 m^3/s。江河鱼类生活在水体中，整个生命周期与径流量有关。河流的径流量受季节性降雨量影响，通常汛期径流量占全年径流量的70%以上，因此，年内有一个丰水、枯水的流量变化过程。大部分鱼类的繁殖受季节影响，与年度水文过程密切相关。鱼类的资源量与产卵场、水文要素密切相关（班璇等，2019）。

3.1.1 产卵场功能指标

功能指标指产卵场物理（水下地形）、水环境（水文过程、水动力）要素的量值。

3.1.2 产卵场功能概念

江河中鱼类产卵场功能广义为可产出鱼卵、仔鱼的能力，狭义为单位产卵场面积、单位径流量，或单位水动力因子可产出鱼卵、仔鱼的能力。

1. 功能位点

产卵场的功能位点是指鱼类繁殖行排卵、受精的位点。江河中特殊区位形成鱼类产卵场，与其特殊的地形和水动力环境相关。

2. 功能流量

河流中不同生物对流量的适宜特征不同（张楠等，2010），由此产生了河流生态需水的概念，并据此建立了不同的指标体系（李昌文，2015）。不同鱼类繁殖对流量大小、频率、历时、发生时间、变化率等的要求都有差异。功能流量是指与鱼类繁殖中鱼卵、仔鱼（卵苗）出现的相关流量。鱼类的功能流量是一个过程范围，广义上某种鱼的繁殖功能流量是指周年首次与末次繁殖时对应的流量过程,狭义指鱼卵、仔鱼出现一结束对应的流量区间,或称功能流量小区。因此,功能流量由若干大小不同的功能小区组成,鱼类并不一定在广义的功能流量区间都产卵繁殖,这给研究鱼类产卵行为、评价产卵场功能增加了复杂因素。具有时空概念的功能流量或功能流量小区组合可反映产卵场功能状态。

3. 功能流量频率

功能流量与鱼卵、仔鱼出现相关,在周年时间轴上,不同大小的功能流量小区重复出现,重复出现率称为功能流量频率。

4. 产卵场功能单体

河流中与繁殖相关的地形单元称为产卵场功能单体。产卵场功能单体由水下河床特殊的地形特征决定,是具有物理形态的水下物体(或范围)。在水流作用下能够产生鱼类繁殖所需的水动力条件。

5. 卵苗贡献度

将鱼卵、仔鱼出现的流量范围赋予功能流量概念后,各功能流量对应的卵苗相对多度称为卵苗贡献度。

3.1.3 产卵场功能时空差异

鱼类繁殖与季节有关。河流中有的鱼类繁殖早,有的鱼类繁殖晚;有的鱼类繁殖时间跨度长,有的鱼类繁殖时间跨度短;有些鱼类一年仅一次繁殖,有些鱼类一年可能两次或多次繁殖。跟踪监测显示,产卵场的功能多样性表现在早期资源发生方面,在时间轴上可见早期资源量与种类多样性变化。图 3-1 是 2017 年珠江干流石龙江段早期资源逐月出现的情况,早期资源主要出现在 4~10 月。石龙江段产卵场服务的主要对象为太湖新银鱼(*Neosalanx taihuensis*)(34.5%)、南方拟䰾(27.6%)、罗非鱼(10.2%)、鳜属(5.1%)、麦穗鱼(3.6%)、纹唇鱼(*Osteochilus salsburyi*)(2.9%)、鳑亚科(2.0%)、银鮈(*Squalidus argentatus*)(2.0%)和赤眼鳟(1.6%),合计占该江段早期资源总量的 89.5%,其他还包括大眼华鳊、大刺鳅(*Mastacembelus armatus*)、宽鳍鱲、光唇鱼类、线细鳊(*Rasborinus lineatus*)、银飘鱼、鲤、鲫、草鱼、鲢、鳙、鲮、银鲴、南方白甲鱼、䱗、海南似鱎(*Toxabramis houdemeri*)、壮体沙鳅(*Botia robusta*)、歧尾斗鱼(*Macropodus concolor*)和虾虎鱼科等 19 种(类)。

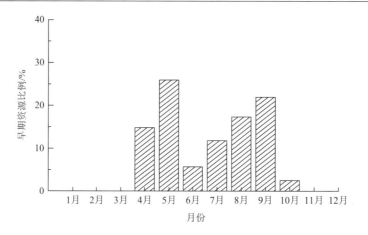

图 3-1 2017 年石龙江段早期资源逐月出现情况

不同江段早期资源发生的时间不同，即产卵场的服务时间和对象不同。例如，在石龙江段下游的西江高要采样点，早期资源同样主要出现在 4~10 月，但高峰期在 6 月（图 3-2），早期资源种类结构组成中最优势种为赤眼鳟（41.5%），其次为鲨类（16.5%）、广东鲂（9.8%）、鲴类（8.4%）、鮈亚科（5.3%）、飘鱼属（5.0%）、鲌类（3.7%）、虾虎鱼科（2.4%）和鲮（1.1%），合计占该江段早期资源总量的 93.7%。另外还包括银鱼科、鳜属、鲤、鲢、鳙、鳡、壮体沙鳅、罗非鱼等。鱼卵量占早期资源总量的 3.8%。两个江段断面观测到的鱼类早期资源量、高峰时间、种类组成不完全相同。因此，了解大型河流的产卵场需要进行多断面的采样监测。需要留意的是，同一断面不同年度早期资源种类组成、数量、高峰时间等同样会有较大的差异。

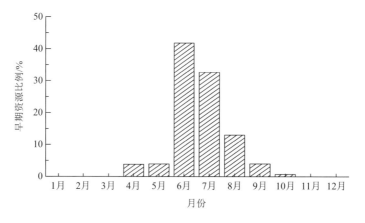

图 3-2 2017 年西江高要江段早期资源逐月出现情况

在研究产卵场功能过程中，会发现一些鱼类繁殖期长，另一些鱼类繁殖期短的情况，在周年尺度上不同鱼的繁殖期交错重叠，如何最大限度利用产卵场的空间，这也是研究鱼类环境适应的窗口。不同种类鱼的早期资源在时间轴上错开，可避免对食物的过度竞争，增加生存率；一年之中，夏季食物最为丰富，能够满足更多的鱼类早期资源生长发育，在这一时期早期资源发生量大。在珠江水系中，鲤在年初繁殖，银鱼在年初和年末繁殖。表3-1列示了珠江干流西江段主要鱼类早期资源发生的时间范围。

表 3-1　珠江西江段主要鱼类早期资源发生时序分布

种类	发生时间
银鱼科	1~4月；10~12月
鲤	3~5月
鮈类	3~10月
鳊	3~10月
鲴属	3~10月
虾虎鱼科	3~12月
鲫	4~5月
广东鲂	4~7月
鳤	4~7月
鳜属	4~9月
鲨	4~10月
赤眼鳟	4~10月
银鮈	4~10月
塘鳢科	5~6月
食蚊鱼	5~6月
鳑鲏属	5~7月
花斑副沙鳅	5~7月
中华花鳅	5~7月
鲇	5~7月
鳡	5~8月
鲮	5~9月
壮体沙鳅	5~9月
青鱼	5~10月
草鱼	5~10月
日本鳗鲡	5~10月
鲢	5~10月
飘鱼属	5~11月
七丝鲚	6月
非鲫属	6~7月

吴金明等（2010）研究显示，赤水河鱼类早期资源主要发生时间在 3～7 月。其中，产黏性卵的鲤、鲫和花䱻等在 3～4 月繁殖，蛇鮈（*Saurogobio dabryi*）和半鳘等在 4～5 月产卵，瓦氏黄颡鱼（*Pelteobagrus vachelli*）、鲇、大鳍鳠（*Mystus macropterus*）等鱼类的繁殖开始于 5 月。产漂流性卵的鱼类繁殖盛期为 5 月底至 7 月中旬，其中飘鱼属鱼类的繁殖期在 7 月中旬，银鮈的繁殖持续时间最长，为 4～7 月。可见，赤水河鱼类种类及早期资源发生时期与珠江不大一样。早期资源的发生时序是鱼类适应环境的结果，也是生存竞争的结果，是鱼类的生存策略需要，其受物种生态位竞争与食物竞争的影响。开展鱼类早期资源调查或产卵场功能研究，提倡逐日调查采样，获得早期资源的周年变化的全面数据。由于北方有些河流有季节性冰封情况，具体的调查时间可根据调查目的、河流实际环境条件进行选择。

3.1.4　产卵场功能周期性

鱼类产卵场是多因素复合体，其功能受许多环境因素影响。鱼类生物量与水资源、水体生产力有关。太阳、地球运行影响气候温度，阳光、雨量、养分影响水资源和水体生产力，这些因素呈一定的周期规律。同样，江河中鱼类资源量也与环境变化一样，有周期规律。如图 3-3 所示，在珠江 13 周年的鱼类早期资源监测发现，鱼类早期资源量从 2006 年的低点开始逐渐上升，至 2007 年达到一个峰值点，随后下降，至 2011 年跌入谷底，6 年的观测出现了一个峰谷周期；第二个周期，2013 年达到峰值，随后持续至 2018 年仍然有下降的趋势。鱼类早期资源量高峰至谷底的区间即为产卵场功能值范围。

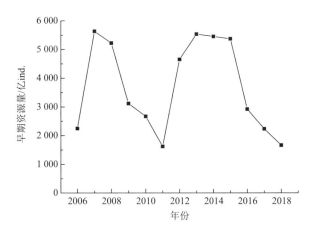

图 3-3　珠江下游肇庆江段鱼类早期资源量变化

通过长期的漂流性鱼卵、仔鱼观测，了解江河产卵场功能变化，是研究河流生态的重要内容之一。通过跨学科的系统分析,从产卵场功能变化可以了解河流生态系统的变化,如假定图 3-3 仔鱼的第一个变化周期为 5 年,第 2 个周期为 7 年,显然第二个仔鱼周期多出 2 年的变化,这是环境综合因素变化影响的结果。鱼类补充规律发生了滞后 2 年的变化,提示其间河流生态系统可能发生了重大的环境变化事件。剔除自然因素的影响,可以剖析人为因素对产卵场功能、河流生态影响的原因和过程。

3.2 广东鲂产卵场功能研究

河流的物理环境变化对水生生物的影响一直是人们关注的热点。20 世纪 70 年代末,美国学者将江河物理栖息地模型(PHABSIMl)用于研究水利工程对水生生物栖息地的影响,并将该模型作为河流生态安全调控管理的工具。20 世纪 90 年代初,德国学者建立了模糊数学模型 CASiMiR,研究物种在不同生命周期对栖息地的环境要求。2000 年以来,利用二维模型 River2D 可以对鱼类栖息地地形进行详细的水动力学过程模拟分析,研究者开展了生物对小生境要求的研究。随后,物理栖息地模型结合河流的形态要素和流量过程因素发展了水动力模型 Delft-3D,用于研究河道形态改变对目标生物的栖息条件的影响,重点可开展鱼类繁殖对生境条件要素的研究,在局域水平寻找满足鱼类繁殖需要的水动力条件。我国对鱼类产卵场的研究也从基于流速、水深及水位波动相关的一维数学模型分析发展至三维水动力模型分析。水动力模型分析需要掌握分析江(河)段的水下地形、流量等因素。

广东鲂产卵场江段位于西江肇庆段,有关此产卵场的研究资料极少。《珠江水系渔业资源》记录了西江广东鲂产卵场分布与变化情况(陆奎贤,1990)。谭细畅等(2009a)通过水声学探测方法发现两个广东鲂产卵场的地形差异及广东鲂进入产卵场的行为特征差异。有学者从珠江水安全和保障角度对西江中游开展水动力模型的研究(方神光等,2015a,2015b,2016),尚无针对产卵场功能方面的研究。西江是重要的航运通道,是带动区域社会经济发展的"黄金水道",航运拓展需求大。航道扩能工程涉及清理水下礁石等障碍物,会对广东鲂产卵场的水下地形造成伤害,进而对广东鲂产卵场造成影响。为了解广东鲂产卵场的功能位点,减少航道扩能对产卵场功能的影响,本书在政府部门的支持下开展了广东鲂产卵场水动力模型研究,分析其功能位点。

3.2.1 广东鲂

1. 生活习性

广东鲂(*Megalobrama terminalis*)是我国华南地区特有的重要经济鱼类(图 3-4),

主要生活在河流的中下游水域,属栖息于河流中下层、半洄游性鱼类,生长期遍布于珠江水系的中下游。繁殖季节,性成熟个体洄游集结于产卵场产卵,繁殖需要水流刺激,卵微黏性,孵化出膜仔鱼随水流向下漂流到下游或河口水域生长。由于广东鲂早期发育阶段有漂流过程,早期发育阶段的个体容易通过弶网采集供定量分析。

图 3-4　广东鲂

2. 繁殖

繁殖季节,性成熟的广东鲂亲鱼从珠江口、珠江三角洲河网区往干流的产卵场集结。广东鲂繁殖期与洪水期基本同步,在每年 4~10 月产卵繁殖。

广东鲂行集群产卵,有固定的产卵场,卵黏性。集结在产卵场江段待产的亲鱼,在出现合适的水动力等环境条件时,进入产卵场特定区域,追逐、排卵、受精,受精卵黏附于礁石或砾石上,发育孵化,出膜仔鱼随水流漂流至下游。广东鲂产卵时在产卵场集群和撤离的速度很快,一般亲鱼从集群至完成产卵后离开产卵场仅 5~6 h,而高度集群时间只有 2 h 左右。因此,获得繁殖亲鱼的生物量数据极为不易。广东鲂产卵场水流急,容易将黏附于礁石或砾石上的卵或刚孵化出膜的仔鱼带往下游,因此,在下游通过固定网具可较容易得到早期资源样本。样本反映鱼类繁殖信息,逐日水平的观测可以掌握广东鲂的繁殖周期和补充规律,也可获得早期资源的补充数量,这些数据都是反映产卵场功能的重要信息。

3. 早期发育阶段的形态

广东鲂可根据不同发育阶段的体形、肌节数、色素形态、鳍(褶)形态、眼相对大小和位置等特征进行种类识别(图 3-5)。

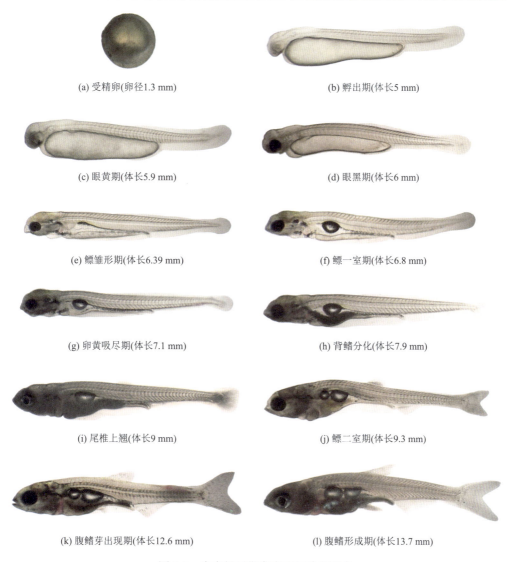

图 3-5 广东鲂早期发育不同阶段形态

4. 广东鲂仔鱼世代强度变化

图 3-6 显示西江肇庆高要监测断面广东鲂仔鱼总量占观测点所有漂流性鱼类早期资源总量的 2.45%~28.66%,多年平均约占 13%。广东鲂仔鱼年均补充量约 472 亿 ind.,是珠江下游河流生态系统中的重要种类。广东鲂产卵场规模大,剖析其产卵场功能及机制,可为研究其他大江大河类似鱼类产卵场功能提供经验。

3.2.2 产卵江段地形地貌

河流地形数据主要依据测量水深获取水体覆盖下的水底地形数据和图件,由此获得

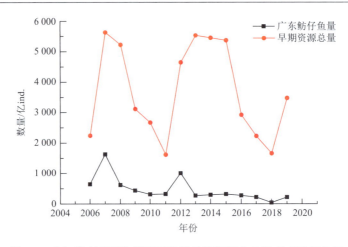

图3-6 珠江肇庆高要监测断面鱼类早期资源总量及广东鲂仔鱼量

河流平直及弯曲情况（如平直段长度及弯曲段的弯曲半径等）、横断面、河宽、比降坡度、丰水期有无分流漫滩、枯水期有无浅滩及沙洲等信息。

水下地形测量需在水上进行动态定位和测深。定位依据使用目的与要求有多种方法。断面法或极坐标法多用在水面不宽、流速不大的河流，以经纬仪、电磁波测距仪及标尺、标杆为主要工具定位；对流速很大的河段，则常使用角度交会法或断面角度交会法；在宽阔水域定位精度要求不高时，可采用六分仪后方交会法和无线电双曲线定位法；定位精度要求较高时，宜采用辅有电子数据采集和电子绘图设备的微波测距交会定位系统或电磁波测距极坐标定位系统、卫星多普勒定位法。水深测量的传统工具是测深杆和测深锤。现代水深测量多使用回声测深仪（声呐），并已从单频、单波束发展到多频、多波束，从点状、线状测深发展到带状测深，从数据显示发展到水下图像显示和实时绘图。现代水下地貌探测仪（又称侧扫声呐），可探测礁石等水下物体的概略位置、范围、形状、性质和水下河底表面形态，并以图像显示。用图形、数据形式表示水下地物、地貌的测量工作，其成果形式为水下地形图、断面图或以表格、磁性储存器为载体的数据。水下地形图以高程和水下等高线表示水下地貌变化。

西江是珠江干流，发源于云南省沾益区乌蒙山脉中的马雄山，流经云南、贵州、广西、广东等4个省（区），在磨刀门入南海，全长2214 km。距今32 500年前，西江已经沿着构造线发育，形成平行岭谷的地貌，但河道的位置与今不同；距今22 000年前的海侵阶段，海侵方向及路径基本上沿西江宽阔的谷地向内陆推进；距今7500年前为海退阶段，此时的西江流向已与现代的西江流向一致；距今5000年前又为一海侵阶段，西江的下段被海水淹没，但上段的河谷形势更接近于现代的状况；距今2500年前为局部海退期，西江干流河道发育成熟；距今2500年以来是第三次海侵阶段，西江的河道位置基本未有变化。西江两岸部分坚硬岩石形成的节点对水流方向起控制作用,又因两岸山冈连绵,限制了河流形成和发育,特定的边界条件,使该河段的边滩和深槽得以长期保持。

西江广西梧州河段有长洲水利枢纽,梧州至广东省思贤滘称西江,全长约 170 km,属于平原河流,介于 110°42′E~112°48′E、22°22′N~23°58′N,其主要支流有贺江、罗定江、马圩河、悦城河、新兴江等。河床为沙、石质,平均坡降 0.0128‰,一般河宽 800~1500 m;河段以径流为主,枯水期受潮汐影响。20 世纪 80 年代,中国水产科学研究院珠江水产研究所调查确定西江有两处大型的广东鲂产卵场,分别为青皮塘产卵场和罗旁产卵场(珠江水系渔业资源调查编委会,1985)(表 3-2)。

表 3-2 西江广东鲂产卵场位置

编号	江段(位置)	产卵场名称
1	西江(梧州至封开)	泗洲尾、鸡笼洲
2	西江(封开至高要)	青皮塘、罗旁

产卵场区域地质构造复杂,断裂特别明显,鱼类栖息地结构复杂,河床、河岸有大小不等的砾石堆积,暗礁、洞孔、缝隙很多,西江自广西梧州进入广东省界首,水流从西向东与北回归线平行,在封开区域突然下切流向东南,形成一侧是暗礁、砾石湍流,另一侧是沙滩缓流,礁岩交错、流态复杂,水流急缓结合,对岸有冲积形成的沙质浅滩。急流区流速具备刺激亲鱼产卵的条件,缓流区为长途逆流而上的亲鱼在产前停留、产后体力恢复提供场所。

1. 青皮塘产卵场

青皮塘产卵场位于西江广东省封开县境内,北起 23°21′55″N、111°30′07″E,止于 23°20′22″N、111°30′53″E。东侧有一冲积沙岛,长 3300 m,最宽 500 m,附近水深 0.1~1.5 m,河中不少巨石、暗礁,为岩石和石砾底质,没有水草,鱼汛期水深 7~9 m,河床横断面宽约 1250 m。

2. 罗旁产卵场

罗旁产卵场位于西江广东省德庆县和郁南县交界江段,在青皮塘产卵场下游,位于都城镇水流转弯(23°11′11″N~23°11′58″N,111°34′32″E~111°36′34″E)水区,全长 3611 m。该江段两岸小山连绵,江面宽阔。产卵场南侧离岸 30~150 m,有一深 5.2~9.8 m、宽 150~300 m 的深水带,北侧及其他地方水深均为 0.1~1.5 m 的沙底浅水带。

3.2.3 产卵场江段水文环境

水文数据是了解河流、湖库水动力及水循环的重要因素。进行产卵场功能分析，需要根据所采用的数学模型来选择应输入的水文环境特征数据，获得需要的水动力学参数。产卵场功能分析需要用到的水文数据大致包括水位、流量、流速及其分布、水温、糙率及泥沙含量等数据，这些数据反映河段流向、流速、流量的变化特点。水文数据原则上应与漂流性鱼类早期资源采样点的数据匹配。

获得水文数据的仪器设备主要有气泡式、压力式、浮子式、非接触式雷达水位计等获得水位数据的仪器设备，以及用于检校水位自记仪测量误差的悬垂式水尺、洪峰水尺。流量数据主要采用声学多普勒海流剖面仪（ADCP）、水平声学多普勒海流剖面仪（H-ADCP）及涉水测量的 ADP（ADV）仪器。

1. 年内水量

西江广东鲂产卵场河段上游为梧州水文站断面，下游为高要水文站断面。梧州水文站位于西江干流与支流桂江汇合口下游约 3 km 处，集水面积为 327 006 km^2。高要水文站位于肇庆西江大桥下游约 1.3 km，集水面积 351 535 km^2。西江流域径流主要由降雨形成，流域内干流、支流的洪水期和枯水期出现与降雨时空分布具有同一规律性，洪水期为 5~10 月，枯水期为 11 月至次年 4 月。根据梧州水文站 1981~2013 年流量资料统计（表 3-3），西江流域洪水期水量约占全年总量的 78%，其中 6~8 月最大，约占全年总量 51%，枯水期约占全年总量的 22%，其中 1~3 月为最少，约占全年总量 9%。

表 3-3　梧州水文站、高要水文站多年月平均流量　　（单位：m^3/s）

站点	1月	2月	3月	4月	5月	6月	7月	8月	9月	10月	11月	12月	平均
梧州水文站	1 998	2 026	2 761	4 253	7 805	13 609	14 026	10 902	7 273	4 364	3 418	2 260	6 225
高要水文站	2 126	2 272	3 040	5 009	8 770	14 291	15 673	12 274	8 959	5 071	3 501	2 372	6 970

注：梧州水文站为 1981~2013 年的数据，高要水文站为 1979~2005 年的数据。

2. 年际水量

河流年内水量有洪水期、枯水期变化，年际水量也有丰年、枯年变化，年际水量与气候变化密切相关。了解河流流量周期变化，有助于认识产卵场及评价产卵场功能。珠江梧州水文站记录的 1955~2013 年年流量资料显示，多年流量有 20~25 年的周期性变化，最大年平均流量为 9390 m^3/s，最小年平均流量为 3250 m^3/s，最大年平均流量为最小年平均流量的 2.9 倍（图 3-7）。

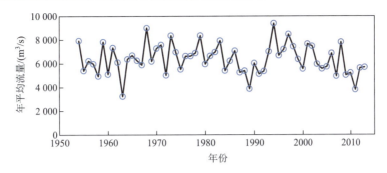

图 3-7　梧州水文站各年平均流量变化图

3. 水位

河床物理环境不变的情况下，水位与流量通常呈规律性稳定正相关关系。通过梧州水文站 1986~2012 年年均水位与年均流量关系（图 3-8）发现，梧州断面的水位-流量关系自 2002 年以后开始偏离，相同流量下如 2005~2010 年水位要远低于 1986~1990 年水位。导致水位-流量关系改变的原因，主要还是产卵场江段受河道下切的影响。

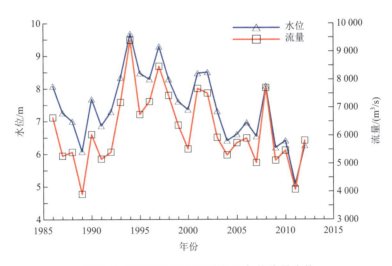

图 3-8　产卵场江段年均水位和年均流量走势

4. 其他特征

广东鲂产卵要求水温在 20℃以上，每年清明节前后繁殖。产卵开始均在西江首次洪水大汛期之前，实时水位较低，繁殖与洪汛密切相关。产卵场江段西侧水较深，流速为 0.76~1.16 m/s；东侧水较浅，流速为 0.56~0.70 m/s，西侧为产卵区，由于江底有岩石、暗礁，形成暗流、漩涡，是产卵场生态的必需条件。广东鲂产卵初期，江水的透明度较高，含沙量较少，水带青绿色，繁殖盛期是汛期，透明度降低，含沙量增大。产卵前后河水的 pH 在 8.1~8.3，溶解氧为 7.46~8.48 mg/L。

3.2.4 水文水动力模型

早期江河开发通常以水能最大化利用为目标，拦河坝造成河流水文情势改变，影响鱼类繁殖，造成河流生态系统功能缺损。近年人们认识到河流生态系统功能状况与鱼类有关，考虑通过人工调度来促进鱼类繁殖。钟麟等（1965）通过生态水文调节实现了人工培育鲢亲鱼自然产卵。此后，人们逐渐认识到水文调节可以操控河流鱼类繁殖（曾祥胜，1990）。水文水动力模型在能源开发、海洋工程、水利工程等方面广泛使用，其物理模型、数值模拟、试验研究及技术成果也用在产卵场的水动力、水文过程研究中（陈庆伟等，2007；胡和平等，2008；黄云燕，2008；郭文献等，2009；陈明千等，2013；徐薇等，2014；陈进等，2015；韩仕清等，2016；王亚军等，2018），如针对中华鲟繁殖的产卵场流量要求与水动力值的测算（危起伟等，2007；杨德国等，2007；杨宇，2007；班璇等，2007，2018；王远坤等，2009a，2009b；王煜，2012；王煜等，2013b，2020；黄明海等，2013；陶洁等，2017），针对四大家鱼繁殖的"生态流量"调度研究（李翀等，2006a，2006b，2007；张晓敏等，2009；李建等，2010，2011；柏海霞等，2014），四大家鱼中的鳙功能流量研究（帅方敏等，2016），以及受水坝胁迫后鱼类栖息地需水量研究（长江水利委员会，1997；英晓明等，2006；余文公，2007；杨宇等，2007b；舒丹丹，2009；康玲等，2010；李建等，2011；蒋红霞等，2012；张志广等，2014；李洋等，2016；司源等，2017；李舜等，2018；许栋等，2019），为鱼类产卵场功能评价打奠定基础。

在建立水文水动力模型过程中，需要设置模型的边界。描述自然条件下的礁石、深潭、浅滩等产卵场地形，需要在模型中设置足够的计算网格，要将产卵场地形高程变化、单体范围等特征清晰描述出来。当然，提高网格分辨率会增加模型的精度，但也会增加计算的时间，因此网格精度设置要依据需要来确定。模型运行分析，还要选择符合自然条件的水流等条件参数。

1. 河流边界

建立分析产卵场功能的水文水动力模型首先需确定江段，如依据渔民的经验或通过科学的产卵场调查方法划定产卵场江段的大致范围作为模型的边界，并通过实地测量掌握该江段地形。由于河床经常被水流冲刷，一定时间后或出现河床下切，或出现淤积，需要依据河流变化情况，及时补测刷新数据。通常大型河流涉及航道和水利建设，相应管理部门有一些河流测量本底数据，应尽可能利用共享的河流地形数据和信息。

广东鲂产卵场西江段三维水文水动力模型所采用的河流地形资料来自航道工程管理部门，上游边界为梧州水文站断面，下游边界为肇庆德庆水文站断面，总长共 70 km。

2. 流速过程

产卵场生境有总体水文情势要素,也有在相应水量和水位下的流速、紊动强度等水动力要素。要获得产卵场的水动力因子量值,首先依据资料分析确定水量和水位最大、最小范围,并通过现场实测获得测量参数数据。也可利用一定条件的水文数据(水文站),通过水动力模型计算获得繁殖所需要的数值供使用,但必须经过实测验证。

本书在西江广东鲂产卵场模型江段设置 5 个断面,作为实测水文水动力要素测量断面,布置于产卵场关键区段,分别是 Q1S1、Q2S2、Q3S3、Q4S4 和 Q5S5(图 3-9)。从左岸至右岸每百米距离设断面测点,测量枯水期(2014 年 3 月 15~16 日)和丰水期(2014 年 6 月 25~26 日)流速。

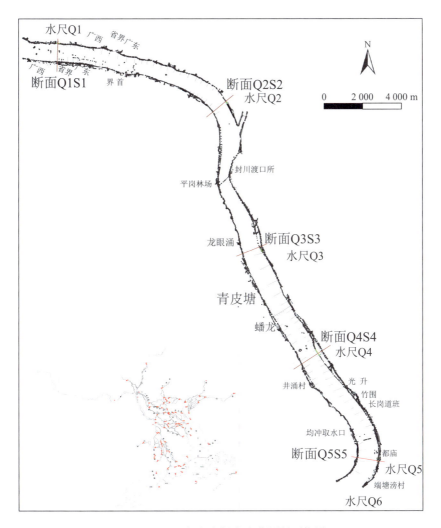

图 3-9　2014 年产卵场水文监测断面位置

枯水期各点流速值如表 3-4 所示，Q1S1、Q2S2 和 Q3S3 断面最大流速在距离左岸 500 m 测点，Q4S4 和 Q5S5 断面最大流速分别在距离左岸 400 m 和 600 m 测点（图 3-10）。

表 3-4　2014 年 3 月产卵场河段沿断面各点流速值　　　　（单位：m/s）

时期	流速	断面				
		Q1S1	Q2S2	Q3S3	Q4S4	Q5S5
枯水期	平均流速	0.51	0.52	0.61	0.56	0.63
	最大流速	0.87	0.93	1.00	1.02	0.94
丰水期	平均流速	0.86	1.01	1.00	0.99	0.92
	最大流速	1.28	1.38	1.38	1.65	1.52

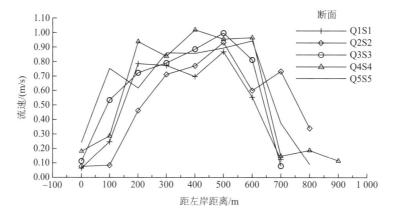

图 3-10　枯水期产卵场河段各断面流速图

丰水期测点数据如图 3-11 所示，Q1S1 和 Q2S2 断面最大流速在距离左岸 500 m 测点，Q3S3 断面最大流速在距离左岸 800 m 测点，Q4S4 断面最大流速在距离左岸 400 m 测点，Q5S5 断面最大流速在距离左岸 500 m 测点。枯水期最大流速轴线与丰水期不同，反映河流水动力因子随流量过程变化而变化。

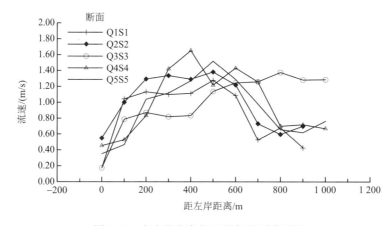

图 3-11　丰水期产卵场河段各断面流速图

3. 模型原理

广东鲂西江产卵场水文水动力因子研究选用了 Delft-3D 模型。该模型包含动量方程、连续方程等主要水流控制方程，水平方向经过正交曲线坐标变换，垂向采用伸缩相对坐标变换，经过有限差分离散计算求得水文水动力各参数。

1) σ 垂向坐标系

模型在水平方向上采用正交曲线网格，在垂向上采用 σ 坐标伸缩网格：

$$\sigma = \frac{z-\zeta}{d+\zeta} = \frac{z-\zeta}{H}$$

式中，z 为垂向坐标；ζ 为自由液面；d 为参考基面水深；H 为总水深。

2) 模型方程

水流控制方程主要由动量方程、连续方程组成。根据不可压缩流体纳维-斯托克斯（Navier-Stokes）方程和布西内斯克（Boussinesq）方程假定，采用如下经过正交曲线坐标变换后形式的连续方程和动量方程，并且由紊流模型确定动量方程中的紊动扩散系数。

沿水深积分二维连续方程：

$$\frac{\partial \zeta}{\partial t} + \frac{1}{\sqrt{G_{\xi\xi}}\sqrt{G_{\eta\eta}}}\frac{\partial\left[(d+\zeta)U\sqrt{G_{\eta\eta}}\right]}{\partial \xi} + \frac{1}{\sqrt{G_{\xi\xi}}\sqrt{G_{\eta\eta}}}\frac{\partial\left[(d+\zeta)V\sqrt{G_{\xi\xi}}\right]}{\partial \eta} = Q$$

σ 坐标系下垂向连续方程为

$$\frac{\partial \zeta}{\partial t} + \frac{1}{\sqrt{G_{\xi\xi}}\sqrt{G_{\eta\eta}}}\frac{\partial\left[(d+\zeta)u\sqrt{G_{\eta\eta}}\right]}{\partial \xi} + \frac{1}{\sqrt{G_{\xi\xi}}\sqrt{G_{\eta\eta}}}\frac{\partial\left[(d+\zeta)v\sqrt{G_{\xi\xi}}\right]}{\partial \eta} + \frac{\partial \omega}{\partial \sigma} = H(q_{in} - q_{out})$$

动量方程表示为

$$\frac{\partial u}{\partial t} + \frac{u}{\sqrt{G_{\xi\xi}}}\frac{\partial u}{\partial \xi} + \frac{v}{\sqrt{G_{\eta\eta}}}\frac{\partial u}{\partial \eta} + \frac{\omega}{d+\zeta}\frac{\partial u}{\partial \sigma} + \frac{uv}{\sqrt{G_{\xi\xi}}\sqrt{G_{\eta\eta}}}\frac{\partial \sqrt{G_{\xi\xi}}}{\partial \eta} - \frac{v^2}{\sqrt{G_{\xi\xi}}\sqrt{G_{\eta\eta}}}\frac{\partial \sqrt{G_{\eta\eta}}}{\partial \xi} - fv =$$

$$-\frac{1}{\rho_0\sqrt{G_{\xi\xi}}}P_\xi + F_\xi + \frac{1}{(d+\zeta)^2}\frac{\partial}{\partial \sigma}\left(\upsilon_V \frac{\partial u}{\partial \sigma}\right) + M_\xi$$

$$\frac{\partial v}{\partial t} + \frac{u}{\sqrt{G_{\xi\xi}}}\frac{\partial v}{\partial \xi} + \frac{v}{\sqrt{G_{\eta\eta}}}\frac{\partial v}{\partial \eta} + \frac{\omega}{d+\zeta}\frac{\partial v}{\partial \sigma} + \frac{uv}{\sqrt{G_{\xi\xi}}\sqrt{G_{\eta\eta}}}\frac{\partial \sqrt{G_{\eta\eta}}}{\partial \xi} - \frac{u^2}{\sqrt{G_{\xi\xi}}\sqrt{G_{\eta\eta}}}\frac{\partial \sqrt{G_{\xi\xi}}}{\partial \eta} - fu =$$

$$-\frac{1}{\rho_0\sqrt{G_{\eta\eta}}}P_\eta + F_\eta + \frac{1}{(d+\zeta)^2}\frac{\partial}{\partial \sigma}\left(\upsilon_V \frac{\partial v}{\partial \sigma}\right) + M_\eta$$

式中，ζ 为自由液面水位；ξ、η 为水平正交曲线坐标系的两垂直坐标方向；d 为参考基面水深；$\sqrt{G_{\xi\xi}}$，$\sqrt{G_{\eta\eta}}$ 为坐标转换系数，在球坐标下 $\xi=\lambda$，$\eta=\phi$，$\sqrt{G_{\xi\xi}}=R\cos\phi$，$\sqrt{G_{\eta\eta}}=R$，$\lambda$ 为经度坐标，ϕ 为维度坐标，R 为地球半径；σ 为垂向坐标系，$\sigma=\dfrac{z-\zeta}{d+\zeta}$，其中 z 为垂向坐标；u，v 分别为 ξ 方向和 η 方向的流速；U，V 分别为 ξ 方向和 η 方向的沿水深平均流速，即 $U=\dfrac{1}{d+\zeta}\int_{d}^{\zeta}u\,\mathrm{d}z=\int_{-1}^{0}u\,\mathrm{d}\sigma$，$V=\dfrac{1}{d+\zeta}\int_{d}^{\zeta}v\,\mathrm{d}z=\int_{-1}^{0}v\,\mathrm{d}\sigma$；$Q$ 为蒸发、降雨、入流或者吸水等导致的单位面积上的全局源汇项，$Q=\int_{-1}^{0}(q_{\mathrm{in}}-q_{\mathrm{out}})\mathrm{d}\sigma+P-E$，$q_{\mathrm{in}}$、$q_{\mathrm{out}}$ 为水体局部单位体积内作为源和汇水体体积的变化速率，这里 P、E 为因水面降雨和蒸发导致的水体变化率；H 为总水深，$H=d+\zeta$；ω 为 σ 坐标系下的垂向速度；f 为科氏力参数；ρ_0 为水的密度；υ_V 为垂向涡黏系数，$\upsilon_V=\upsilon_{\mathrm{mol}}+\upsilon_{\mathrm{3D}}$，$\upsilon_{\mathrm{mol}}$ 为水体分子运动扩散系数，υ_{3D} 为由紊流模型计算得到的紊动扩散系数；P_ξ，P_η 为由密度变化产生的在 ξ、η 方向的压力梯度，依据静压假定，水体压力 $P=P_{\mathrm{atm}}+gH\int_{\sigma}^{0}\rho(\xi,\eta,\sigma',t)\mathrm{d}\sigma'$；$F_\xi$，$F_\eta$ 为水平雷诺应力；M_ξ，M_η 为动量方程的源汇项。

紊流模型采用 k-ε 紊流模型，其相应紊流方程如下：

$$\dfrac{\partial k}{\partial t}+\dfrac{u}{\sqrt{G_{\xi\xi}}}\dfrac{\partial k}{\partial \xi}+\dfrac{v}{\sqrt{G_{\eta\eta}}}\dfrac{\partial k}{\partial \eta}+\dfrac{\omega}{d+\zeta}\dfrac{\partial k}{\partial \sigma}=\dfrac{1}{(d+\zeta)^2}\dfrac{\partial}{\partial \sigma}\left(D_k\dfrac{\partial k}{\partial \sigma}\right)+P_k+B_k-\varepsilon$$

$$\dfrac{\partial \varepsilon}{\partial t}+\dfrac{u}{\sqrt{G_{\xi\xi}}}\dfrac{\partial \varepsilon}{\partial \xi}+\dfrac{v}{\sqrt{G_{\eta\eta}}}\dfrac{\partial \varepsilon}{\partial \eta}+\dfrac{\omega}{d+\zeta}\dfrac{\partial \varepsilon}{\partial \sigma}=\dfrac{1}{(d+\zeta)^2}\dfrac{\partial}{\partial \sigma}\left(D_\varepsilon\dfrac{\partial \varepsilon}{\partial \sigma}\right)+P_\varepsilon+B_\varepsilon-c_{2\varepsilon}\dfrac{\varepsilon^2}{k}$$

式中，k 为紊动动能；ε 为紊动耗散；D_k 为紊动动能扩散系数，$D_k=\dfrac{\upsilon_{\mathrm{mol}}}{\sigma_{\mathrm{mol}}}+\dfrac{\upsilon_{\mathrm{3D}}}{\sigma_k}$，$\upsilon_{\mathrm{3D}}$ 为紊动扩散系数，$\upsilon_{\mathrm{3D}}=c_\mu\dfrac{k^2}{\varepsilon}$，$c_\mu$ 为与阻力有关的系数，υ_{mol} 为水体分子运动扩散系数，系数 $\sigma_{\mathrm{mol}}=1.0$，系数 $\sigma_k=1.0$；D_ε 为紊动耗散扩散系数，$D_\varepsilon=\dfrac{\upsilon_{\mathrm{3D}}}{\sigma_\varepsilon}$，系数 $\sigma_\varepsilon=1.0$；P_k、P_ε 为紊动动能产生项和紊动耗散产生项，$P_k=\upsilon_{\mathrm{3D}}\dfrac{1}{H}\left[\left(\dfrac{\partial u}{\partial \sigma}\right)^2+\left(\dfrac{\partial v}{\partial \sigma}\right)^2\right]$，$P_\varepsilon=c_{1\varepsilon}\dfrac{\varepsilon}{k}P_k$；$B_k$、$B_\varepsilon$ 为水体垂向密度差导致的紊动动能和紊动耗散浮力通量，$B_k=\dfrac{\upsilon_{\mathrm{3D}}}{\rho\sigma_\rho}\dfrac{g}{H}\dfrac{\partial \rho}{\partial \sigma}$，Prandtl-Schmidt 数 $\sigma_\rho=1.0$，$B_\varepsilon=c_{1\varepsilon}\dfrac{\varepsilon}{k}(1-c_{3\varepsilon})B_k$，系数 $c_{1\varepsilon}=1.44$，$c_{2\varepsilon}=1.92$，$c_{3\varepsilon}=1.0$。

3）数值分析

数值分析应用正交曲线结构网格和离散三维水文水动力方程的有限差分法求解。计算网格通过坐标转换系数从物理域转换成计算域。计算变量通过特殊排列，分布在 Arakawa C-grid 交错网格中，其中水位被布置在单元网格的中心，流速则被布置在单元网格之间且垂直于网格线。网格在垂向划分上采用 σ 坐标系。

时间域上采用交替方向隐式（alternating direction implicit，ADI）法求解。每个计算时间步长剖分成两步，每一步为 1/2 个时间步长，一部分采用隐式格式，另一部分采用显式格式，为满足计算稳定，选取时间步长满足 CFL 时间步长条件。水平对流的离散形式则有 3 种：WAQUA 模式、Cyclic 模式和 Flooding 模式，前两者采用高阶的耗散近似方法，后者则应用于水跃计算等快速变化的水流。

4. 初值与边界条件

模型的初始条件以冷启动为主，通过开边界输入产生长波，向模型计算区域内传播。边界条件包括垂向边界条件和侧向边界条件。

1）垂向边界条件

运动边界条件为 σ 坐标系下，水底垂向流速 $\omega|_{\sigma=-1}=0$，水面垂向流速 $\omega|_{\sigma=0}=0$，即表底面无垂向流速，同时底部动力边界条件满足：

$$\frac{\upsilon_V}{H}\frac{\partial u}{\partial \sigma}\bigg|_{\sigma=-1}=\frac{1}{\rho_0}\tau_{b\xi}$$

$$\frac{\upsilon_V}{H}\frac{\partial v}{\partial \sigma}\bigg|_{\sigma=-1}=\frac{1}{\rho_0}\tau_{b\eta}$$

式中，$\tau_{b\xi}$，$\tau_{b\eta}$ 为 ξ 和 η 方向上的底部切应力。

相应的床面切应力 τ_{b3D} 采用如下式计算：

$$\tau_{b3D}=\frac{\rho_0 g u_b |u_b|}{C_{3D}^2}$$

式中，g 为重力加速度；C_{3D} 为床面阻力系数；u_b 为离底床 Δz_b 位置处的水流水平流速。

距离底床 Δz_b 位置的水平流速 u_b 采用垂向对数分布计算：

$$u_b=\frac{u_*}{\kappa}\ln\left(1+\frac{\Delta z_b}{2z_0}\right)$$

式中，u_* 为摩阻流速；κ 为卡门常数，取 0.41；Δz_b 为离底床的距离；z_0 为床面粗糙高度。

底部切应力表达式又可写成：

$$|\tau_b|=\rho_0 u_* |u_*|$$

将距离底床 Δz_b 位置的水平流速 u_b 代入床面切应力 τ_{b3D}，利用对数流速公式计算摩阻流速 u_*，代入上述底部切应力式，可得床面阻力系数：

$$C_{3D} = \frac{\sqrt{g}}{\kappa} \ln\left(1 + \frac{\Delta z_b}{2z_0}\right)$$

其中,床面粗糙高度 z_0 可以由谢才系数 C_{2D} 推求得到:

$$z_0 = \frac{H}{\mathrm{e}^{1+\frac{\kappa C_{2D}}{\sqrt{g}}} - \mathrm{e}}$$

式中,

$$C_{2D} = \frac{\sqrt{g}}{\kappa} \ln\left(1 + \frac{H}{\mathrm{e}z_0}\right)$$

在河道表面,一般不考虑风引起的切应力,即表面水平流速垂向梯度为 0。在宽阔湖泊、水库,有时需要考虑风的作用,则上表面边界的动量方程为

$$\left.\frac{v_V}{H}\frac{\partial u}{\partial \sigma}\right|_{\sigma=0} = \frac{1}{\rho_0}|\tau_s|\cos\theta$$

$$\left.\frac{v_V}{H}\frac{\partial v}{\partial \sigma}\right|_{\sigma=0} = \frac{1}{\rho_0}|\tau_s|\sin\theta$$

式中,θ 为风切应力方向与网格线方向的夹角,风切应力的表达式为

$$|\tau_s| = \rho_0 u_{*s}|u_{*s}|$$

而风切应力的大小被定义为

$$|\tau_s| = \rho_a C_d U_{10}^2$$

式中,ρ_a 为空气密度;C_d 为风拖曳力系数;U_{10} 为水平面以上 10 m 处的风速。

2)侧向边界条件

侧向边界条件中包括了开边界条件和闭边界条件。分析产卵场的模型开边界条件是一种虚拟的"水—水"边界,它模拟由计算区域以外传入计算区域的驱动力,当设定边界条件时,水流可以自由穿过边界;若不提供边界条件,水流将会在边界处被反射而影响计算区域。流速边界被设定成只能提供法向流速边界,因此,边界计算网格边界的位置和方向要尽量与实际水流垂直。模型中可以提供水位、流速、流量、诺依曼和黎曼形式的边界条件。闭边界位于水陆交接处,模型指定了两种边界,一种是解决和边界垂直的水流,另一种是解决和边界相切的水流。对于垂直方向水流采用不可穿过边界;对于切向水流则采用自由滑移和部分滑移边界。对于大范围的模拟,边界处的切应力可以忽略,采用自由滑移边界;对于小范围的模拟,边界处的切应力不可忽略,采用部分滑移边界。

5. 模型范围

根据广东鲂产卵场区段范围、产卵场河床地形特点及模型精细程度要求,西江广东鲂产卵场三维水文水动力模型范围包含了青皮塘和罗旁两个产卵场及其上、下游延伸的江段,共 70 km。

1)模型网格分辨率

模型网格分辨率须准确刻画地形特点,对于产卵有影响的礁石等突出床面要有准确反映,为此,必须要有足够的网格分辨率才能反映出地形表面的轮廓。

西江广东鲂产卵场三维水文水动力模型网格沿河宽方向步长单位 10 m,沿河道方向网格步长单位平均 5 m,在产卵场河段划分了 3722 个(河道方向)×78 个(河宽方向)网格,基本反映了产卵场高低起伏的礁石河床地形。

2)模型验证

模型验证江段见图 3-9 中产卵场水文监测区段,该区段也是广东鲂产卵场保护区江段。验证依据枯水期(2014 年 3 月 15~16 日)和丰水期(2014 年 6 月 25~26 日)期间实测的水位、流速、流向等数据。实测期间上游梧州水文站的流量枯水期为 2270 m^3/s,丰水期为 11 341 m^3/s。

图 3-12、图 3-13 表示枯水期、丰水期典型流量下沿程各断面水尺位置 Q(图 3-9)的水位验证,模型计算水位值与实测值差异均小于 10 cm。

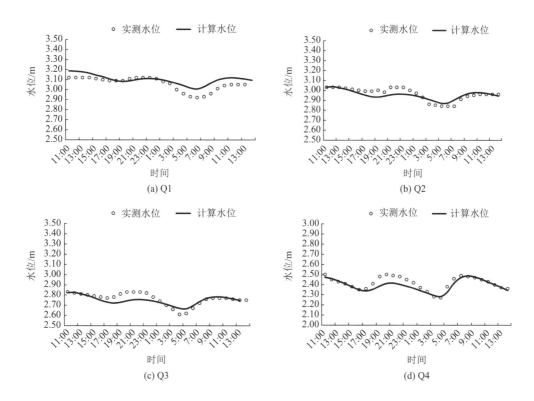

(a) Q1

(b) Q2

(c) Q3

(d) Q4

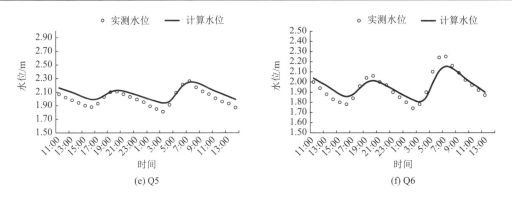

图 3-12　枯水期各断面水位验证图

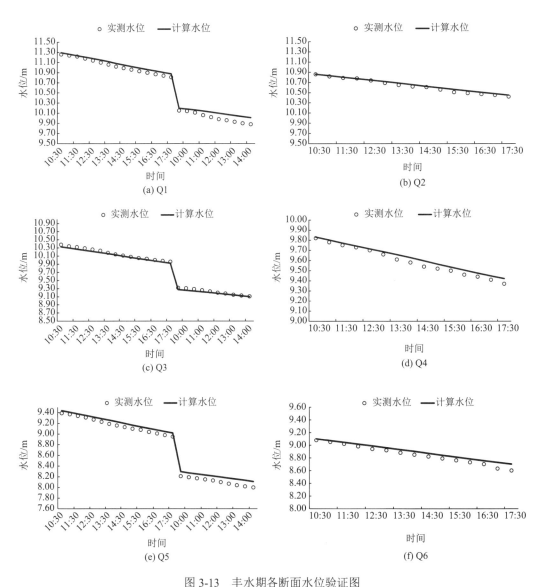

图 3-13　丰水期各断面水位验证图

（b）、（d）和（f）监测时间为 2014 年 6 月 25 日，其余为 2014 年 6 月 25～26 日

图 3-14、图 3-15 是枯水期、丰水期各断面中心位置沿水深流速验证，误差基本小于实测流速的 10%。

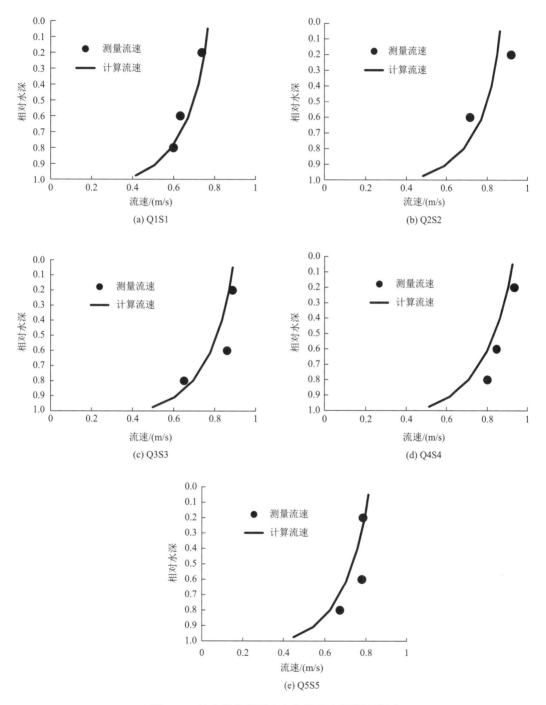

图 3-14 枯水期各断面中心位置沿水深流速验证

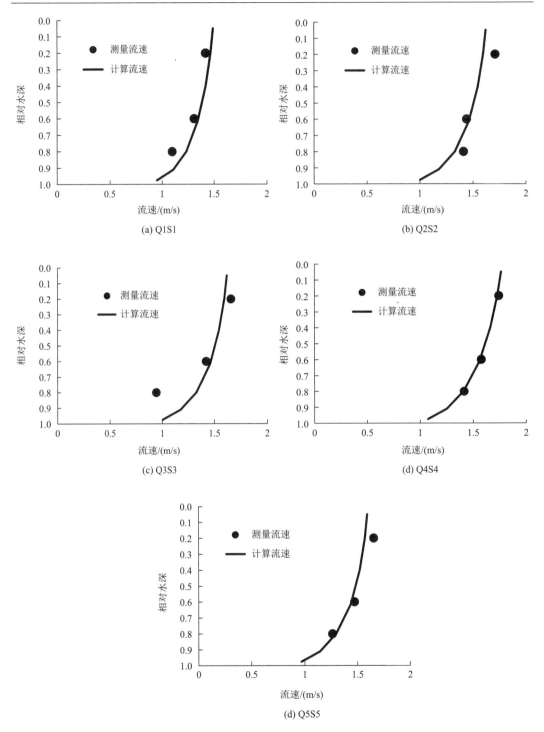

图 3-15 丰水期各断面中心位置沿水深流速验证

图 3-16、图 3-17 是枯水期、丰水期各断面沿水深平均流速验证，误差范围不超过实测流速的 10%。

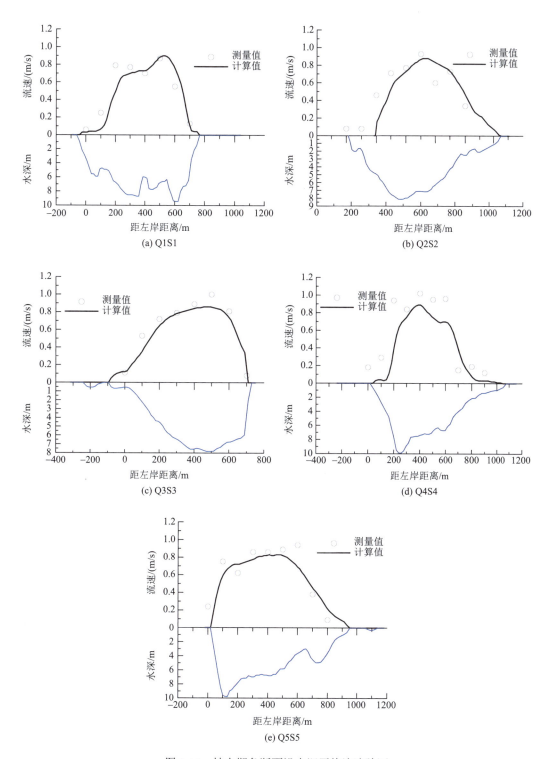

图 3-16 枯水期各断面沿水深平均流速验证

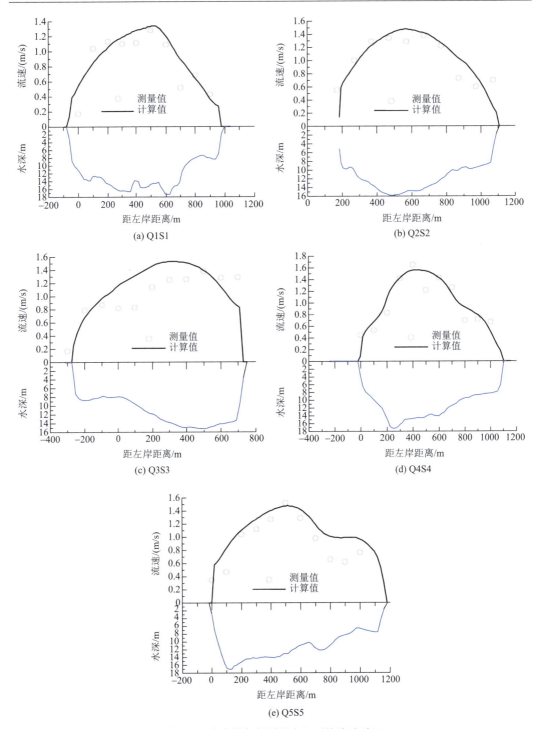

图 3-17 丰水期各断面沿水深平均流速验证

模型验证表明，计算的水面线、流速分布与测量值吻合较好。在碰到礁石的水域，流速规律稍有混乱，反映产卵场特定区域对水流有差异性反应。模型计算数据可供进一步分析使用。

6. 功能流量确定

丰水期、枯水期河流流量变化幅度很大，产卵场功能与鱼类繁殖直接相关，因此产卵场水文水动力模型应用中需要选择与鱼类繁殖相关的流量。了解鱼类功能流量需要系统的鱼类繁殖相关参数，并获得与之相匹配的水文数据。广东鲂产卵场水文水动力模型应用研究中，引用了作者多年在肇庆高要断面逐日观测仔鱼的监测数据，以及监测点相邻的高要水文站水文监测数据确定功能流量的边界范围。图 3-18 显示珠江肇庆段高要水文站 2006 年日平均流量过程曲线，可见丰水期、枯水期水量过程。与之相对应的早期资源监测数据曲线，反映了繁殖与流量过程的关系，图 3-19 显示珠江肇庆段监测到的广东鲂早期资源的补充过程，显然鱼类早期资源发生与流量过程密切相关。

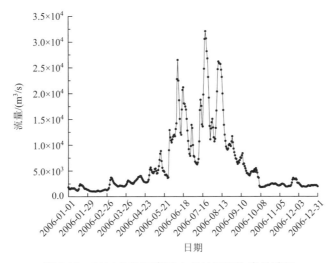

图 3-18　2006 年珠江高要水文站日平均流量过程

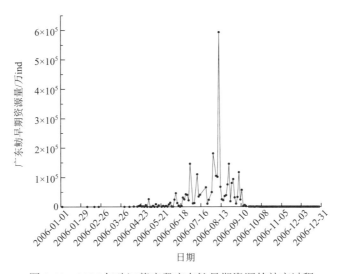

图 3-19　2006 年珠江肇庆段广东鲂早期资源的补充过程

在观测广东鲂早期资源出现过程中，发现不同年份仔鱼初次出现（表 3-5）和末次出现（表 3-6）的流量值、时间不同，仔鱼出现的最大流量和时间也不同（表 3-7）。几年数据叠加发现，仔鱼出现的流量范围在 1170～35300 m³/s，将其确定为广东鲂仔鱼的功能流量。其中，流量大于 25 800 m³/s 出现的仔鱼占比为 13.7%，流量小于 3000 m³/s 出现的仔鱼占比为 0.2%。超过 80%的广东鲂仔鱼在流量区间 3000～20000 m³/s 出现。

表 3-5 2006～2011 年广东鲂仔鱼初次出现的时间与流量

日期	流量/(m³/s)
2006-03-31	2960
2007-04-21	2360
2008-04-15	5520
2009-04-21	4480
2010-04-18	3160
2011-04-29	3360

表 3-6 2006～2011 年广东鲂仔鱼末次出现的时间与流量

日期	流量/(m³/s)
2006-10-21	2300
2007-11-01	1820
2008-10-15	5000
2009-10-14	1170
2010-10-17	4310
2011-09-28	1200

表 3-7 2006～2011 年广东鲂仔鱼出现的时间与最大流量

日期	流量/(m³/s)
2006-07-23	26 800
2007-06-12	25 500
2008-06-12	27 500
2009-07-18	35 300
2010-06-19	25 300
2011-05-15	15 500

由于超过 80%的广东鲂仔鱼在 3000～20000 m³/s 流量区间出现，分析广东鲂产卵场功能所选取的典型流量为 3000 m³/s、5000 m³/s、7500 m³/s、10 000 m³/s、15 000 m³/s、20 000 m³/s，在此流量下，根据德庆断面的水位流量关系，可知相应流量下的水位为 1.94～10.42 m，如表 3-8 所示。

表 3-8　广东鲂产卵场典型流量及相应德庆断面水位

组次	上游流量/(m³/s)（梧州）	边界水位/m
1	3 000	1.94
2	5 000	2.94
3	7 500	4.18
4	10 000	5.43
5	15 000	7.93
6	20 000	10.42

7. 未知功能位点

产卵场江段并非所有区域的流速或其他水动力条件均匀一致，有的位置可以产生刺激、排卵与受精的水动力条件，有的位置出现鱼卵孵化发育的条件，如卵附着需要的介质或卵漂浮状态的水动力环境，究其原因是水下地形差异。以鱼类"排卵与受精的位置"作为产卵场的功能位点，推测产卵场功能位点在江段呈片、块状或星状散布。将满足鱼类"排卵与受精的位置"称为产卵场的"功能位点"。

在江河中直接观测鱼排卵、受精的过程是确定产卵场功能位点的最直接的方法。鱼类大多在丰水期繁殖，由于江水浑浊，即使知道"排卵与受精的位置"，也难于在河流中观测鱼类排卵与受精的行为，因此难于通过水下观测来确定产卵场的功能位点。目前大多数使用间接方法确定产卵场的功能位点，如通过漂流性卵发育期结合获得胚胎样本区的流速进行位点推测，类似四大家鱼产漂流性卵的发育时间、漂流距离确定胚胎来自产卵场的位置，这种"位置"是功能区的范围概念。危起伟等（1998）曾使用标志遥测方法，发现产卵亲体在某一个位置高频率出现，将该位点推测为产卵区，显然，这一确定的"位置"也是猜测的位置，但结合了水下地形及水动力条件的分析，中华鲟产卵场功能位点获得研究者的认可。目前遥测技术还不能用于研究更多鱼类的产卵场功能位点。

广东鲂产卵场三维水文水动力模型包含 70 km 江段范围，其中 37 km 水下地形特征已经通过测量掌握，水下深潭浅滩交错，有不少巨石、暗礁，典型礁石的分布地形如图 3-20～图 3-22 所示。显然，在这样的地形条件下，各位点水文水动力环境复杂多样。在 37 km 江段范围标示 41 个礁石位置，将这些位点假设为产卵场功能位点，从上游至下游分别用 T1～T41 标示，作为产卵场"待确定功能位点"的水文水动力分析点。从功能流量中选取与繁殖关联的典型流量，通过模型分析各位点水文水动力量值。各位点的坐标位置如表 3-9 所示（北京 54 坐标系）。

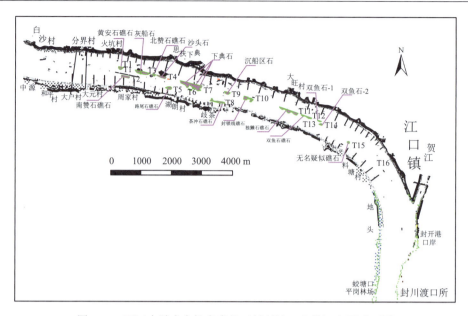

图 3-20　西江中游广东鲂产卵场（封川渡口上游）主要礁石图

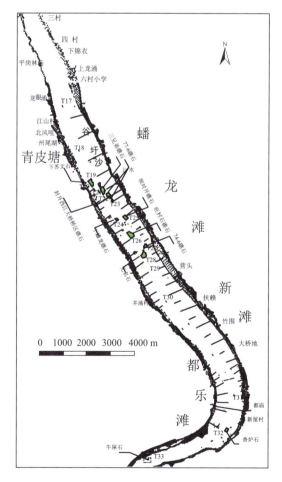

图 3-21　西江中游广东鲂产卵场（蟠龙滩）主要礁石图

第3章 产卵场功能

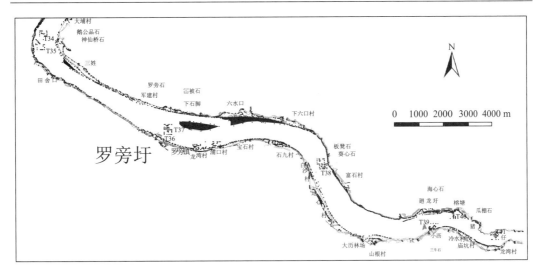

图 3-22 西江中游广东鲂产卵场（罗旁圩）主要礁石图

表 3-9 广东鲂产卵场假设功能站点（位点）

点号	地点名称	x 坐标/m	y 坐标/m
T1	黄安石礁石	541 206	2 596 875
T2	南赞石礁石	541 415	2 596 587
T3	灰船石	542 076	2 596 707
T4	沙头石	542 637	2 596 575
T5	路尾石礁石	542 838	2 596 230
T6	下典石 1	543 409	2 596 321
T7	下典石 2	543 823	2 596 283
T8	茶冲石礁石	544 229	2 595 842
T9	沉船区石	544 734	2 596 080
T10	封锁线礁石	545 360	2 595 915
T11	独獭石礁石	546 915	2 595 416
T12	双鱼石礁石	547 367	2 595 293
T13	双鱼石-1	547 704	2 595 181
T14	双鱼石-2	547 744	2 595 077
T15	无名疑似礁石	548 648	2 594 507
T16	疏浚区域 1-JSJ1	549 486	2 594 187
T17	龙眼涌	551 111	2 585 643
T18	青皮塘	551 874	2 583 626
T19	下苏文石（上）	552 501	2 582 615
T20	下苏文石（下）	552 522	2 582 301

续表

点号	地点名称	x 坐标/m	y 坐标/m
T21	三兄弟礁石	553 027	2 581 964
T22	77-6 礁石（上）	553 239	2 581 853
T23	77-6 礁石（下）	553 398	2 581 623
T24	下蟠龙礁石	553 590	2 580 861
T25	坝对开礁石	553 975	2 580 928
T26	旺村石礁石	554 209	2 580 207
T27	74-6 礁石	554 793	2 579 777
T28	无名石	554 749	2 579 406
T29	疏浚区域 1-STJ2	555 633	2 577 956
T30	保护区	556 370	2 576 419
T31	保护区	557 321	2 575 472
T32	香炉石	558 236	2 572 227
T33	牛屎石	554 967	2 571 026
T34	鹅公品石	554 081	2 569 933
T35	神仙桥石	554 034	2 569 428
T36	罗旁石（部分为散石）	558 822	2 565 838
T37	岜被石	559 145	2 566 071
T38	葵心石	565 383	2 564 540
T39	三牛石	569 434	2 562 218
T40	海心石	570 607	2 562 697
T41	瓜棚石	572 383	2 561 770

注：表中 x、y 为北京 54 坐标系下的礁石分析点坐标。

3.2.5 水文水动力因子分析

针对广东鲂产卵场江段复杂河床选取的 41 个特征位点，利用水文水动力模型计算典型流量下水位、水深、流速、流速梯度、动能梯度、能量坡降、弗劳德数、紊动动能和涡量等各水文水动力因子相应数值。

1. 水位

由图 3-23 可见 3000 m³/s 流量下 41 个位点沿程最大水位差 1.83 m，20 000 m³/s 流量下为 3.13 m，符合上下游水位变化规律。在 41 个位点中，沿程各位点在不同流量下的水位变化曲线平顺，位点间的差异几乎不受流量变化的影响，故在后续分析中舍弃了水位参数。

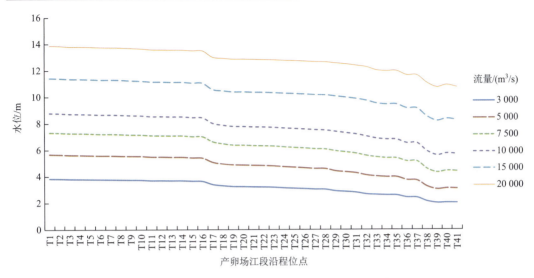

图 3-23 典型流量下产卵场江段沿程各位点水位变化

2. 水深

41 个位点的沿程水深多变，3000 m³/s 时，最小水深 3.91 m，最大水深 10.21 m；20 000 m³/s 下最小水深 13.14 m，最大水深 19.61 m。图 3-24 反映产卵场江段沿程深潭浅滩交错，尤其在下游位置最大水深差达到 6.3 m，河床环境更加复杂多样。

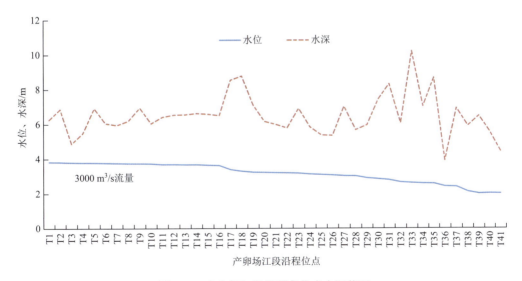

图 3-24 产卵场江段沿程各位点水深状况

3. 流速

流速是液体单位时间内的位移，是表征水体质点三维运移快慢的指标，单位为 m/s。河道中的不同位点的流速不相同，靠近河底、堤岸处的流速较小，河中心及近水面处的流速大。

流速是描述产卵场江段水动力强度的基础参数，关键的生境因子之一。江河中水体流速以平面运动为主，只有突变地形才出现较强的垂向流速。江河流速常用横断面平均流速来表示。流速的空间分布反映了水流的复杂程度，不同鱼类的生命阶段和生活行为有着与之相适应的水流流场。如对于体外受精的鱼类，在繁殖过程中通常会选择水流混乱程度较高的水域进行交配，甚至只有在水流达到一定混乱程度才会刺激交配行为的发生，而在产卵前后可能会停留在相对平静的水域。许多鱼的繁殖需要一定流速的水流过程信号刺激而进入性腺成熟阶段，并排卵与受精。对产漂流性卵的鱼类，鱼卵吸水膨胀后密度略大于水，需要一定的流速才能悬浮于水中顺水漂流孵化，直到发育成具有主动游泳能力的幼鱼。鱼类的性腺发育需要充足的溶解氧，而流速的大小与水中溶氧量有关，流速大的地方，水流的掺气效果好，溶氧量高，而流速小的地方，水溶氧量低而不利受精卵发育。

通常流速可通过测量直接获得。研究鱼类繁殖与流速的关系，需要系统的流速数据，实测数据工作量大并且较困难。通过水文水动力模型计算分析，可以得到研究江段任何位点的流速。

1）表层流速

图 3-25 显示不同位点在流量增加下的表层流速变化，一些位点随流量增加表层流速呈接近线性关系增加，另一些位点流量与表层流速呈非线性关系，研究区域表现出不同位点表层流速对流量响应不同的复杂关系。3000～20000 m³/s 流量下，41 个位点表层（0.22D，D 为水深）流速响应的过程曲线如图 3-25 所示，各位点对流量的变化响应的程度不同，表现在表层流速过程叠加曲线在某些点呈混乱现象。

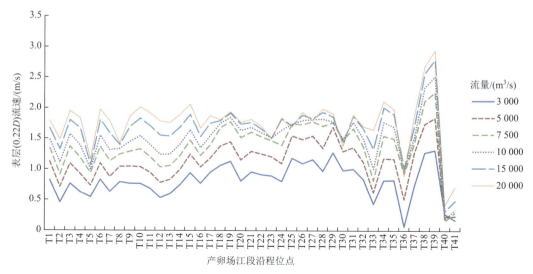

图 3-25　典型流量下产卵场江段沿程位点表层流速

图 3-26 显示，典型流量中除 3000 m³/s 下表层流速值在 T36 位点最小外，其他典型流量下最小值都发生在 T40 位点，范围在 0.226~0.414 m/s；不同流量下表层流速最大值均出现在 T39 位点，范围在 1.320~2.945 m/s，有随流量增加而增大的趋势。各分析位点流速变化范围都包含在 T36、T39、T40 和 T41 曲线数值区间内。

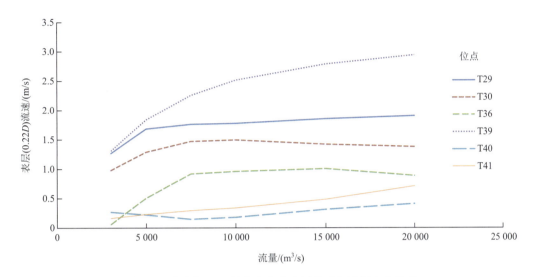

图 3-26　产卵场 T29 等代表位点表层流速与流量变化关系

2）底层流速

产卵场各位点底层流速要明显小于表层，并且表层、底层流速变化规律基本一致，图 3-27 为流量 10 000 m³/s 下产卵场江段沿程各位点表层与底层平均流速变化曲线。

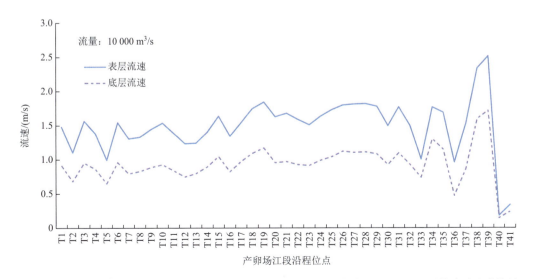

图 3-27　10 000 m³/s 流量下产卵场江段沿程位点表层（0.22D）与底层（0.97D）平均流速变化比较

各位点流速总体随流量增加而增大,如图 3-28 所示,T5、T8、T19、T20、T23、T25、T30、T35、T36 和 T40 位点的底层流速,响应流量过程变化的反应较其他位点混乱,反映这些区域地形和流场较为复杂。

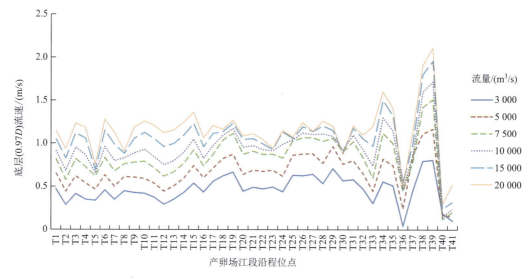

图 3-28　典型流量下产卵场江段沿程位点底层流速变化

3000~20000 m³/s 流量下,产卵场江段沿程 41 个位点底层流速对流量的响应数值变化均包含在 T36、T39 和 T40 曲线数值范围内,底层流速数值边界范围几乎在 T39 和 T40 数值区间内,如图 3-29 所示。各位点底层流速随流量增加而增大。典型流量中除 3000 m³/s 下 41 个位点底层流速最小值出现在 T36、流速值为 0.043 m/s,5000 m³/s

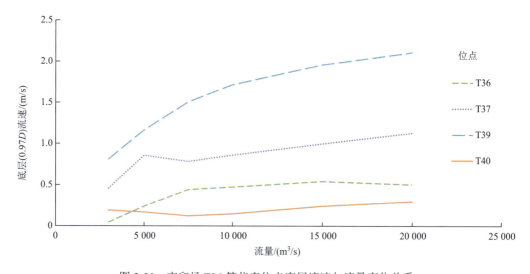

图 3-29　产卵场 T36 等代表位点底层流速与流量变化关系

下出现在 T40、流速值为 0.150 m/s 外，其他典型流量下最小值都发生在 T40 位点，范围在 0.122～0.298 m/s。不同流量下底层流速最大值均出现在 T39 位点，范围在 0.809～2.111 m/s。

4. 流场

流体运动所占据的空间称为流场。流速梯度和水流动能梯度均可用来描绘流场流速变化。

江河中一般垂向流速小，可用平面流速梯度来反映流速梯度，可用下计算式计算：

$$\mathrm{Grad}(\boldsymbol{U}) = \frac{|\boldsymbol{U}_{j+1} - \boldsymbol{U}_j|}{\Delta s}$$

式中，$\boldsymbol{U}$ 为速度向量（m/s）；$\boldsymbol{U}_j$ 为某位置流速矢量（m/s）；$\boldsymbol{U}_{j+1}$ 为相邻下位置的流速矢量（m/s）；$\Delta s = \sqrt{(x_{j+1} - x_j)^2 + (y_{j+1} - y_j)^2}$，$\Delta s$ 为两垂线之间的距离，其中，x_j、y_j、x_{j+1}、y_{j+1} 为相邻两条垂线之间的坐标（m）。

水流动能梯度表示水流中单位距离单位质量的动能变化量。动能梯度用 M_1 表示，其数学表达式为

$$M_1 = \overline{v} \left| \frac{v_{i+1} - v_i}{\Delta s} \right|$$

式中，$\overline{v} = \frac{1}{2}(v_{i+1} + v_i)$，$v_{i+1}$、$v_i$ 为流速，$\Delta s = \sqrt{(x_{j+1} - x_j)^2 + (y_{j+1} - y_j)^2}$。

无论是流速梯度还是水流动能梯度，都实际反映了流场水流流速结构散乱程度。

1）平面流速梯度

平面流速梯度可描述流场的散乱程度，产卵场功能位点的流速梯度可以用来评估功能位点的生态水力生境特征。

（1）表层平面流速梯度

由于地形复杂，不同流量下表层平面流速梯度过程叠加曲线在某些点呈混乱现象，表层流速梯度变化总体呈非线性复杂关系，如图 3-30 所示。流量为 3000 m³/s、5000 m³/s 时，表层流速梯度最大值在 T37 位点，其值分别为 0.0290/s、0.0376/s；流量 7500 m³/s 对应的最大流速梯度在 T2 位点，值为 0.0139/s；10 000 m³/s 对应的最大流速梯度在 T38 位点，数值为 0.0152/s；15 000 m³/s、20 000 m³/s 在 T38 位点，数值为 0.0164/s、0.0168/s。

表层平面流速梯度对典型流量的响应数值变化范围均包含在 T2、T29、T37 和 T41 曲线数值范围。各典型流量下表层平面流速梯度最小值都在 T29，其值在 0.0005～0.0008/s（图 3-31）。

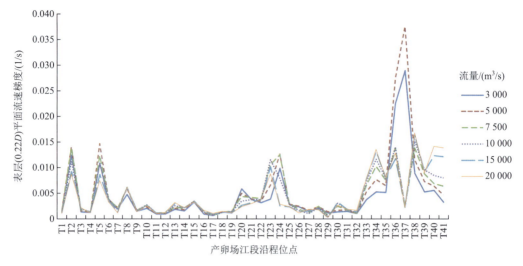

图 3-30 典型流量下产卵场江段沿程位点表层平面流速梯度

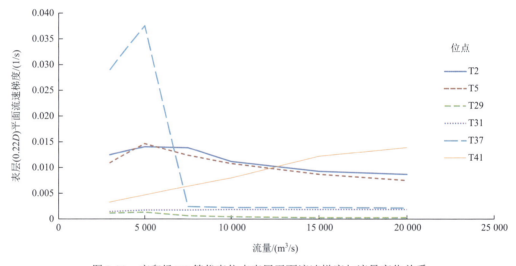

图 3-31 产卵场 T2 等代表位点表层平面流速梯度与流量变化关系

（2）底层平面流速梯度

沿程各位点底层平面流速梯度随流量增加变化不明显的位点有 T1、T4、T7、T16、T17、T18、T26、T29 和 T32，其余位点反映出不同的复杂变化，其中 T33～T41 区域反应最为剧烈，如图 3-32 所示。41 个位点底层平面流速梯度对典型流量的响应数值变化区间均在 T29、T33、T37 和 T38 位点值范围内。

图中如 T37 位点高值对应在 3000 m^3/s、5000 m^3/s 流量数值变化，流速梯度值分别为 0.0149/s、0.0165/s；对应 7500～20000 m^3/s 最高值在 T38 位点，数值为 0.0178～0.0187/s。T37 流速梯度从 5000 m^3/s 时最高值 0.0165/s 骤然下降至 7500 m^3/s 时的 0.0017/s，其异常现象与表层平面流速梯度情况相似。

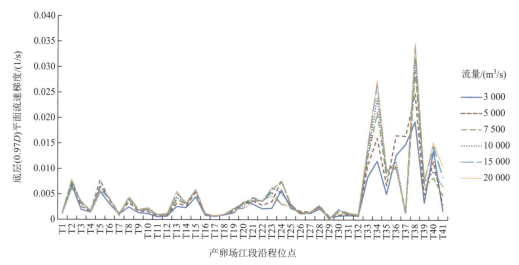

图 3-32 典型流量下产卵场江段沿程位点底层平面流速梯度

各位点底层平面流速梯度对不同流量的反应呈非线性关系，如图 3-33 所示。底层平面流速梯度在 3000～20000 m³/s 流量中，最低值的位点几乎都在 T29，沿程位点底层平面流速梯度数值范围在 T29 和 T38 曲线之间，具体值为 0.0003～0.0350/s。

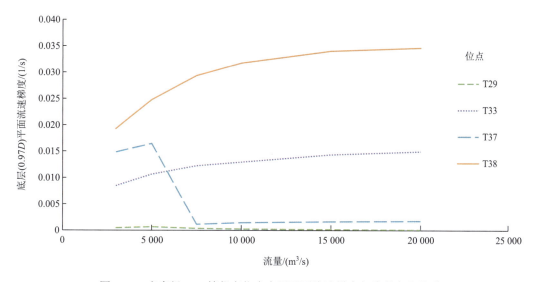

图 3-33 产卵场 T29 等代表位点底层平面流速梯度与流量变化关系

（3）水深平均平面流速梯度

沿程各位点水深平均平面流速梯度在不同流量下表现较为混乱。如图 3-34 所示，T3、T4、T6、T7、T11～T19、T32 等位点对流速变化表现为反应较小；T20、T33、T41 等位点反应大或较大；T5、T24、T37 位点明显表现为流量大水深平均平面流速梯度小、流量小水深平均平面流速梯度大。

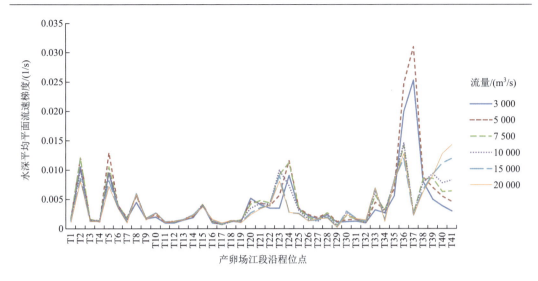

图 3-34 典型流量下产卵场江段沿程位点水深平均平面流速梯度

图 3-35 是 7500 m³/s 流量下,产卵场各位点表层、底层平面流速梯度及水深平均平面流速梯度的比较,表层平面流速梯度与水深平均平面流速梯度变化接近,表层、底层平面流速梯度差异较大,差异较大的有 T2、T5、T33、T34 和 T38 位点,差异最大的是 T38 位点,其次是 T33 位点。沿程有多个位点(如 T1、T2、T5~T12、T16~T18、T20~T32、T39、T41 等)底层平面流速梯度小于表层和水深平均平面流速梯度,另外一些位点(如 T13~T15、T38 等)底层平面流速梯度变化大于表层和水深平均平面流速梯度变化。

图 3-35 产卵场江段沿程位点各层平面流速梯度变化

如图 3-36 所示水深平均平面流速梯度对典型流量的响应数值变化区间均在 T4、T10、T30 位点曲线值范围内。

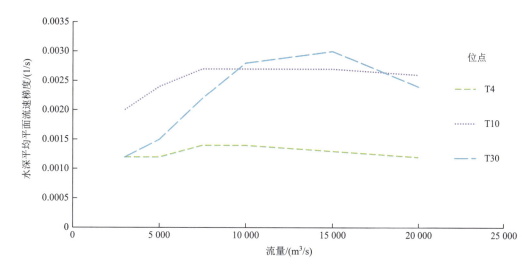

图 3-36　产卵场 T4 等代表位点水深平均平面流速梯度与流量变化关系

2）动能梯度

为了量化和区分河道内水深、流速相似，但是环境位置不同地方的水流特征，特别引入动能梯度，表示水流中单位距离单位质量的动能变化量。动能梯度用 M_1 表示，其数学表达式为

$$M_1 = \bar{v} \left| \frac{v_{i+1} - v_i}{\Delta s} \right|$$

式中，$\bar{v} = \frac{1}{2}(v_{i+1} + v_i)$，$v_{i+1}$、$v_i$ 为流速，$\Delta s = \sqrt{(x_{j+1} - x_j)^2 + (y_{j+1} - y_j)^2}$。$M_1$ 值表现了水流中单位距离单位质量动能的变化，反映水流的紊乱程度，是衡量水生生物对栖息地适应性的一个指标，该指标反映沿水深平均的水流平面紊乱程度。

产卵场江段沿程 41 个位点动能梯度对典型流量的响应变化如图 3-37 所示。各位点中，T6、T8、T9、T20～T22、T24、T28、T33、T35、T37～T39、T41 位点动能梯度变化大或较大；T2、T4、T16、T23、T29、T30 位点动能梯度对典型流量变化几乎没有反应，其中 T4 和 T29 位点对典型流量变化的反应范围只有 0.0001～0.0002 J/(kg·m)。产卵场江段沿程各位点动能梯度随典型流量变化呈非线性变化。

各位点动能梯度值变化范围均在 T4、T29 和 T38 位点曲线值之间。如图 3-38 所示 3000～20000 m³/s 流量下 T38 位点对应动能梯度数值在 0.0086～0.0141 J/(kg·m)。

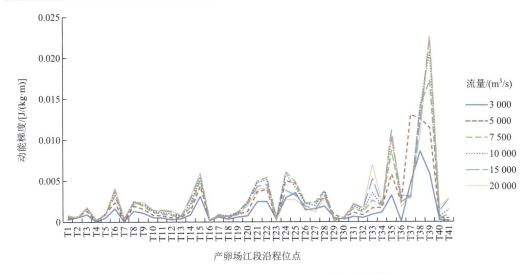

图 3-37　典型流量下产卵场江段沿程位点动能梯度

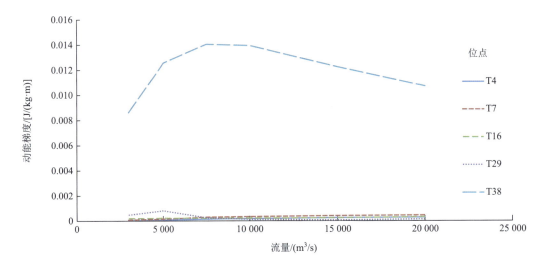

图 3-38　产卵场 T4 等代表位点动能梯度随典型流量变化关系

5. 能量坡降

能量坡降也时常作为鱼类生态水力生境因子，其计算公式为

$$S = \sqrt{\left(\frac{\partial \zeta}{\partial x}\right)^2 + \left(\frac{\partial \zeta}{\partial y}\right)^2}$$

式中，ζ 为水位；x 为沿水流方向的距离；y 为沿河道横断面方向的距离。西江广东鲂产卵场江段沿程 41 个位点能量坡降对典型流量数值响应变化如图 3-39 所示，均在 T37、T38、T39 和 T41 位点值范围内。能量坡降反应最为剧烈的位点为 T38、T39，3000 m³/s 流量下能量坡降最大值在 T38 位点，为 18.529×10^{-5}；5000~20000 m³/s 流量下能量坡降最大值出现在 T39 位点，能量坡降为 33.245×10^{-5} ~ 91.883×10^{-5}。3000~10000 m³/s

时，能量坡降最小值出现在 T41 位点，其值为 $0.405\times10^{-5}\sim1.507\times10^{-5}$；流量 15 000 m³/s、20 000 m³/s 时，能量坡降最小值出现在 T37 位点，能量坡降值为 2.31×10^{-5}、2.732×10^{-5}。

产卵场江段沿程各位点能量坡降随流量增大呈非线性变化，有增大，也有减小，在 T34、T38、T39、T41 位点变化大或较大，如图 3-39 所示。

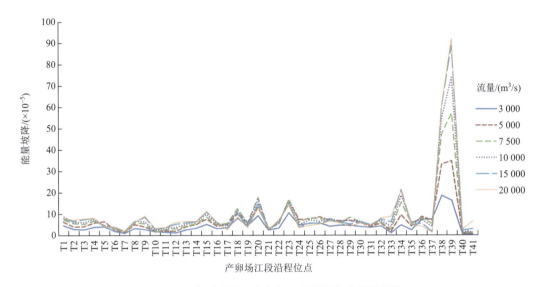

图 3-39 典型流量下产卵场江段沿程位点能量坡降

各位点能量坡降值变化范围均在 T38、T39 和 T41 位点曲线值之间。如图 3-40 所示，3000~20000 m³/s 流量下 T39 位点对应能量坡降数值在 90×10^{-5} 以内。

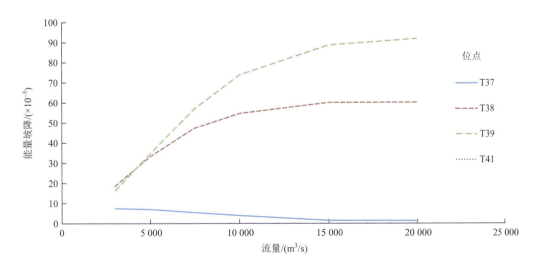

图 3-40 产卵场 T37 等代表位点能量坡降与流量变化关系

6. 弗劳德数

弗劳德数是流体力学中表征流体惯性力和重力相对大小的一个量纲为 1 的参数，记为 Fr，能反映水深和流速的共同作用。Lamouroux 等（1999）研究表明河流的物种丰富度指数与弗劳德数之间有很强的相关关系。显然该生态水力生境参数也可以被用来作为反映产卵场生态水力生境的一个指标。它表示惯性力和重力量级的比，即：

$$Fr = U^2/gL$$

式中，U 为物体运动速度；g 为重力加速度；L 为物体的特征长度，在河道中，其特征长度一般为水深。

不同的弗劳德数代表不同的运动状态，可以判断水流流态是急流还是缓流，也可以用来判断流体卷入气体的程度。当 $Fr>1.7$ 时，流体就会卷气，当数值在 4~12 时，流体就会大量卷气。

如图 3-41 所示，总体上流量低弗劳德数数值低，但沿程 T5、T8、T18~T40 位点弗劳德数对流量变化显示复杂响应。T18~T31 位点较明显表现为流量增大弗劳德数数值反而较中等流量小。T33、T38、T39 位点弗劳德数数值变化较大。弗劳德数对典型流量的响应总体呈非线性关系，非单调增加或减少。

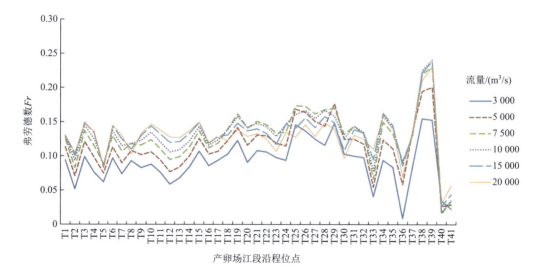

图 3-41 典型流量下产卵场江段沿程位点弗劳德数

弗劳德数最大值在 T38、T39 位点曲线上，3000~20000 m³/s 流量下弗劳德数最大数值范围为 0.155~0.241（图 3-42）。

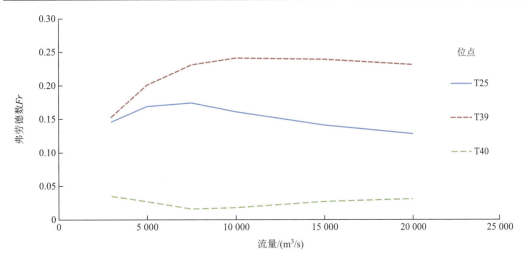

图 3-42 产卵场 T39 等代表位点弗劳德数与流量变化关系

7. 紊动动能

天然河流在长期演变过程中，形成了河湾、急流和浅滩等丰富多样的生境，为鱼类生存创造了不同的条件。通常产卵场江段水流运动复杂，流态紊乱，流向多变，水动力紊动强度指标紊动动能越大，越有利于产卵场鱼卵的孵育。紊动水流影响河流中鱼类和其他水生生物分布，对鱼类洄游、产卵和觅食等生物学行为具有重要作用。因此，紊动动能被用来作为评估产卵场生态水力生境的重要指标。

紊流中，反映空间三维紊动强度可以表示为 $I_u = \sqrt{\overline{u'^2}}/\bar{U}$，$I_v = \sqrt{\overline{v'^2}}/\bar{U}$，$I_w = \sqrt{\overline{w'^2}}/\bar{U}$，其中特征流速 $\bar{U} = \sqrt{\bar{u}^2 + \bar{v}^2 + \bar{w}^2}$，$u = u' + \bar{u}$，$v = v' + \bar{v}$，$w = w' + \bar{w}$，$\bar{u}$、$\bar{v}$、$\bar{w}$ 为平均流速，u'、v'、w' 为脉动流速。为了综合表示紊动强度，一般可以直接采用紊动动能来反映：

$$k = \frac{1}{2}\left(\overline{u'^2} + \overline{v'^2} + \overline{w'^2}\right)$$

1）表层紊动动能

产卵场江段沿程位点总体上表层（0.29D）紊动动能随流量增加而增大，但在 T5 位点变化小，T34 位点变化大。T23~T31、T36 位点在最大流量时表层紊动动能反而较中等流量低。T30 位点在最高和最低流量时，表层紊动动能值几乎相同，处于最低状态（图 3-43）。

各站点表层紊动动能变化值在 T29、T34 和 T41 位点的曲线值范围内。3000~15000 m³/s 时，最小值均出现在 T41 位点，紊动动能变化范围在 0.0001~0.0009 m²/s²；20 000 m³/s 时，最小值也出现在 T41 位点，最大值出现在 T34 位点，其值范围为 0.0001~0.014 m²/s²（图 3-44）。

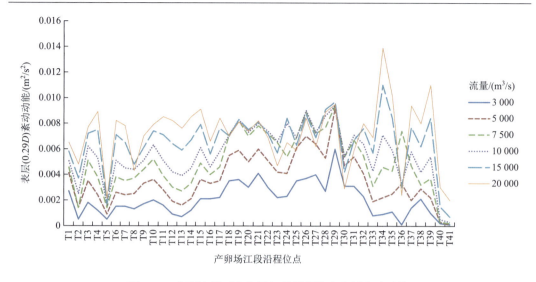

图 3-43　典型流量下产卵场江段沿程位点表层紊动动能

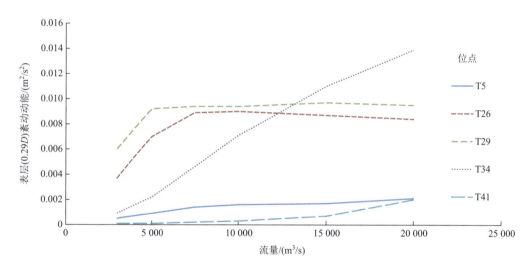

图 3-44　产卵场 T5 等代表位点表层紊动动能与流量变化关系

2）中层紊动动能

中层（0.55D）紊动动能与表层紊动动能表现相似。产卵场江段沿程位点总体上表现为中层紊动动能随流量增加而增大，在 T4 位点变化小，T33 位点变化大。T17、T19、T22、T24、T26、T29、T35 位点在最大流量时中层紊动动能反而较中等流量低。T29 位点在最高和最低流量时，中层紊动动能值几乎相同，处于最低状态（图 3-45）。

各位点中层紊动动能变化值在 T29、T34、T41 位点的曲线值范围内，各流量最小值均出现在 T41 位点，紊动动能变化范围在 0.0001～0.0011 m^2/s^2；最大值出现在 T34 位点，其值为 0.0194 m^2/s^2（图 3-46）。

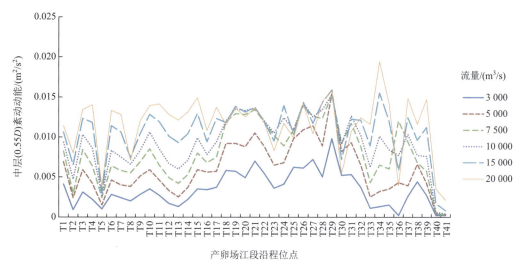

图 3-45　典型流量下产卵场江段沿程位点中层紊动动能

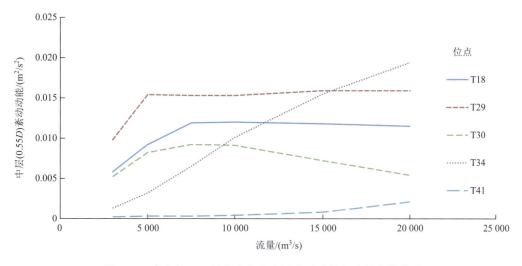

图 3-46　产卵场 T18 等代表位点中层紊动动能与流量变化关系

3）底层紊动动能

产卵场江段沿程 41 个位点底层与表层、中层紊动动能随流量的增大变化趋势相似，但是其紊动强度要大于表层、中层。在 T5、T17～T31 位点底层紊动动能表现比较混乱，其中 T18～T27 位点最高流量时底层紊动动能较中等流量时低。T5、T30 位点变化幅度小，T39 位点变化最大。

对典型流量的响应数值变化范围均在 T25、T38、T39 和 T40 位点曲线值之间，如图 3-47 所示。41 个位点底层紊动动能与流量关系也并非线性单调，如图 3-48 所示，大部分位点流量增大底紊动动能增强，沿程 T25 位点底层紊动动能对流量变化显示出复杂关系，随流量增加底层紊动动能先增大再减小。

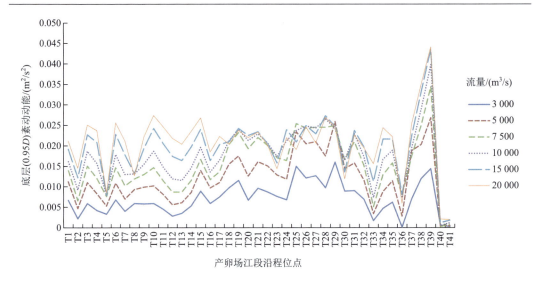

图 3-47 典型流量下产卵场江段沿程位点底层紊动动能

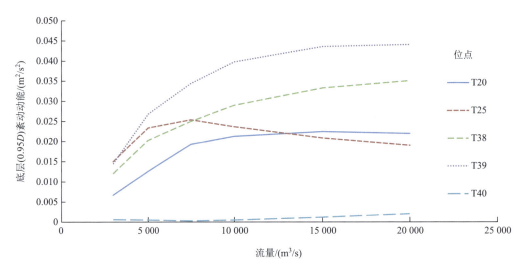

图 3-48 产卵场 T39 等代表站点底层紊动动能与流量变化关系

各典型流量下,最小底层紊动动能均出现在 T40 位点,范围在 0.0005~0.0041 m^2/s^2;最大底层紊动动能值,当流量为 3000 m^3/s 时,出现在 T25 位点,为 0.0150 m^2/s^2,当流量为 5000 m^3/s、7500 m^3/s 时,最大值出现在 T39 位点,对应值均为 0.0251 m^2/s^2,当流量为 10000~20000 m^3/s 时,最大底层紊动动能值为 0.0410~0.0419 m^2/s^2。

总体上,产卵场沿程站点表层、中层、底层紊动动能对典型流量的反应在 3000~10000 m^3/s 流量区间可分为三个区,如图 3-49 所示。第一个区包含 T1~T16 位点,正好是界首至江口镇段;第二个区包含 T17~T34 位点,正好是青皮塘以下的"三滩"段,也是重要的广东鲂产卵场保护区;第三个区为 T35~T41 位点,正好是罗旁至龙湾村。在流量≥7500 m³/s 后，除 T39 位点紊动动能值大于 0.035 m²/s² 比较明显区分外，第二个区"三滩"段沿程大部分站点值在 0.005～0.025 m²/s² 波动，没有明显大分区波动。

图 3-49　7500 m³/s 流量下产卵场江段沿程位点表层、中层、底层紊动动能分布

8. 涡量

涡量是涡度模的值，涡度是反映水流涡旋强度的指标，涡度属矢量，具有方向性，对鱼卵的孵育而言，涡度强度是关键，与方向关系不大，因此涡度分析只取其模，即涡量。在河流中由于地形等条件因素会形成各种尺度和形式的涡。涡旋都是急速自旋的流体旋转时形成的螺旋形。河道水流涡旋的形成是因为河床地形不平稳或是水受凸起地形扰动。

涡量是描述涡旋运动常用的物理量，直接反映水流旋转速度，因此也是体现产卵场生态水力生境情况的水动力参数，其具有三维特性，可用来表征有旋运动的强度，根据涡量是否为零可判断流动是有旋还是无旋。涡量可采用如下表达式计算：

$$\varOmega = \nabla \times V = \left(\frac{\partial w}{\partial y} - \frac{\partial v}{\partial z}\right)\bm{i} + \left(\frac{\partial u}{\partial z} - \frac{\partial w}{\partial x}\right)\bm{j} + \left(\frac{\partial v}{\partial x} - \frac{\partial u}{\partial y}\right)\bm{k}$$

式中，u、v、w 分别为 x、y、z 方向的速度分量，m/s；$\bm{i}$、$\bm{j}$、$\bm{k}$ 分别为 x、y、z 方向的单位向量。

1）表层涡量

表层（$0.22D$）涡量沿程存在较大变化的区域有三个，如图 3-50 所示，第一个在 T2～T5 位点、第二个在 T20～T24 位点、第三个在 T37 和 T41 位点。对流量增大反应比较复杂的区域在 T2～T6、T20～T24、T35～T37 位点，对流量增大反应较小的区域在 T9～T19、T25～T29、T32、T38 和 T39 位点。

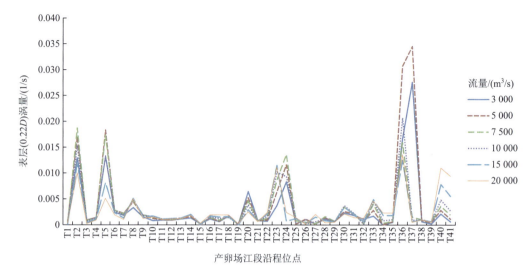

图 3-50　典型流量下产卵场江段沿程位点表层涡量

流量 3000～20000 m³/s 时，表层涡量最小值均出现在 T19 位点，变化范围在 0～0.0002/s；最大涡量值出现位置随流量增加有所改变，流量 3000～5000 m³/s，最大值在 T37 位点，为 0.0276～0.0345/s；流量 7500～15000 m³/s 时，对应的最大涡量值出现在 T2 位点，范围在 0.0119～0.0187/s，20 000 m³/s 流量时，最大值出现在 T40 位点，为 0.0130/s。沿程各位点在各流量下的表层涡量值在 T2、T19、T37 和 T40 位点曲线范围内（图 3-51）。

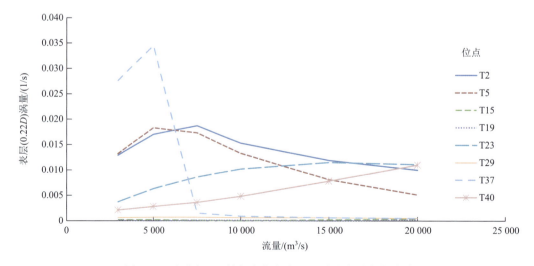

图 3-51　产卵场 T2 等代表位点表层涡量随流量变化关系

2）中层涡量

与表层涡量一样，沿程中层（0.51D）涡量变化大的区域有三个，如图 3-52 所示，第一个在 T2～T5 位点、第二个在 T20～T24 位点、第三个在 T37～T41 位点。对流量增大反应比较复杂的区域在 T2～T6、T20～T24、T35～T37 位点，对流量增大反应较小的区域在 T9～T19、T25～T29、T32、T38 和 T39 位点。

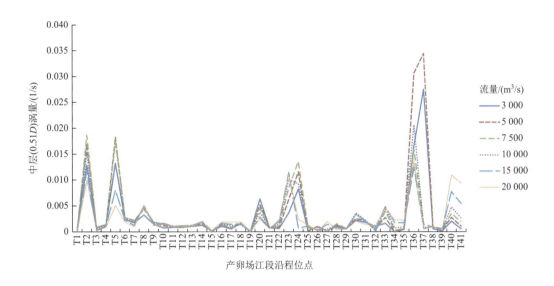

图 3-52 典型流量下产卵场江段沿程位点中层涡量

产卵场江段沿程 41 个位点，中层涡量对流量的响应数值变化均在 T2、T19、T37 和 T41 位点曲线值范围内，如图 3-53 所示。不同流量下，中层涡量最小值均出现在

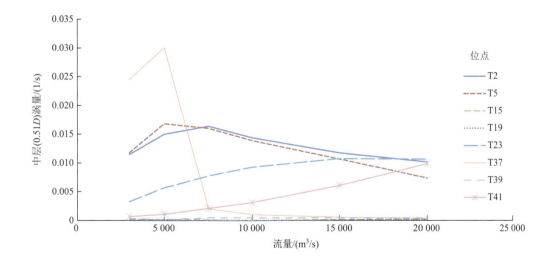

图 3-53 产卵场 T2 等代表位点中层涡量随流量变化关系

T19 位点，变化范围在 0～0.0002/s；与表层涡量规律相似，中层涡量最大值随流量的增加，出现位置有所变化，流量为 3000～5000 m³/s 时最大值出现在 T37 位点，范围为 0.0245～0.0300/s，流量为 7500～15000 m³/s 时，最大涡量出现在 T2 位点，范围为 0.0144～0.0164/s，流量为 20 000 m³/s 时，最大值在 T41 位点，为 0.0111/s。中层涡量对流量的响应总体呈非线性关系。

3）底层涡量

产卵场江段沿程 41 个位点，在典型流量下底层（0.97D）涡量在 0～0.019l/s 变动。与表层、中层涡量一样，沿程底层涡量变化大的区域有三个，如图 3-54 所示，第一个在 T2～T5 位点、第二个在 T20～T24 位点、第三个在 T37～T41 位点。对流量增大反应比较复杂的位点有 T20、T23、T24、T33、T36、T37、T40 和 T41。对流量增大反应较小的位点与表层、中层涡量有一些差异，分布在 T9～T16、T18、T19、T21 和 T29 位点。

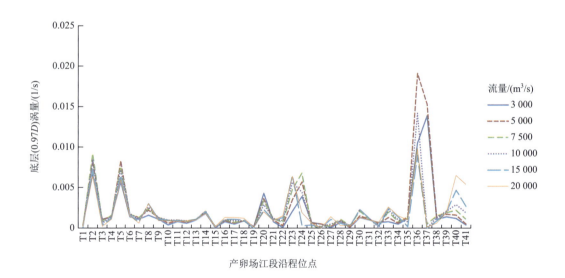

图 3-54　典型流量下产卵场江段沿程位点底层涡量

底层涡量对典型流量的响应如图 3-55 所示，T15 位点各流量下底层涡量值最小，为 0.0001/s。涡量最大值在 T2 位点，范围为 0.0073～0.0090/s。底层涡量对流量的总体关系呈非线性。

产卵场江段沿程涡量分为三个高值区，分别为 T2～T5、T23～T24 及 T36 位点，如图 3-56 所示。大部分区域表层、中层、底层涡量的变幅在 0～0.005/s。

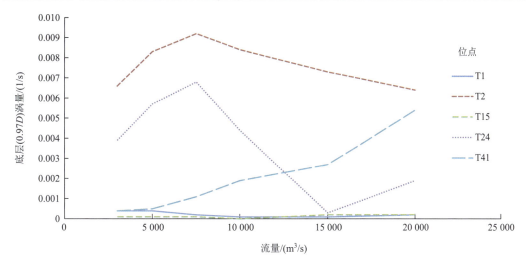

图 3-55　产卵场 T1 等代表位点底层涡量随流量变化关系

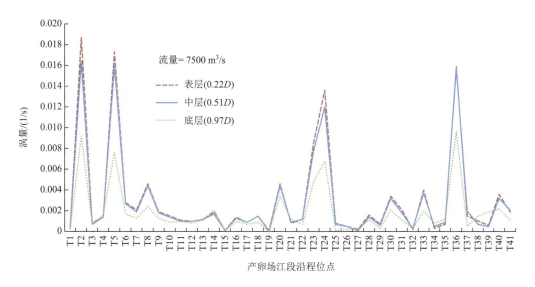

图 3-56　7500 m³/s 流量下产卵场江段沿程位点表层、中层、底层涡量变化

3.3　仔鱼出现与未知功能位点的水文水动力关系

3.3.1　获得仔鱼监测数据

依据《河流漂流性鱼卵、仔鱼调查采样技术规范》（SC/T 9407—2012），于每天早上、中午、晚上采集样本，通过形态或分子方法识别种类，计算样本资源量，径流量数据同时采集（尽量使用邻近监测点的水文站数据）。图 3-57 为根据 2006 年西江肇庆高要采样点广东鲂仔鱼密度及高要水文站流量连续监测数据所做的两组数据周年变化关系过程图。

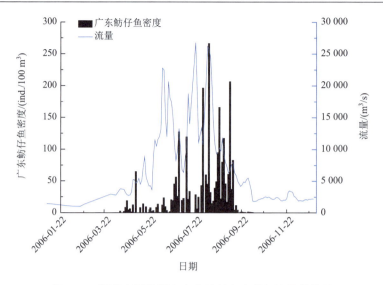

图 3-57 肇庆高要监测点广东鲂仔鱼密度与流量的关系

1. 逐月分布

通过长期采样点日水平的监测数据分析,发现西江广东鲂仔鱼的最早出现时间在 3 月,最迟止于 11 月,一年中仔鱼峰值最多 11 次、最少 5 次;表 3-10 列出了 2006~2011 年广东鲂仔鱼逐月分布状况。仔鱼发生主要集中在 5~9 月,其中 6~8 月占全年分布量的 91.28%。

表 3-10 西江肇庆段广东鲂仔鱼月分布比例　　　　（单位:%）

月份	2006 年	2007 年	2008 年	2009 年	2010 年	2011 年	平均
3 月	0.00	0.00	0.00	0.00	0.00	0.00	0.00
4 月	0.65	0.10	0.37	0.66	0.03	0.18	0.33
5 月	1.84	0.32	1.62	2.27	5.98	15.81	4.64
6 月	10.09	27.45	13.16	20.66	42.48	30.67	24.09
7 月	18.59	57.88	55.46	13.81	31.26	53.18	38.36
8 月	58.23	14.10	27.18	60.21	13.15	0.16	28.83
9 月	10.53	0.14	1.53	2.34	6.97	0.00	3.59
10 月	0.07	0.01	0.68	0.05	0.12	0.00	0.16
11 月	0.00	0.00	0.00	0.00	0.00	0.00	0.00

2. 仔鱼相对多度与流量

将高要水文站日均流量数据与广东鲂仔鱼日水平的监测数据进行对应分析,多年数据表明采样断面广东鲂仔鱼大部分出现在 7000~19000 m^3/s 流量区间,占采样断面广东鲂仔鱼总量的 76.4%(表 3-11)。

表 3-11　2006~2011 年不同流量区间广东鲂仔鱼相对多度

流量区间/(m³/s)	相对多度/%
1000~<3000	0.2
3000~<5000	2.0
5000~<7000	5.6
7000~<9000	11.9
9000~<11000	12.1
11000~<13000	14.4
13000~<15000	21.3
15000~<17000	9.2
17000~<19000	7.5
19000~<21000	3.5
21000~<23000	1.6
23000~<25000	6.0
≥25000	4.7

3. 繁殖期

鱼卵、仔鱼出现意味着鱼类产卵繁殖已经发生，统计每一年鱼类早期资源首次与末次出现的时间，发现不同年份鱼类繁殖期限不一致。表 3-12 列出了 2006~2011 年珠江肇庆高要断面各年广东鲂仔鱼出现的起止时间，数据显示不同年份仔鱼出现持续期在 153~205 d 波动。

表 3-12　珠江肇庆高要断面广东鲂仔鱼出现持续期

起始时间	结束时间	持续期/d
2006-03-31	2006-10-21	205
2007-04-21	2007-11-01	195
2008-04-15	2008-10-15	184
2009-04-21	2009-10-14	177
2010-04-18	2010-10-17	183
2011-04-29	2011-09-28	153

3.3.2　各位点水文水动力方程建立

待分析各位点分别以 3000 m³/s、5000 m³/s、7500 m³/s、10 000 m³/s、15 000 m³/s、20 000 m³/s 作为繁殖典型流量在模型中计算某一水文水动力因子的相应变化数值，然后建立某一位点某一水文水动力与流量关系方程。表 3-13 为 41 个位点底层流速梯度与流量关系方程。依照同样的方式逐一建立各位点水深、流速、流速梯度、能量坡降、动能梯度、涡量等水文水动力因子与流量的关系方程。最终可建立包含广东鲂青皮塘产卵场、罗旁产卵场两个广东鲂产卵场的 37 km 江段 41 个沿程位点（功能位点与非功能位点）多个水文水动力因子与流量的关系。

表 3-13 典型流量各位点底层流速梯度与流量关系方程

位点	方程	R^2 值
T1	$y = -1\text{E}-12x^2 + 3\text{E}-08x + 0.0012$	0.4461
T2	$y = -9\text{E}-12x^2 + 1\text{E}-07x + 0.0068$	0.6711
T3	$y = -9\text{E}-12x^2 + 3\text{E}-07x + 0.0013$	0.9805
T4	$y = -3\text{E}-12x^2 + 8\text{E}-08x + 0.0013$	0.9166
T5	$y = -1\text{E}-11x^2 + 2\text{E}-07x + 0.0059$	0.2833
T6	$y = -1\text{E}-11x^2 + 3\text{E}-07x + 0.0025$	0.8916
T7	$y = -3\text{E}-13x^2 - 2\text{E}-08x + 0.0012$	0.7878
T8	$y = -1\text{E}-11x^2 + 4\text{E}-07x + 0.0016$	0.9710
T9	$y = -4\text{E}-12x^2 + 1\text{E}-07x + 0.0012$	0.9239
T10	$y = -6\text{E}-12x^2 + 2\text{E}-07x + 0.0007$	0.9915
T11	$y = -3\text{E}-12x^2 + 9\text{E}-08x + 0.0004$	0.9510
T12	$y = -3\text{E}-12x^2 + 9\text{E}-08x + 0.0004$	0.9917
T13	$y = -8\text{E}-12x^2 + 4\text{E}-07x + 0.0016$	0.9997
T14	$y = -7\text{E}-12x^2 + 2\text{E}-07x + 0.0019$	0.9696
T15	$y = -1\text{E}-11x^2 + 3\text{E}-07x + 0.0039$	0.8810
T16	$y = -7\text{E}-13x^2 + 4\text{E}-08x + 0.0008$	0.9647
T17	$y = 5\text{E}-13x^2 - 9\text{E}-09x + 0.0008$	0.0828
T18	$y = 2\text{E}-13x^2 + 2\text{E}-09x + 0.001$	0.8248
T19	$y = -7\text{E}-12x^2 + 2\text{E}-07x + 0.0009$	0.9050
T20	$y = -2\text{E}-11x^2 + 4\text{E}-07x + 0.0028$	0.7533
T21	$y = -1\text{E}-11x^2 + 3\text{E}-07x + 0.0025$	0.7011
T22	$y = -3\text{E}-12x^2 + 6\text{E}-08x + 0.0011$	0.7286
T23	$y = -1\text{E}-11x^2 + 4\text{E}-07x + 0.001$	0.9768
T24	$y = -1\text{E}-11x^2 + 3\text{E}-07x + 0.0011$	0.9064
T25	$y = -7\text{E}-12x^2 + 2\text{E}-07x + 0.0018$	0.6908
T26	$y = -2\text{E}-12x^2 + 2\text{E}-08x + 0.0017$	0.5873
T27	$y = -2\text{E}-12x^2 + 1\text{E}-07x + 0.0018$	0.7528
T28	$y = -9\text{E}-12x^2 + 2\text{E}-07x + 0.0018$	0.8511
T29	$y = -3\text{E}-12x^2 + 6\text{E}-08x + 0.0002$	0.8692
T30	$y = -2\text{E}-11x^2 + 5\text{E}-07x - 8\text{E}-05$	0.9756
T31	$y = -6\text{E}-12x^2 + 2\text{E}-07x + 0.0008$	0.8496
T32	$y = 2\text{E}-12x^2 - 2\text{E}-08x + 0.001$	0.9942
T33	$y = 6\text{E}-12x^2 + 5\text{E}-07x + 0.007$	0.9728
T34	$y = -3\text{E}-11x^2 + 8\text{E}-07x + 0.0029$	0.9762
T35	$y = -2\text{E}-11x^2 + 6\text{E}-07x + 0.0032$	0.8616

续表

位点	方程	R^2值
T36	$y = 3\text{E}{-}13x^2 + 2\text{E}{-}07x + 0.0009$	0.9748
T37	$y = 1\text{E}{-}10x^2 - 4\text{E}{-}06x + 0.0264$	0.7772
T38	$y = -5\text{E}{-}11x^2 + 2\text{E}{-}06x + 0.0088$	0.9340
T39	$y = -3\text{E}{-}11x^2 + 8\text{E}{-}07x + 0.0013$	0.9804
T40	$y = -3\text{E}{-}12x^2 + 6\text{E}{-}07x + 0.0019$	0.9991
T41	$y = 3\text{E}{-}12x^2 + 8\text{E}{-}07x + 0.0005$	0.9998

3.3.3 仔鱼多度与各位点水文水动力关系分析

鱼类早期资源发生与产卵场水文水动力因子相关，如位点不同流速不同，不同水层流速也不同。通常流量增加流速增大，其中可能仅有部分水层流速满足鱼类产卵的要求，过大、过小的流速鱼类都可能不产卵。因此，推测产卵场范围内不同径流量作用下，适合鱼类繁殖的功能位置随流量变化而变化（包括水层、位点的空间变化），如某种鱼适合产卵繁殖的流速为 x，在产卵场范围随不同的径流量具有"x"值的位置会变化，或许鱼类在产卵场"跟随""x"值位置产卵繁殖。推测鱼类具有这种适应环境变化的自适应调整能力。如果鱼类具有这种适应环境变化的能力，则可为产卵场恢复、重建提供机会。

根据各位点方程，分别计算广东鲂仔鱼出现时当日流量下各水文水动力因子的变化数值，建立广东鲂仔鱼多度 41 个位点水文水动力因子数据矩阵（表 3-14 以底层流速梯度为例），通过皮尔逊（Pearson）相关分析获得各位点水文水动力因子与广东鲂仔鱼发生的相关关系。

表 3-14 周年水文水动力因子与仔鱼多度关系矩阵模式

逐日样本	T1 底层流速梯度（或其他水文水动力因子）	T2 底层流速梯度（或其他水文水动力因子）	…	T41 底层流速梯度（或其他水文水动力因子）	广东鲂仔鱼多度
1					
2					
3					
⋮					

底层流速梯度与广东鲂仔鱼多度 Pearson 相关分析结果表明，T5、T9、T20、T22、T28、T29、T30 和 T37 位点底层流速梯度与广东鲂仔鱼多度不相关；T1、T4、T14、T17、T18、T19、T25、T34 和 T39 位点与仔鱼多度呈正相关关系；T3、T6、T10、T11、T12、T15、T16、T21、T24、T31、T32 和 T35 位点与仔鱼多度呈显著正相关关系；T8、T13、T23、T27、T33、T36、T38、T40 和 T41 位点与仔鱼多度呈极显著正相关关系；显著负相关的有 T2、T7 和 T26 位点。

底层流速梯度分析的总体结果是流量增加，底层流速梯度增大，显示流态更加紊乱。产卵场江段41个位点中，8个位点底层流速梯度与广东鲂仔鱼多度无关，30个位点呈不同程度正相关，3个位点呈负相关。

针对其他水文水动力因子，也进行类似过程分析，如图3-58示例，获得产卵场江段41个位点中，各位点不同水文水动力因子与广东鲂仔鱼多度之间的相关关系结果。

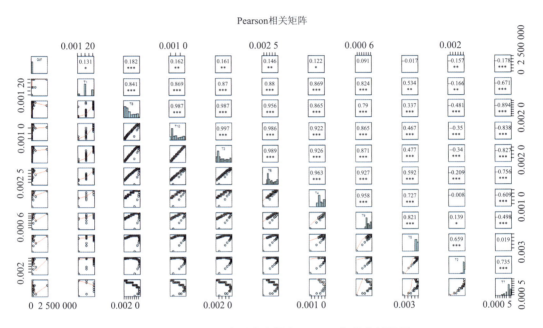

图3-58 T1～T10底层流速梯度Pearson相关分析结果

3.4 产卵场功能位点确定

水体中，许多环境条件的变化都会造成区域水文水动力因子的变化，或者说，江河中哪些位点对产卵行为直接起作用，需要通过建立确定产卵场功能位点的方法来解决。通常不能用某个水文水动力因子与仔鱼发生的正负相关性来判断一个位点是否具有产卵场功能，但通过多因子的综合分析可以提高判断的准确度。目前还没有通过水文水动力因子与仔鱼发生关系确定产卵场功能位点的方法，本节提出了一种通过产卵场特定位置水文水动力因子变化与仔鱼发生的关系来确定产卵场功能位点的方法。

3.4.1 方法建立

目前还没有直接确定产卵场功能位点的成熟方法，因此探讨建立水文水动力与仔鱼发生关系多因子分析方法来实现产卵场功能位点识别，是基于对产卵场江段沿程位点与下游同一个断面的仔鱼数据进行逐一关联分析的基础，获得的结果各个位点都会与仔鱼数据出现一定相关关系，因此，确定哪个位点是最可能的产卵场功能位点，最终评判方法是关键。理论上发生正相关关系的位点才被考虑为可能的产卵场功能位点，在多因子分析中，相关关系越紧密，与产卵场的功能定位关系越确定，在产卵场功能位点多因子、多参数的分析中，需要解决相关关系紧密度的赋值方法及判断规则问题。

3.4.2 产卵场功能位点相关关系赋值判断方法

相关关系分析中，通常分析结果表述为"不相关""相关""显著相关""极显著相关""负相关""显著负相关""极显著负相关"等7种关系。由于有10多个水文水动力因子加入系统分析，对于一个待确定位点可能会出现一些因子与仔鱼发生是正相关，另一些出现不相关或负相关的现象，因此要预先设定一个多因子相关关系结果的综合判断方法。假设一个位点要成为产卵场功能位点，其与仔鱼发生关系必须满足"相关""显著相关"或"极显著相关"的条件。依据不同的相关关系状态，进行赋分。不相关赋0分，正相关赋1分，显著正相关赋2分，极显著正相关赋3分；相对应将负相关赋–1分，显著负相关赋–2分，极显著负相关赋–3分。通过赋值后，产卵场位点是否为功能位点就能依据相关关系值进行判断。

相关关系分析中，2个因子只有在"相关"的基础上才能判断它们之间有相关关系。每一个位点受N个水文水动力因子影响，1个水文水动力因子与仔鱼发生的相关关系值必须≥ 1，才具备确定某位点是产卵场"功能位点"的属性。N个水文水动力因子与仔鱼发生相关关系，其相关关系值$\geq N(N=1,2,3,\cdots)$。

在多因子相关关系值判断位点是否为产卵场功能位点中，首先设定各因子的相关关系是正相关（1分），才可列入判定为产卵场功能位点的范围；其次，考虑多个水文水动力因子（N个）相关关系值加和大于N值，即可将产卵场位点列入判定为功能点的范围。因此，产卵场功能位点期望值PF可用下式表示：

$$PF = \sum R_i - N$$

式中，R_i为每个水文水动力因子与仔鱼发生的相关关系值，$i=1\sim N$；N为水文水动力因子数量。

$PF \geq 0$判定为产卵场功能位点，小于0点判定为非产卵场功能位点。N值越大，判定的准确度越大。

3.4.3 广东鲂产卵场功能位点判定示例

广东鲂产卵场江段沿程41个位点，在典型流量下的12个水文水动力因子变化值与仔鱼发生的相关分析中，将相关关系进行赋分的结果如表 3-15 所示。按位点将各因子相关关系值用简单加和方法获得综合分值，41 个位点综合分值范围在-5~34，有效地将 41 个位点进行数值区分（表 3-15）。

表 3-15 各位点水文水动力因子与仔鱼发生关系量化赋分表

位点	流速		流速梯度		动能梯度	紊动动能			Fr	涡量			综合值
	表层	底层	表层	底层		表层	中层	底层		表层	中层	底层	
T1	—	3	-3	1	2	3	2	3	1	-2	—	-1	9
T2	2	3	-3	-2	-2	3	3	3	2	—	—	—	9
T3	3	2	2	2	—	2		3	2	-3	-3	-3	7
T4	3	3	—	1	2	3	3	3		-2	-2	—	16
T5	2	2	-3			2	3	2	2	-2	-1	-1	6
T6	2	3	—	2	3	3	3	3	2	-1	—		20
T7	2	3	-3	-2	2	3	3	3	2	-2	-2	-2	7
T8	—	1	2	3	2	1	2	2		2	3	2	20
T9	2	3	—	—	2	2	3	3	2				17
T10	3	3	2	2	2	2	—	3	2	1	1	2	23
T11	2	3	2	2	—	3	3	3	2				22
T12	2	3	2	2	2	3	3	3	2	2	3	2	29
T13	3	3	3	-3	2	3	3	3	3		2	1	23
T14	2	3	—	1	3	3	3	3	3	1	2		24
T15	2	3		2		3	3	3	3			2	21
T16	2	3	3	2	1	3	3	2	2	3	3		27
T17	2	3	2	1		2	3	3	2	3	3	3	27
T18	3	2		1		1		2				2	11
T19	3			1			2	2			1	-2	7
T20	2	2	-2			2	1	2		-3	-3	2	3
T21	3	2	-2	2	2	2	3	2					14
T22	3	2	—				2	2		-2	3		13
T23	—	2	3	3	1		1			3		1	14
T24	2	—		2			1	2		-3	-3	-3	-2
T25		2	-3	1		1				2			3
T26	3	—	-2	-2			1	2		-2	-3	-2	-5
T27	2		3	3		1		2		3	3	3	20
T28	3		—				1	3		-2	-2	-2	1
T29	—	1	-3			2		1		2	1	2	6
T30		1											1
T31	2	—	2	2	3		1	2				-2	10
T32	—	2		2			3	1		-2	-2		4
T33	3	3	2	3	3	3	3	3	3	2	2	2	32

续表

位点	流速		流速梯度		动能梯度	紊动动能			Fr	涡量			综合值
	表层	底层	表层	底层		表层	中层	底层		表层	中层	底层	
T34	2	3	—	−1	3	3	3	3	3	3	3	3	28
T35	3	—	—	−2	3	3	3	2	—	3	3	−1	17
T36	2	3	3	3	3	3	—	2	—	3	3	3	28
T37	3	3	−1	−2	−2	3	3	2	2	−2	−2	−3	4
T38	2	3	—	—	3	3	3	—	2	−3	−3	−2	8
T39	1	3	2	−1	2	3	3	—	1	—	1	2	17
T40	3	3	3	3	2	2	3	2	2	3	3	3	32
T41	3	3	3	3	3	2	2	3	3	3	3	3	34

水文水动力因子与仔鱼发生的相关关系度的大小之分，并不能代表相关关系大的水文水动力因子是产卵场功能的决定因子，相关关系小的因子对产卵场功能决定作用小。具体分析内容可在第 4 章了解。图 3-59 显示紊动动能、流速等多个水文水动力因子是与广东鲂仔鱼发生最为密切的因子，涡量、流速梯度与仔鱼发生关系相对小。

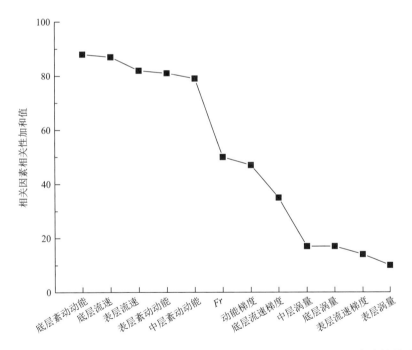

图 3-59 广东鲂产卵场江段沿程 37 km 41 个位点水文水动力因子与仔鱼发生的关系度

产卵场江段沿程 41 个位点分析中，引入了 16 个水文水动力因子进行分析，其中 12 个因子对 41 个位点的功能判定有意义。12 个有效判定差异的水文水动力因子与仔鱼发生的数据建立相关关系，以每一个位点与仔鱼发生有关，相关关系应该至少达到1分（相关），12个水文水动力因子则应该达到12分该位点才能判定为产卵场的功能位点为原则，23个位点判定为产卵场功能位点，按相关关系赋值大小排序为T41、T40、T33、T12、T34、T36、T16、T17、T14、T10、T13、T11、T15、T6、T8、T27、T9、T35、T39、T4、T21、T23和T22位点，占41个被评估位点的56%。各功能位点的相关性分布如图3-60所示，总体上广东鲂产卵场功能位点大致分为两个大区间，第一个区间包括T4、T6、T8~T17位点水域，第二个区间包括T33~T36和T39~T41位点水域。判定结果与表3-2中描述西江广东鲂产卵场青皮塘（广东省级自然保护区）和罗旁水域（广东鲂罗旁产卵场）相吻合。

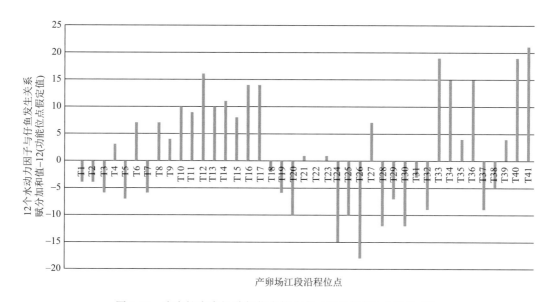

图3-60　广东鲂产卵场功能位点的分布（纵坐标值≥0的位点）

判断产卵场的功能位点是一个复杂的命题，建立水文水动力因子与仔鱼发生关系是关键部分。由于河流中流量过程复杂多变，加之鱼类生物因素复杂，从产卵场保护角度出发，尽可能从大保护角度将出现正相关的区域都作为产卵场的功能区域是较为妥当的方法。

第4章 产卵场功能受损评价

目前产卵场功能受损多数通过监测渔业资源变化，或通过监测鱼类早期资源的变化来评价。对确定新形成的产卵场，如分析葛洲坝坝下新形成的中华鲟产卵场的功能和条件，也沿用仔鱼的发生量或亲体在产卵场的行为来判断（余志堂等，1983；胡德高等，1985）。我国目前唯一的中华鲟产卵场受葛洲坝运行的影响，评估其功能状态首先需考虑水文过程变化与产卵场关系（杨德国等，2007），分析产卵场地形与水动力条件关系（陶洁等，2017；班璇等，2018），考虑如何通过调整电站运行来最大限度为中华鲟繁殖提供产卵场水动力功能条件（毕雪等，2016）。鱼类产卵场功能受社会广泛关注，在梯级水坝胁迫下首先发现四大家鱼早期资源下降（周春生等，1980；许蕴玕等，1981；余志堂，1982；长江四大家鱼产卵场调查队，1982；余志堂等，1985；李修峰等，2006a，2006b），继而发现其他产漂流性卵鱼类，诸如鳡（李跃飞等，2012；2015）、赤眼鳟（谭细畅等，2009d；李策，2018）、鲮（李跃飞等，2011）、鲴类（李跃飞等，2013）、鳤（杨计平等，2018）等早期资源变化，仔鱼阶段具有漂流属性的早期资源（如广东鲂）也受影响（李跃飞等，2014）。了解鱼类产卵场功能大多从早期资源量监测入手（谭细畅等，2012；秦烜等，2014；段辛斌等，2015；李新辉等，2015；刘明典等，2018；雷欢等，2018；徐田振等，2018；柏慕琛等，2017；吕浩等，2019），通过资源变化，进一步分析早期资源发生与水文水动力因子之间的关系（王文君等，2012；陈明千等，2013；帅方敏等，2016；韩仕清等，2016），以水文水动力因子为目标的优化产卵场功能条件是未来解决河流生态系统鱼类生物量需求的方向（蔡玉鹏等，2006；危起伟等，2007；李翀等，2007，2008；王远坤，2007，2009a，2009b；杨宇，2007；杨宇等，2007a，2007b；易雨君等，2007，2008；班璇等，2007，2018；蔡林钢等，2013；郭文献，2011a；陈明千等，2013；毕雪等，2016），研究产卵场功能管理(曾祥胜，1990；李翀等，2006a，2006b；康玲等，2010；班璇等，2014，2019；陈进等，2015；帅方敏等，2016；韩仕清等，2016；王亚军等，2018)，最终为产卵场功能保障服务(长江水利委员会，1997；常剑波等，2008；曹广晶等，2008；郭文献等，2009；王煜，2012；王煜等，2013c，2020；李舜等，2018)。

河流水系中产卵场的功能最终表现为该河流的鱼类种类、群落结构和各种类的资源量，因此，理论上可以通过生物量变化评估产卵场的功能状态。河流中鱼类物种缺失，产卵场功能缺损，也是水生生态系统食物链功能缺损；河流中某一物种缺失，产卵场功能部分缺损，也是水生生态系统食物链功能部分缺损。但是，产卵场的功能涉及河流的物理环境、水文水周期、气候环境、地球物理过程及能量过程变化的影响，如何进行损失的量化评估呢？目前，尚未有系统的量化评价产卵场功能受损的标准方法，本书探讨通过分析生物量、水文水动力因子等的变化，试图对产卵场功能受损程度进行量化评估。

产卵场功能受损指鱼类产卵场的环境条件受非自然的改变而缺损，产卵场不能提供满足鱼类繁殖需要的条件。模型分析中，当产卵场功能位点受损时，水文水动力因子数值对径流量增加呈现不变、正相关、负相关或非规律性变化等多种响应，这种响应的差异是本书建立产卵场功能受损评价方法的依据，通过分析产卵场功能位点受损前后的水文水动力因子量值变化，建立量化评估产卵场功能受损程度的评价方法。

4.1 产卵场功能定性评价

4.1.1 鱼类物种水平评价

地球生物圈中，生物与环境相适应过程中形成了特定的生物群落结构。在自然状态下，物种的消失是某种生态变化或生境消失的体现。每一条河流、水系都有特定的鱼类种类，分析整个生活史均在河流完成的鱼类，有多少产卵类型的鱼类，也就代表了这条江河存在多少种类型的产卵场；不同类型的鱼类结构比例，也反映了这条江河适合不同鱼类的产卵场功能状况。因此，一条河流、水系的鱼类种类的变化，可以间接评价江河系统中某种鱼类产卵场功能的变化状况。假设一条江河为一个完整的生态系统，用 M 表示江河系统中的产卵场功能受损状况，P 表示江河中的鱼类物种数量，P_i 表示消失的物种数量，则通过物种多样性评价江河系统产卵场功能受损情况可表示为

$$M = \frac{P_i}{P} \quad (4-1)$$

通过物种多样性变化，可以对一条江河的鱼类产卵场功能进行定性评价（剔除外来种）。基于鱼类物种水平的 M 评价方法的缺点是不特定定位产卵场的具体位点。

4.1.2 鱼类资源量水平评价

在自然状态下，河流的水量、生产力状况与自然规律相一致。如光周期变化、季节性变化、水周期变化等会影响河流生态系统结构，鱼类资源变化遵循一定的环境规律，了解鱼类周期性变化规律，即可掌握鱼类的资源量与自然环境变化的关系，对评估产卵场功能具有重要作用。无论对鱼类种或群落，通过资源基础本底的变化，都可以评价鱼

类产卵场的功能状况。假设一条江河为一个完整的生态系统，用 M 表示江河系统中的产卵场功能受损状况，S 表示记录的最大资源量（单种资源量或总资源量），资源损失量用 S_i 表示，则利用资源量变化评价产卵场的功能受损情况可用式（4-2）表示：

$$M = \frac{S_i}{S} \tag{4-2}$$

通过鱼类资源量变化评价鱼类产卵场功能是半定量评价方式。在数值可比的背景下，M 值的变化，可以评价该河流水系、该江段、该产卵场或该时段下的产卵场功能状态。基于鱼类资源量水平的 M 评价方法的优点是指出了产卵场功能的缺损量，缺点同样是不确定产卵场位置。

4.1.3 江河物理形态变化评价

在江河中，鱼类产卵场功能体是包含生物和非生物要素的复合体。其中，生物要素是鱼类主体，非生物要素包括河道地形地貌、水文环境和气候等要素。鱼类繁殖需要特定的环境条件（张辉等，2007；杨宇等，2007b；易雨君等，2007，2008，2019；杜浩等，2009；张晓敏等，2009；郭文献等，2011a；李建等，2010；李倩等，2012；王煜等，2013a；张志广等，2014；邵甜等，2015；李亭玉等，2016；崔康成等，2019；李培伦等，2019），人类对河流的干扰活动，会改变河流的物理环境，导致鱼类产卵场功能受损，如葛洲坝下电站运行导致河势发生变化，使中华鲟产卵场功能受到影响（李建等，2013；蔡林钢等，2013；班璇等，2014，2018）。理论上，可以定量的因子，其对产卵场功能的影响都能进行量化评价（赵越等，2013）。鱼类产卵场功能受影响后，其物理数值变化，通过比较分析变化前后的数值，即可量化评估鱼类产卵场的功能变化。

比如，产卵场的地形变化主要表现在单位结构中的河流弯曲度变化和河流中浅滩、深潭、礁体的数量和规模的变化，这些变化可用于产卵场功能的简单评价。同样用 M 表示产卵场功能受损状况，X 表示天然状态下产卵场江段的某种形态数据（河流弯曲度，浅滩、深潭、礁体的数量和规模数值），X_i 表示受影响后的数值，产卵场的功能受损状况可用式（4-3）表示：

$$M = 1 - \frac{X_i}{X} \tag{4-3}$$

地形变化可能是完全受损变化，也可能是部分受损变化。基于江河物理形态变化的 M 评价方法的优点是指出了产卵场区域改变的物理量，针对了具体位置和对象；缺点是不能表现产卵场的具体生物学功能受损状态。有些地形虽然只是部分受损，但是，在产卵场功能方面可能会表现出完全丧失的境况。

评价产卵场因物理形态变化而引起的功能损失，可以通过对上述方法进行单独或综合性评价，也可与鱼类资源数据进行关联分析来评价。

4.1.4 水文情势变化评价

鱼类繁殖在年尺度上有一个时间段，随着季节性洪水到来，鱼类受洪峰变化的诱导而产卵繁殖。鱼类资源具有时空差异分布的特征，大部分鱼类繁殖期与汛期关联，鱼类的繁殖、产卵场功能受径流量过程及特定的水动力条件影响（杨德国等，2007；班璇等，2007；何力等，2007；柏海霞等，2014；柏慕琛等，2017），水文情势改变将影响产卵场功能（余志堂等，1985；余志堂，1988），其中包含时空要素的影响（李翀等，2006a，2006b，2007，2008；王尚玉等，2008；李建等，2009，2010；王远坤等，2009a，2009b，2010；王煜等，2013a，2013b，2014；李跃飞等，2012，2015；陈明千等，2013；毛劲乔等，2014；帅方敏等，2016；韩仕清等，2016；班璇等，2019），评价某一产卵场功能变化，需要综合考虑水文情势变化。

由于水利蓄水束水的需要，河流水系内建造了大量的梯级水坝，使自然水文周期节律受到了约束。图 4-1 显示了珠江肇庆段周年流量变化，周年水文过程中的洪峰期明显缩短，与之相关联的鱼类繁殖时间也缩短，鱼类资源量也相应减少。水文情势受人为约束，产卵场的功能受到影响。

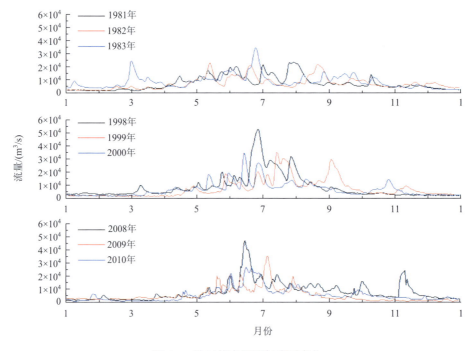

图 4-1　珠江肇庆段周年流量变化

用 M 表示某一水文因子变化后产卵场功能受损程度，D 表示某一江段自然状态下满足鱼类繁殖的该水文因子经历的时间（如径流波峰期，d），D_i 表示受水利工程影响后该水文因子实际经历的时间（如径流波峰期，d），则该水文因子（如径流波峰期）变化后，产卵场功能受损程度 M 可表示为

$$M = 1 - \frac{D_i}{D} \quad (4\text{-}4)$$

鱼类产卵场功能状态受许多因素的影响，M 仅表示鱼类繁殖关联的某一水文因子（如径流波峰期）变化后的产卵场功能受损程度，类似筑坝后受人工调节的径流量变化会对产卵场功能造成影响。

4.1.5 水文水动力因子水平评价

理论上，产卵场（或功能单体）受损后，功能水文水动力因子等达不到（或超过）鱼类繁殖要求的量值范围，产卵场功能丧失。受外力影响下产卵场功能位点发生物理改变，在同样的水文过程条件下，水动力量值增大或减小，不再满足鱼类繁殖的量值范围，称该水动力因子损失。由于产卵场功能涉及多个水文水动力因子，产卵场功能评价引入水文水动力因子综合损失概念，即在不同的水文过程作用下，受损功能位点的水文水动力因子增大或减小，通过分析多个因子变化后的综合影响，判断产卵场功能位点受损情况。

以水文水动力因子值为纵坐标、典型流量为横坐标分析产卵场功能位点工程前后水文水动力因子的变化，曲线图形出现功能不变型、功能部分丧失型、功能丧失型 3 种类型。

功能不变型。工程前后 2 条曲线完全重叠，在纵坐标轴数值显示相同。

功能部分丧失型。工程前后 2 条曲线形态多样，出现部分可叠合、不可叠合或相交状态，但 2 条曲线最终在纵坐标轴上有叠合值。叠合区表示该位点受损后仍然保留的功能区。

功能丧失型。工程前后 2 条曲线在纵坐标轴上不相交，其中包含 2 种情况：一种情况是工程后纵坐标轴数值高出工程前，产卵场功能单体受损后水动力强度变大；另一种情况是工程后纵坐标轴数值小于工程前，产卵场功能单体受损后水动力强度变小。

假设广东鲂产卵场 T1～T41 位点江段需要对河床进行整治，涉及的地形削除标量如图 4-2 所示，其中除 11 个位点不变外，另外 30 个位点削除不同深度河床，T36 最大下削达 3.69 m（3000 m^3/s 流量下模型计算数值）。

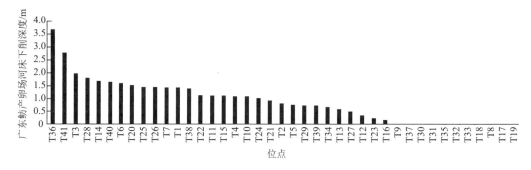

图 4-2 广东鲂产卵场江段河床下削深度模拟值

本节以 41 个位点为对象,分析产卵场江段的水深、水位、流速、流速梯度、能量坡降、动能梯度、弗劳德数、紊动动能和涡量等水文水动力因子,以工程前的水文水动力因子值为标准,比较工程后各种水文水动力因子的变化,从而对受影响的产卵场功能进行定性评价。

1. 水位与水深

在建立水文水动力模型中,需要明确各功能单体的位置、大小、高程变化及功能单体的范围大小等要素。在评价受损功能单体的影响时,也必须将该受损功能单体情况通过模型中的网格准确刻画出来。

选取典型流量,通过三维水文水动力模型计算广东鲂产卵场江段在河道治理工程前后的水深、水位。表 4-1 综合列示工程前后产卵场江段沿程 41 个位点水位、水深的包络线范围。

表 4-1 广东鲂产卵场江段沿程位点工程前后的水位、水深包络线范围

参数		典型流量					
		3 000 m³/s	5 000 m³/s	7 500 m³/s	10 000 m³/s	15 000 m³/s	20 000 m³/s
水位/m	最小值	2.00	3.03	4.31	5.6	8.19	10.74
	最大值	3.83	5.68	7.32	8.78	11.42	13.88
水深/m	最小值	3.91	5.22	6.65	8.01	10.63	13.14
	最大值	10.21	11.6	13.06	14.47	17.1	19.61

1) 不变型

工程前后的水位与水深近乎不变。图 4-3 显示 T8 位点工程前后水位 2 条曲线完全重叠,2 条水位曲线在纵坐标轴量值显示无差值。T8 位点工程前后水深 2 条曲线也与水位一样重叠,在纵坐标轴量值显示无差值。工程大体对这些位点的水深、水位条件未造成影响。这类位点有 T8、T9、T16~T19、T30~T33、T35、T37。

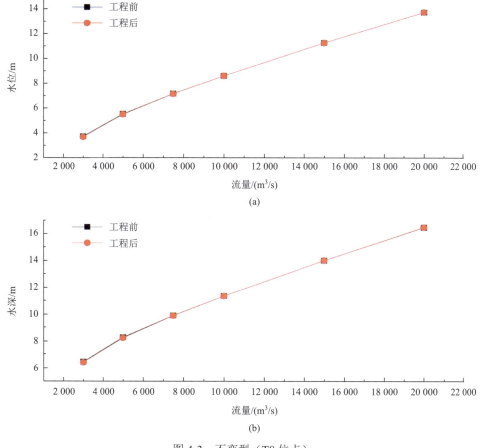

图 4-3 不变型（T8 位点）

2）低流量区丧失型

工程前后水位在纵坐标轴显示无差值（通常工程后设计水位不变），水深曲线工程前后有差异，总体上产卵场功能属于部分丧失型。图 4-4 显示 T7 位点工程前后水位不变，但水深在 8.15~16.90 m 处可叠合，不可叠合区 4.00~8.15 m 为工程后该位置产卵场水深丧失区。这类位点有 T1~T7、T10~T15、T20~T29、T34、T39~T41。

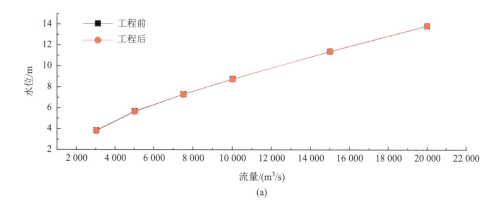

(a)

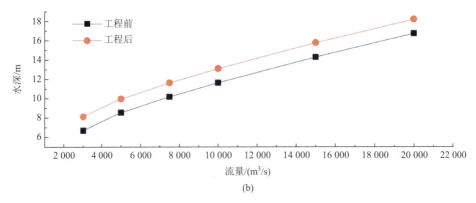

(b)

图 4-4 低流量区丧失型（T7 位点）

这一类型工程后 16.90～18.15 m，超出产卵场水深统计范围，也可能不符合产卵场功能要求。

工程前后的水位不变，水深随流量增大而发生变化，但工程前后水深曲线发生相交形态，在纵坐标轴显示部分可叠合，总体上产卵场功能属于部分丧失型。图 4-5 显示工程前后 T36 位点水位不变，工程后水深在 5.50～13.00 m 处可叠合，在 3.90～5.50 m 水深处不可叠合，提示不可叠合区产卵场功能缺损。13.00～17.00 m 超出产卵场水深统计范围，也可能不符合产卵场功能要求。

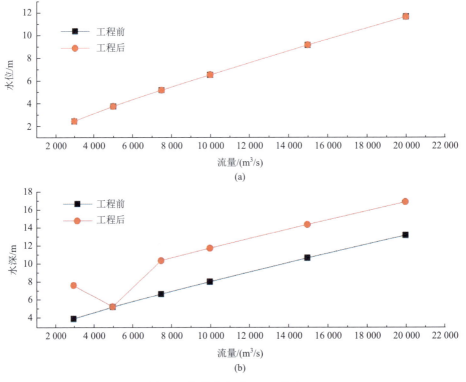

图 4-5 部分丧失型（T36 位点）

2. 流速

流速指标包括表层（距水面距离 0.22D）流速和底层（距水面距离 0.97D）流速，其中 D 为水深。通过三维水文水动力模型计算广东鲂产卵场江段在河道治理工程前后表层流速、底层流速的变化。表 4-2 综合列示工程前后产卵场江段沿程 41 个位点表层流速、底层流速的包络线范围。

表 4-2　广东鲂产卵场江段沿程位点工程前后的流速包络线范围（单位：m/s）

参数		典型流量					
		3 000 m³/s	5 000 m³/s	7 500 m³/s	10 000 m³/s	15 000 m³/s	20 000 m³/s
表层流速	最小值	0.064	0.207	0.152	0.184	0.296	0.379
	最大值	1.312	1.840	2.259	2.518	2.791	2.945
底层流速	最小值	0.043	0.135	0.120	0.139	0.209	0.249
	最大值	0.809	1.169	1.511	1.719	1.961	2.111

研究区域流速特点是底层流速相对小，表层流速相对大。3000 m³/s、5000 m³/s、7500 m³/s、10 000 m³/s、15 000 m³/s、20 000 m³/s 典型流量下，工程前后的流速变化有 3 种类型。

1）不变型

工程前后的表层、底层流速数据近乎不变。图 4-6 显示 T2 位点工程前后表层流速 2 条曲线完全重叠，2 条表层流速曲线在纵坐标轴量值显示无差值；T8 位点工程前后底层流速水深 2 条曲线也与水位一样重叠，在纵坐标轴量值显示无差值，工程大体对这些位点的产卵场表层、底层流速条件未造成影响。这类位点有 T2～T4、T7～T14、T16～T21、T29～T33 等。

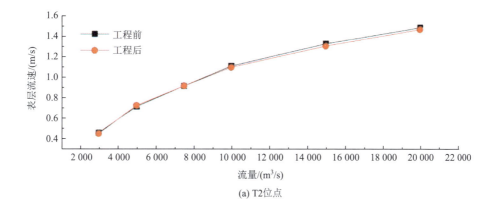

(a) T2位点

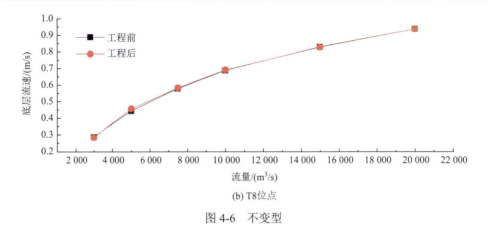

(b) T8位点

图 4-6　不变型

2）高流量区丧失型

工程前后曲线比较显示纵坐标轴值大部分重叠，小部分不可叠合。图 4-7 显示了工程后 T38 位点表层和底层流速整体降低，表层流速值在 1.273～2.500 m/s 可叠合，2.500～2.682 m/s 不可叠合，提示不可叠合流速区产卵场功能丧失；底层流速值在 0.798～1.703 m/s 可叠合，1.703～1.920 m/s 不可叠合，提示不可叠合流速区产卵场功能丧失。这类位点有 T1、T5、T6、T15、T22、T23、T26、T28、T35、T38～T39。

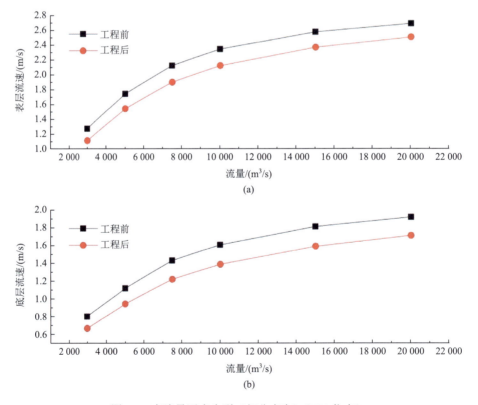

图 4-7　高流量区丧失型（部分丧失）（T38 位点）

工程前后曲线比较显示纵坐标轴量值部分重叠，较大部分不可叠合。图 4-8 显示了工程后 T25 位点表层和底层流速整体降低，表层流速值在 1.180～1.595 m/s 可叠合，1.595～1.739 m/s 不可叠合，提示不可叠合流速区产卵场功能丧失；底层流速值在 0.633～1.010 m/s 可叠合，1.010～1.074 m/s 不可叠合，提示不可叠合流速区产卵场功能丧失。这类位点有 T24、T25。

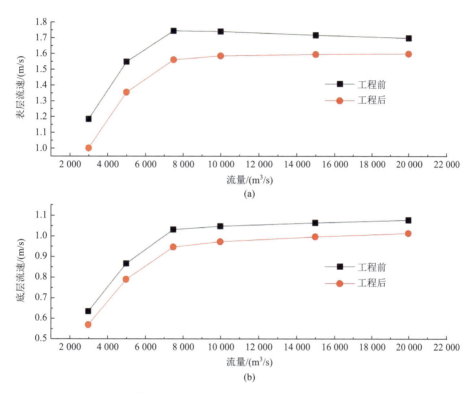

图 4-8　高流量区丧失型（平台型损失较大）（T25 位点）

3）混合流量区丧失型

工程前后流速曲线相交，在纵坐标轴量值显示部分重叠，产卵场功能属部分丧失型。图 4-9 显示 T35 位点工程后表层流速在高流速区（0.882～0.964 m/s）和低流速区（0.046～

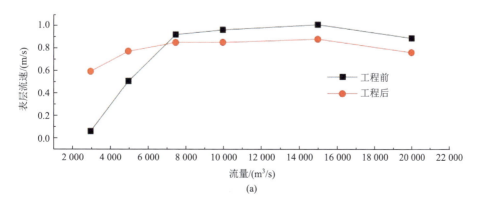

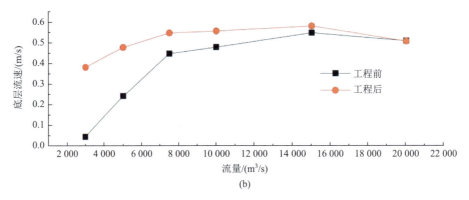

图 4-9　混合流量区丧失型（相交型损失较大）（T35 位点）

0.596 m/s）产卵场功能丧失，底层流速在低流速区（0.043～0.378 m/s）的产卵场功能丧失。工程后适合鱼类繁殖的流速空间缩窄，从而对产卵场功能造成影响。

3. 平面流速梯度

广东鲂产卵场江段深潭浅滩交错、水流急缓结合、流态复杂多样，形成大型的鱼类产卵场。计算典型流量下产卵场江段沿程位点各点表层（$0.22D$）平面流速梯度、底层（$0.97D$）平面流速梯度和水深平均平面流速梯度数据变化范围值。表 4-3 综合列示工程前后产卵场江段沿程 41 个位点的平面流速梯度包络线范围。

表 4-3　广东鲂产卵场沿程位点工程前后的平面流速梯度包络线范围（单位：1/s）

参数		典型流量					
		3 000 m³/s	5 000 m³/s	7 500 m³/s	10 000 m³/s	15 000 m³/s	20 000 m³/s
表层平面流速梯度	最小值	0.000 3	0.000 4	0.000 5	0.000 6	0.000 5	0.000 5
	最大值	0.029 0	0.037 6	0.014 5	0.012 0	0.015 1	0.019 4
底层平面流速梯度	最小值	0.000 2	0.000 3	0.000 4	0.000 4	0.000 4	0.000 3
	最大值	0.014 9	0.016 5	0.017 8	0.018 5	0.018 7	0.019 8
水深平均平面流速梯度	最小值	0.000 3	0.000 4	0.000 4	0.000 6	0.000 4	0.000 4
	最大值	0.025 3	0.031 0	0.008 1	0.010 7	0.015 9	0.002 1

1）不变型

工程前后平面流速梯度数据几乎不改变。图 4-10 显示 T18 位点工程前后表层平面流速梯度 2 条曲线完全重叠，2 条表层平面流速梯度曲线在纵坐标轴量值显示无差值。T8 位点工程前后底层平面流速梯度和水深平均平面流速梯度也与表层流速梯度一样重叠，在纵坐标轴量值显示无差值。工程大体对这些位点的表层平面流速梯度、底层平面流速梯度、水深平均平面流速梯度条件未造成影响。这一类型位点有 T18、T28、T31、T33 和 T36 等。

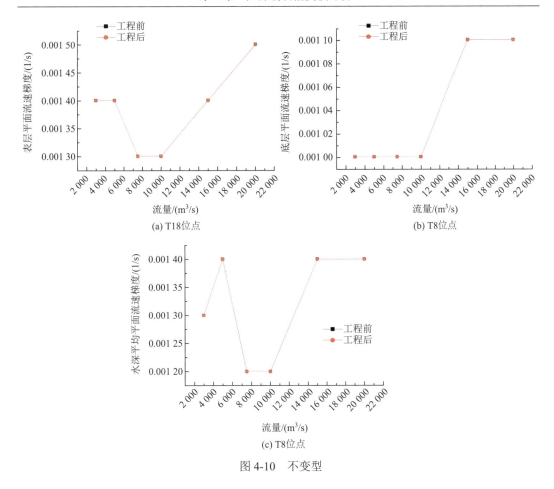

图 4-10 不变型

2）低流量区丧失型

工程前后平面流速梯度曲线比较显示纵坐标轴量值大部分可叠合，有部分不可叠合。图 4-11 显示 T23 位点工程后受河床变化的影响表层平面流速梯度整体升高，产卵场功能在对应的 0.0030~0.0034/s 表层平面流速梯度区间丧失，0.0079~0.0084/s 区间超出产卵

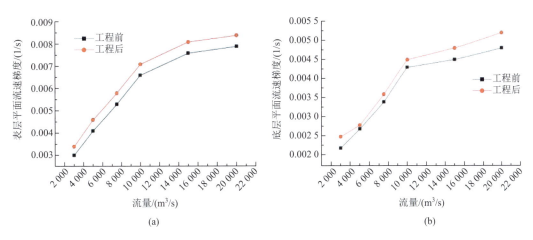

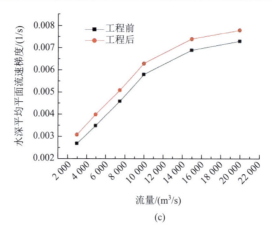

(c)

图4-11　低流量区丧失型（部分丧失）(T23位点)

场功能量值范围；底层平面流速梯度在 0.0022～0.0025/s 区间的产卵场功能丧失，0.0048～0.0052/s 区间超出产卵场功能量值范围；水深平均平面流速梯度在 0.0027～0.0031/s 区间的产卵场功能丧失，0.0073～0.0078/s 区间超出产卵场功能量值范围。这类位点有 T17、T23、T32、T40、T41 等。

3）高流量区＋完全丧失混合型

工程前后平面流速梯度曲线比较显示纵坐标轴量值上出现 2 种情况：一是部分可叠合，表现为部分功能丧失；二是完全不可叠合，表现为功能完全丧失。图 4-12 显示 T13 位点工程后表层平面流速梯度值在各对应的流量区下降，而底层和水深平均平面流速梯度值上升，其中表层平面流速梯度 0.0027～0.0032/s 区间的产卵场功能丧失，水深平均平面流速梯度在 0.0073～0.0078/s 区间超出了产卵场功能的量值范围。图 4-12b 中工程前后曲线完全不可叠合，平面流速梯度的产卵场功能完全丧失。这类位点有 T1、T2、T5、T9、T10、T12、T13、T16、T19、T20、T21、T24～T27、T29、T34、T35、T37～T39 等。

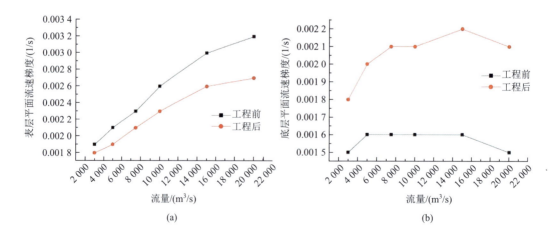

(a)　　　　　　　　　　　　　　　(b)

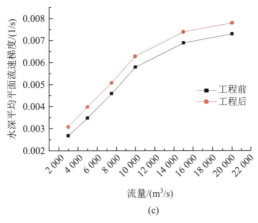

(c)

图 4-12　高流量区 + 完全丧失混合型（T13 位点）

4）功能完全丧失型

工程前后不同水深的平面流速梯度数据发生很大改变，曲线对应在纵坐标轴上平面流速梯度数值不可叠合。图 4-13 显示 T4 位点工程前后表层平面流速梯度 2 条曲线完全不可叠合，底层平面流速梯度和水深平均平面流速梯度也与表层平面流速梯度一样，在

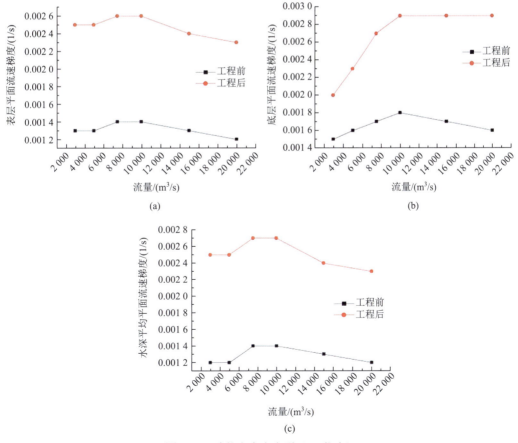

图 4-13　功能完全丧失型（T4 位点）

纵坐标轴量值显示无叠合区。工程大体对这些位点不同水深的平面流速梯度条件造成颠覆性影响。这一类型位点有 T3、T4、T11、T14 等。平面流速梯度值整体上升，跳出了产卵场功能需要的阈值，达不到广东鲂产卵场功能要求，这些位点的产卵场功能完全丧失。

4. 能量坡降

在典型流量下计算各位点能量坡降数据变化值。表 4-4 综合列示工程前后产卵场江段沿程 41 个位点的能量坡降包络线范围。

表 4-4　广东鲂产卵场江段沿程位点工程前后的能量坡降包络线范围

参数	典型流量					
	3 000 m³/s	5 000 m³/s	7 500 m³/s	10 000 m³/s	15 000 m³/s	20 000 m³/s
最小值	0.369×10^{-5}	0.764×10^{-5}	1.053×10^{-5}	1.507×10^{-5}	0.69×10^{-5}	0.973×10^{-5}
最大值	18.529×10^{-5}	34.671×10^{-5}	57.035×10^{-5}	73.776×10^{-5}	88.702×10^{-5}	91.883×10^{-5}

1）低流量区丧失型

工程前后曲线比较显示纵坐标轴量值部分可叠合，表现 2 种类型，一种是工程后能量坡降整体增大，另一种是整体下降。图 4-14 显示 T7 位点工程后能量坡降整体增大，在 $0.971 \times 10^{-5} \sim 1.413 \times 10^{-5}$ 区间的产卵场功能丧失，$2.045 \times 10^{-5} \sim 2.601 \times 10^{-5}$ 区间超出了产卵场功能的范围。这类位点包括 T1、T4、T6、T7、T10、T13～T17、T23～T29、T36、T37、T40、T41 等。

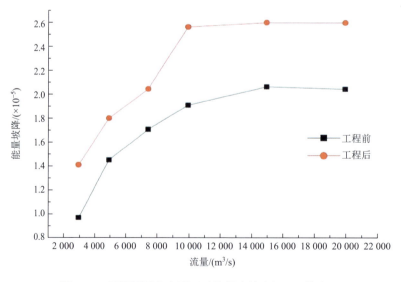

图 4-14　低流量区丧失型（功能损失较大）（T7 位点）

2）高流量区丧失型

图 4-15 显示 T11 位点工程后能量坡降整体下降，能量坡降在 $2.440\times10^{-5}\sim3.812\times10^{-5}$ 区间的产卵场功能丧失。这类位点包括 T2、T11、T12、T18~T22、T33、T34、T38、T39 等。

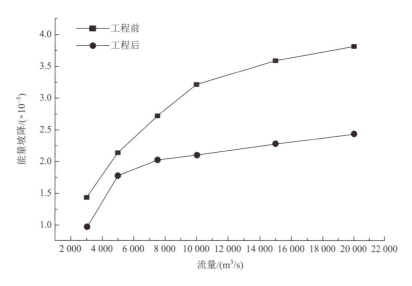

图 4-15　高流量区丧失型（功能损失较大）（T11 位点）

3）复杂型

工程后曲线变化复杂，从纵坐标轴量值分析，工程后在综合流量过程下各位点能量坡降值经过增加或减小，完全覆盖工程前的量值范围。图 4-16 显示 T5 位点在 10 000 m³/s 流

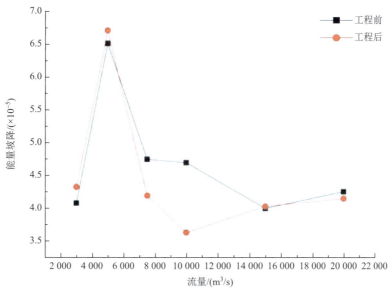

图 4-16　复杂型（量值上功能似无损失）（T5 位点）

量下工程后能量坡降为 3.626×10^{-5}，涵盖了工程前 4.075×10^{-5} 最低量值；在 5000 m³/s 流量下工程后能量坡降为 6.706×10^{-5}，涵盖了工程前 6.507×10^{-5} 最高量值。这类位点包括 T5、T8、T9、T30～T32、T35 等。这一类型产卵场功能受损评估可能需要依据具体流量的影响进行分析，如 10 000 m³/s 流量下的能量坡降变化大，实际影响需要更细致地观测、分析。

4）功能完全丧失型

工程前后数据发生很大改变，曲线对应在纵坐标轴上数值不可叠合。图 4-17 显示 T21 位点工程前后能量坡降 2 条曲线完全不可叠合，2 条能量坡降曲线在纵坐标轴量值显示不可叠合。工程大体对该位点的能量坡降条件造成颠覆性影响。能量坡降值整体上升，跳出了产卵场功能需要的阈值，达不到广东鲂产卵场功能要求，这些位点的产卵场功能完全丧失。

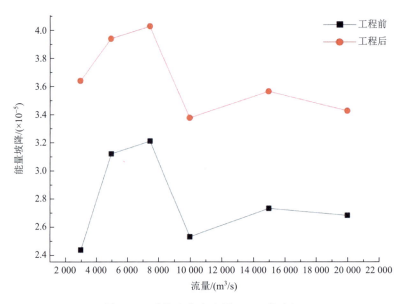

图 4-17 功能完全丧失型（T21 位点）

5. 动能梯度

研究选择 3000 m³/s 作为最小流量，对应的动能梯度最小值为 0.0001 J/(kg·m)，最大值为 0.0133 J/(kg·m)；20 000 m³/s 为最大流量，对应的动能梯度最小值为 0.0002 J/(kg·m)，最大值为 0.0283 J/(kg·m)。表 4-5 综合列示工程前后产卵场江段沿程 41 个位点的动能梯度包络线范围。

表 4-5 广东鲂产卵场江段沿程位点工程前后的动能梯度包络线范围　[单位：J/(kg·m)]

参数	典型流量					
	3 000 m³/s	5 000 m³/s	7 500 m³/s	10 000 m³/s	15 000 m³/s	20 000 m³/s
最小值	0.000 1	0.000 1	0.000 2	0.000 2	0.000 2	0.000 2
最大值	0.013 3	0.021 6	0.027 4	0.029 8	0.029 9	0.028 3

1）不变型

工程前后动能梯度数据几乎不改变。图 4-18 显示 T30 位点工程前后动能梯度 2 条曲线完全重叠，2 条动能梯度曲线在纵坐标轴量值显示无差值。工程大体对这些位点的动能梯度条件未造成影响。这类位点有 T30、T31、T36、T41 等。

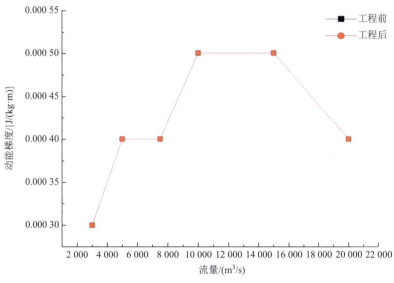

图 4-18　不变型（T30 位点）

2）中高流量区丧失型

此类变化整体上属产卵场功能部分丧失。工程前后在某位点或某流量区间交叉，表现在纵坐标轴上量值可叠合。图 4-19 显示 T3 位点在动能梯度 0.0016～0.0018 J/(kg·m)

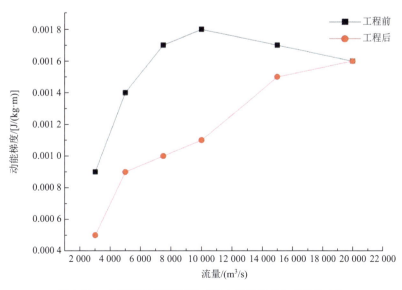

图 4-19　中高流量区丧失型（较大部分损失）（T3 位点）

区间的产卵场功能丧失。工程后大于 3000 m³/s 流量区间对应的动能梯度值均小于工程前，这一类型产卵场功能受损评估可能需要更细致地观测、分析。

从纵坐标轴量值分析，工程后 T1 位点产卵场功能似乎仅在 0.0003～0.0004 J/(kg·m)动能梯度区间丧失，但实际上工程后动能梯度升高，大于 7000 m³/s 流量区间的动能梯度超出了产卵场功能范围（图4-20），这一类型产卵场功能受损评估可能也需要更细致地观测、分析。

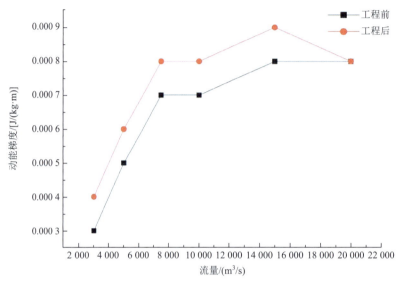

图 4-20　中高流量区丧失型（部分损失）（T1 位点）

3）复杂型

工程前后在某位点或某流量区间交叉，表现在纵坐标轴上量值可叠合，总体上工程后纵坐标轴上动能梯度范围涵盖了工程前的量值。图 4-21 显示 T13 位点工程后在纵坐标

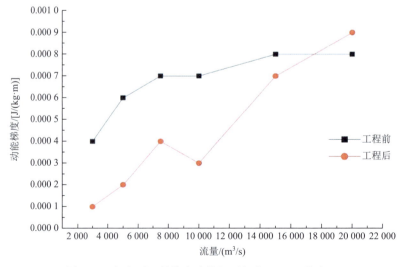

图 4-21　复杂型（量值上功能似无损失）（T13 位点）

轴量值上保持了工程前 0.0004～0.0008 J/(kg·m)产卵场功能所有量值范围,但工程后动能梯度大于 0.0008 J/(kg·m)区域超出产卵场功能的范围。这一类型产卵场功能实际受损评估可能也需要更细致地观测、分析。

4) 中低流量区丧失型

工程前后曲线交叉,表现在纵坐标轴上部分量值可叠合,总体上工程后在中低流量区对应的动能梯度区间产卵场功能丧失。图 4-22 显示 T19 位点工程后在纵坐标轴量值 0.0006～0.0008 J/(kg·m)、0.0011～0.0012 J/(kg·m)区间产卵场功能丧失。

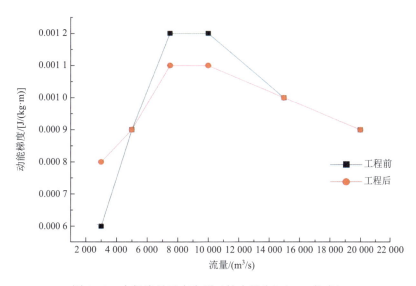

图 4-22　中低流量区丧失型(较大损失)(T19 位点)

5) 功能完全丧失型

工程前后动能梯度数据发生很大改变,曲线对应在纵坐标轴上动能梯度数值不可叠合。图 4-23 显示 T4 位点工程前后动能梯度 2 条曲线完全不可叠合,2 条动能梯度曲线在纵坐标轴量值显示无叠合区。工程大体对这些位点的动能梯度条件造成颠覆性影响。这一类型位点有 T4～T6、T9、T15、T16、T27 等。动能梯度值整体上升,跳出了产卵场功能需要的阈值,达不到广东鲂产卵场功能要求,这些位点的产卵场功能完全丧失。

6. 弗劳德数

西江广东鲂产卵场研究选择 3000 m³/s 作为最小流量,对应的弗劳德数最小值为 0.023,最大值为 0.146;20 000 m³/s 为最大流量,对应的弗劳德数最小值为 0.041,最大值为 0.221。表 4-6 综合列示工程前后产卵场江段沿程 41 个位点弗劳德数数值包络线范围。

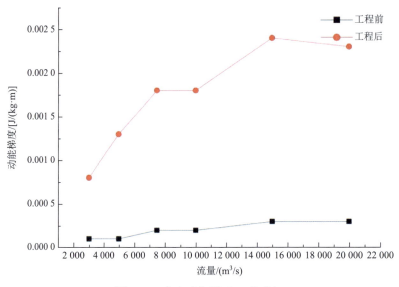

图 4-23 完全丧失型（T4 位点）

表 4-6 广东鲂产卵场江段沿程位点工程前后的弗劳德数包络线范围

参数	典型流量					
	3 000 m³/s	5 000 m³/s	7 500 m³/s	10 000 m³/s	15 000 m³/s	20 000 m³/s
最小值	0.023	0.022	0.020	0.023	0.034	0.041
最大值	0.146	0.188	0.216	0.227	0.227	0.221

1）不变型

工程前后弗劳德数数值几乎不改变。图 4-24 显示 T35 位点工程前后弗劳德数 2 条曲线完全重叠。工程大体对这些位点的弗劳德数条件未造成影响。这一类型位点有 T30、T35 等。

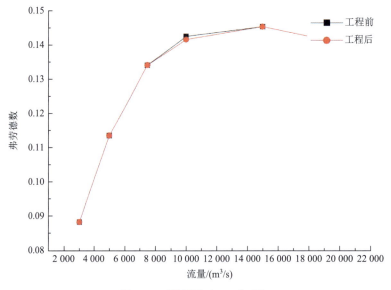

图 4-24 不变型（T35 位点）

2)高流量区丧失型

工程前后弗劳德数数值发生很大改变,曲线对应在纵坐标轴上弗劳德数数值部分叠合。图 4-25 显示 T1 位点工程前后动能梯度 2 条曲线部分可叠合。弗劳德数值 0.12~0.13 区间不可叠合,即流量 6000~20000 m³/s 对应的弗劳德数达不到产卵场功能要求的量值,该区域产卵场功能丧失。这类位点有 T1~T7、T10~T15、T20~T22、T24~T27、T36~T38、T41 等。

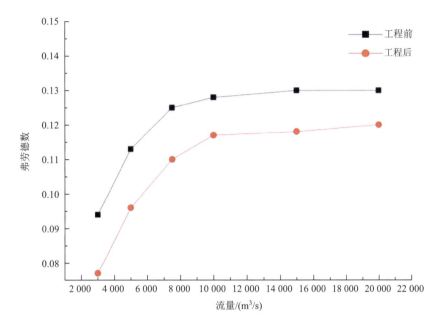

图 4-25 高流量区丧失型(平台型损失较大)(T1 位点)

3)低流量区丧失型

工程前后弗劳德数数值发生改变较小,曲线对应在纵坐标轴上弗劳德数数值大部分可叠合。图 4-26 显示 T16 位点工程前后动能梯度 2 条曲线部分重叠,2 条弗劳德数曲线在纵坐标轴量值显示大部分叠合。对应弗劳德数数值在 0.086~0.087 区间的功能丧失。弗劳德数大于 0.118 的区域超出了产卵场功能的范围。

7. 紊动动能

通过表层($0.29D$)、中层($0.55D$)和底层($0.95D$)的紊动动能强度演算,可呈现研究水体的三维特性。紊动动能强弱与流速大小有关,也与底部地形变化有密切关系,有礁石突起区域紊动动能强度要明显大于地形平滑区域。表 4-7 综合列示工程前后产卵场江段沿程 41 个位点的紊动动能包络线范围。

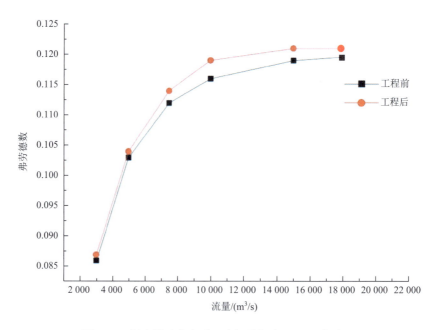

图 4-26 低流量区丧失型（小部分损失）（T16 位点）

表 4-7 广东鲂产卵场江段沿程位点工程前后的紊动动能包络线范围（单位：m²/s²）

参数		典型流量					
		3 000 m³/s	5 000 m³/s	7 500 m³/s	10 000 m³/s	15 000 m³/s	20 000 m³/s
表层紊动动能	最小值	0.000 1	0.000 2	0.000 2	0.000 6	0.000 9	0.002 1
	最大值	0.005 8	0.009 6	0.009 6	0.008 7	0.011 0	0.013 9
中层紊动动能	最小值	0.000 1	0.000 2	0.000 2	0.000 8	0.001 0	0.001 8
	最大值	0.009 5	0.015 7	0.015 7	0.014 4	0.015 5	0.019 4
底层紊动动能	最小值	0.000 4	0.000 6	0.000 6	0.001 0	0.002 4	0.004 0
	最大值	0.015 0	0.025 1	0.025 1	0.015 5	0.041 0	0.041 9

1）不变型

工程前后紊动动能数据几乎不改变。图 4-27 显示 T28 位点工程前后表层紊动动能 2 条曲线完全重叠，工程前后中层和底层的紊动动能也与表层紊动动能一样大致重叠。工程大体对这些位点不同水深的紊动动能条件未造成影响。这一类型位点有 T2、T12、T17、T18、T28～T36 等。

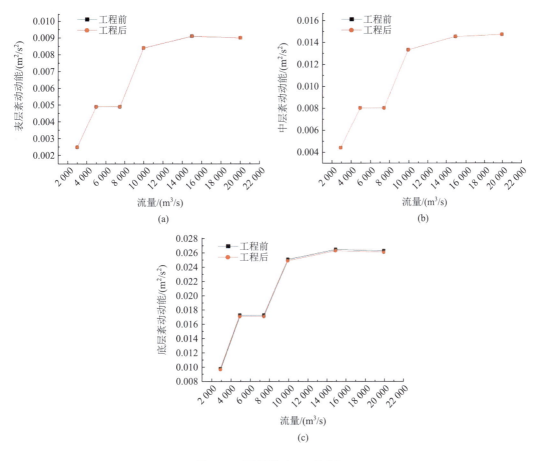

图 4-27　不变型（T28 位点）

2）中流量区丧失型

此类变化整体上属部分改变型。工程前后紊动动能表现在纵坐标轴上量值部分可叠合。图 4-28 显示工程前后 T25 位点表层、中层和底层紊动动能变化均下降，其中底层紊动动能对应的大部分流量区间达不到产卵场功能的要求。工程后在表层紊动能

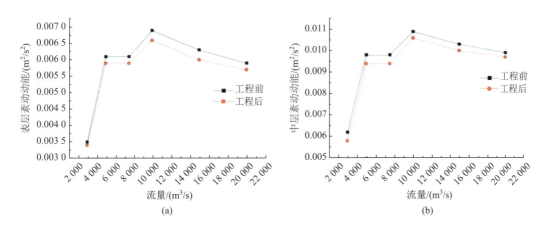

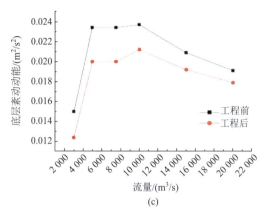

图 4-28 中流量区丧失型（部分损失）（T25 位点）

0.0067~0.0069 m²/s² 区间功能丧失，中层紊动动能 0.0106~0.0109 m²/s² 区间功能丧失，底层紊动动能 0.0212~0.0237 m²/s² 区间功能丧失。总体上紊动动能量值与工程前仍然有可叠合区，产卵场功能属部分受损。类似位点有 T1、T3、T4、T6~T10、T13~T16、T19~T21、T23~T27、T39 等。

8. 涡量

涡量取矢量和涡量绝对值。涡旋过程在鱼类繁殖过程中具有重要作用。流体中涡旋可加强精卵的掺混强度，提高鱼卵受精率；同时有助于受精卵在河床上的散布，减小被捕食的机会，增大生存空间。根据有关研究文献，大部分鱼类在单位水体面积上的卵量随着平均涡量的增加而增加。水体中涡旋强度频率可采用一定范围内出现的涡量来统计，其数值越大体现流场中的涡旋越多，也就是流场越紊乱。典型流量下各位点表层、中层和底层的涡量，表层要比底层强，中层和表层涡量相差不大。

在典型流量下模型测算了各点表层（0.22D）、中层（0.51D）和底层（0.97D）涡量值。3000 m³/s 流量下表层、中层和底层涡量最小值分别为 0、0.0003/s 和 0；20 000 m³/s 流量下表层、中层和底层涡量最小值分别为 0.0001/s、0.0001/s 和 0。

3000 m³/s 流量下表层、中层和底层涡量最大值分别为 0.0276/s、0.0245/s 和 0.0139/s；20 000 m³/s 流量下表层、中层和底层涡量最大值分别为 0.0133/s、0.0116/s 和 0.0094/s。表 4-8 综合列示工程前后产卵场江段沿程 41 个位点的涡量包络线范围。

表 4-8 广东鲂产卵场江段沿程位点工程前后的涡量包络线范围（单位：1/s）

参数		典型流量					
		3 000 m³/s	5 000 m³/s	7 500 m³/s	10 000 m³/s	15 000 m³/s	20 000 m³/s
表层涡量	最小值	0	0	0	0	0	0.000 1
	最大值	0.027 6	0.034 5	0.019 7	0.015 3	0.012 4	0.013 3

续表

参数		典型流量					
		3 000 m³/s	5 000 m³/s	7 500 m³/s	10 000 m³/s	15 000 m³/s	20 000 m³/s
中层涡量	最小值	0.000 3	0	0	0	0.000 1	0.000 1
	最大值	0.024 5	0.030 0	0.018 0	0.015 2	0.012 1	0.011 6
底层涡量	最小值	0	0	0	0	0	0
	最大值	0.013 9	0.015 3	0.009 2	0.008 4	0.007 3	0.009 4

1）不变型

工程前后涡量数据几乎不改变。图4-29显示T17位点工程前后表层涡量2条曲线完全重叠，T17位点工程前后中层和底层的涡量曲线也与表层涡量曲线一样重叠，在纵坐标轴量值显示无差值。工程大体对这些位点不同水深的涡量条件未造成影响。这一类型位点有T17、T18、T30～T33、T35、T36等。

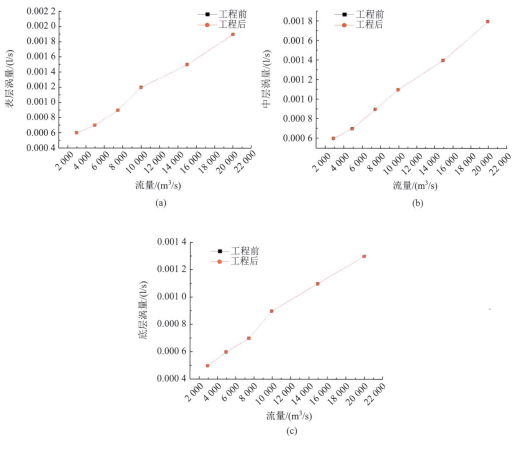

图4-29　不变型（T17位点）

2）中低流量区丧失型

此类变化整体上属部分改变型。工程前后涡量表现在纵坐标轴上量值部分可叠合。图 4-30 显示工程前后 T38 位点在表层涡量 0.0012～0.0014/s 和 0.0015～0.0016/s 区间功能丧失，在中层涡量 0.0016～0.0018/s 区间功能丧失，在底层涡量 0.0011～0.0024/s 区间（包含部分中高流量区）功能丧失。这些位点有 T2、T8、T20、T21、T37、T38 等。

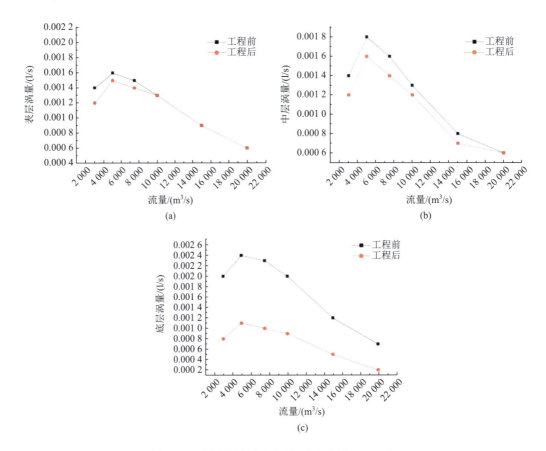

图 4-30 中低流量区丧失型（部分损失）(T38)

图 4-31 显示工程前后 T5 位点在表层涡量 0.0132～0.0150/s 区间功能丧失，在中层涡量 0.0074～0.0085/s 区间功能丧失，在底层涡量 0.0057～0.0063/s 区间功能丧失。另外，超出工程前的高强度涡量值，也不适宜鱼类繁殖。这些位点有 T1、T5～T7、T10、T15、T22～T27、T29、T40、T41 等。

3）复杂型

图 4-32 表现为工程后同一位点不同水层涡量的变化趋势不一致。如在工程后 T4 位点表层和中层涡量值上升，底层涡量下降。具体为工程后在表层涡量 0.0014～0.0018/s

第 4 章 产卵场功能受损评价

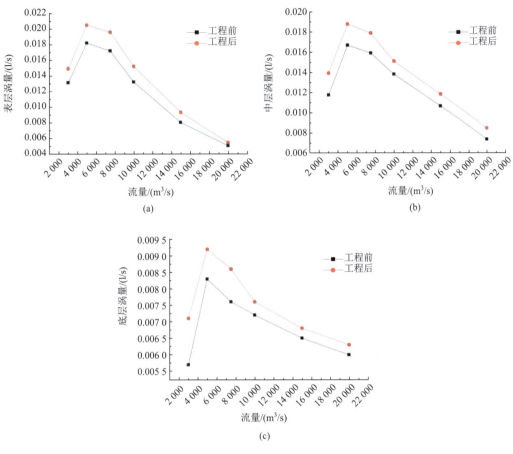

图 4-31 改变型（部分损失）（T5 位点）

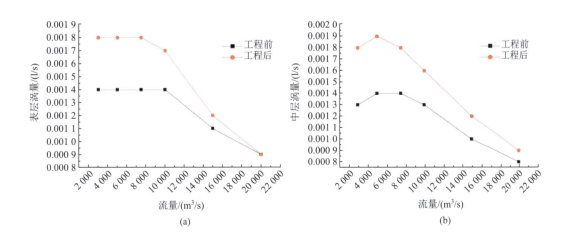

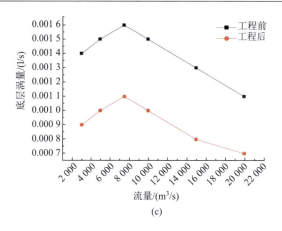

(c)

图 4-32 复杂型（部分损失）（T4 位点）

区间超出了鱼类产卵功能的范围，在中层涡量 0.0013~0.0019/s 区间超出了鱼类产卵功能的范围，仅在底层涡量 0.0010~0.0011/s 区间保留功能。超出和降低工程前的涡量均不适宜鱼类繁殖，对应流量区间产卵场功能丧失。类似位点包括 T3、T11、T13、T16。

4）功能完全丧失型

工程前后不同水深的涡量数值发生很大改变，曲线对应在纵坐标轴上涡量数值不可叠合。图 4-33 显示 T19 位点工程前后表层涡量 2 条曲线完全不可叠合，T19 位点工程前后中层涡量和底层涡量曲线也与表层涡量曲线一样在纵坐标轴不可叠合。工程大体对这些位点不同水深的涡量条件造成颠覆性影响。这一类型位点有 T9、T12、T14、T19、T28、T39 等。涡量值整体上升，跳出了产卵场功能需要的阈值，达不到广东鲂产卵场功能要求。

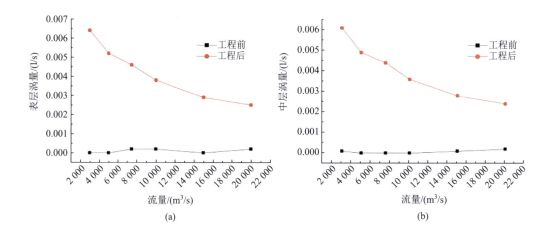

(a)   (b)

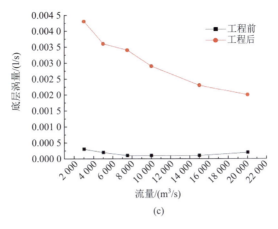

(c)

图 4-33 完全损失型（T19 位点）

4.2 产卵场功能受损定量评价

通常，产卵场功能受损与人类活动相关。水利工程（供水、航运、水电、灌溉）通常会对河流生态系统造成破坏，其最直接的体现是河流生态水文情势变化。有许多针对受损河流水文方面的评价研究（钮新强等，2006；李翀等，2006a；杨德国等，2007；常剑波等，2008；郭文献等，2011b；王煜，2012；陈海燕，2012；彭期冬等，2012；王文君等，2012；黄明海等，2013；班璇等，2014；秦烜等，2014；徐薇等，2014；李昌文，2015；帅方敏等，2016；毛劲乔等，2016；王艳芳，2016；邹家祥等，2016；柏慕琛等，2017；王亚军等，2018；雷欢等，2018；曹艳敏等，2019；许栋等，2019）。作者在量化分析河床物理受损对产卵场功能影响中，引用了功能流量、水文水动力因子受损的概念，最终将产卵场功能受损情况用鱼类早期资源量的变化来表现。因此，产卵场功能受损出现了 3 种描述，分别是功能流量受损、水文水动力因子受损和早期资源量损失。

产卵场是鱼类适应环境的产物，鱼类每年在相同的季节、相近的时间进行繁殖。江河中有些鱼类选择敏感温度点为繁殖行为的激活指标，更多的鱼类选择水文周期，表现在鱼类繁殖需要水文周期节律、径流量变化过程。鱼类在适应河流环境中，选择物理条件较为稳定的区域形成产卵场，产卵场能够形成稳定的水动力条件以满足鱼类产卵的要求，这些稳定的水动力条件与地球运动周期、气候季节变化周期、水文周期密切相关。水文周期节律变化产生的水动力条件是鱼类繁殖的必要条件，水动力条件的变化影响产卵场的功能。河流水流状态处于动态过程，很难找到准确量化产卵场功能的指标。在广东鲂产卵场水文水动力模型研究中，选择典型流量下工程前后对应的水文水动力因子变化进行产卵场功能变化定性分析。典型流量包含径流量过程，其受周期性的环境条件影响，数值变化大致遵循正态分布规律，许多鱼类繁殖、早期资源发生会响应径流量过程的变化,这就可大致解释为什么鱼类繁殖、早期资源发生在径流量上升和下降过程。推测产卵场某一位点在流量上升过程中,"某个"流量值出现满足鱼类繁殖的水动力条件,待径流量回落过程中重回到"某个"径流量值时,该位点同样会出现满足鱼类繁殖的水动力条件,理论上正态分布对称轴线上另一侧相同径流量值也能满足鱼类繁殖。年度水文周期中,出现上升或下降的径流量过程是鱼类繁殖功能过程的流量单元(繁殖功能流量区)。

4.2.1 功能流量受损定量评价

功能流量受损指受外力因素影响,鱼类繁殖期与产卵场功能相关的某一流量(或流量区)减少或消失。功能流量区指鱼类在繁殖期内所有适合繁殖的流量区间。这一区间的变化、缺损,会影响产卵场的功能。

1. 功能流量分级

为了分析鱼类繁殖的功能流量,将周年水文过程中与仔鱼发生不相关的流量剔除,得到功能流量区及对应的时间频率 P。图 4-34 为 2006 年珠江肇庆段周年流量区间在 1050~26800 m^3/s,其中仔鱼发生在 5 月 8 日至 10 月 13 日,与仔鱼发生对应的流量 3640~26800 m^3/s 为珠江肇庆段主要鱼类仔鱼发生的功能流量区间。

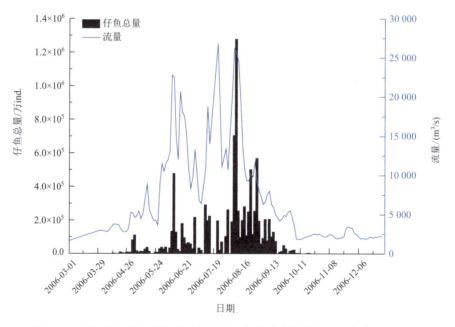

图 4-34 珠江肇庆段主要鱼类功能流量(仔鱼发生量曲线对应的流量区间)

将功能流量细化分级成一组功能流量小区,可以得到每一组功能流量小区及对应的时间。以 2006 年仔鱼发生的流量为例,列出功能流量小区与仔鱼发生时间频率关系

（表4-9），P_x是指在周年时间轴上某一功能流量小区仔鱼发生时间（d）占产卵场功能流量区全年仔鱼发生时间（d）的比值。P_x在时序上可能是相邻功能小区 x 加和，也可能是分散在 P 中的若干相同流量 x 的加和。

表4-9 功能流量小区与频率

序号	功能流量小区/(m³/s)	功能流量小区仔鱼发生时间频率/%
a	25000＜a≤26800	P_1
b	20000＜b≤25000	P_2
c	15000＜c≤20000	P_3
d	10000＜d≤15000	P_4
e	5000＜e≤10000	P_5
f	3640＜f≤5000	P_6

2. 功能流量小区划分

用功能流量过程来评估产卵场的功能，需要掌握河流目标鱼类仔鱼发生的时间与功能流量小区的数据。以珠江肇庆段广东鲂早期资源监测数据为例，2006~2011年共获得876次的广东鲂早期资源监测数据（仔鱼数据在周年时间轴上间隔2~3 d）。收集对应的日平均流量数据为2000~25000 m³/s，按流量数值大小顺序分为8组，如表4-10所示。每一组包含一个功能流量小区，表中各功能流量小区出现的频率是6年数据统计值。如表中1.7%是指25 000 m³/s流量（流量区）出现的天数（d）占整个水文周期（365天）的比值，2.5%是指25 000 m³/s 功能流量（功能流量小区）出现的频率。功能流量（功能流量小区）频率＞全年流量（流量区）频率是因为前者剔除了非功能流量时段。

表4-10 2006~2011年珠江肇庆段流量分区及频率分布

序号	流量(流量区)/(m³/s)	全年流量（流量区）频率/%	功能流量（功能流量小区)频率/%
a	25 000（22500＜a≤25000）	1.7	2.5
b	20 000（17500＜b≤22500）	3.2	4.6
c	15 000（12500＜c≤17500）	5.7	8.2
d	10 000（9000＜d≤12500）	10.3	14.8
e	7 500（6000＜e≤9000）	15.4	22.2
f	5 000（4000＜f≤6000）	15.0	21.6
g	3 000（2500＜g≤4000）	18.0	26.0
h	2 000（h≤2500）	30.7	—

通过多年的监测,掌握自然节律下鱼类繁殖适应的最大功能流量区间和时间,建立基准值,可用于评价气候变化对不同年份水文过程变化的影响,进而评价环境变化对产卵场功能损失影响ΔW,如式(4-5):

$$\Delta W = 1 - \frac{P_i}{P_L} \tag{4-5}$$

式中,P_i为评价年度功能流量时间;P_L为自然状态下功能流量时间。

功能流量损失率可以量化评价水利工程对产卵场的影响。梯级调度削峰或洪水期前腾库容、提前出现峰值流量等都会影响产卵场功能。假设广东鲂产卵场,环境变化后导致功能流量 25 000 m³/s 丧失,受影响的产卵场功能可用功能流量损失率计算,对照表 4-10 可知该产卵场功能损失 2.5%。

3. 功能流量小区受损分析示例

江河中水流量以周年为单位形成变化周期。水文周期是由具有时空概念的不同流量数值组成的连续流量集合体。在建立产卵场水文水动力模型,掌握江段水文水动力因子的变化过程基础上,融入与鱼类繁殖相关的功能流量数值体系后,可以通过功能流量小区分析各位点不同水文水动力因子的变化,为量化综合功能流量损失提供基础。

本节通过广东鲂产卵场模型分析的水文水动力因子受损值,导出相对应的功能流量值。通过不同位点、不同水文水动力因子受损,示例几种功能流量受损的表现及其确定方法。以 T12 位点水深平均平面流速梯度为例,工程前 T12 位点水深平均平面流速梯度在 0.0010~0.0013/s,表 4-11 对应的功能流量区间为 3000~20000 m³/s,工程后水深平均平面流速梯度 0.0010~0.0013/s 对应的功能流量区间为 3000~7500 m³/s。判断 T12 位点工程后针对水深平均平面流速梯度的功能流量损失值为 10000~20000 m³/s。

表 4-11 工程后 T12 位点水深平均平面流速梯度变化　　（单位:l/s）

	功能流量					
	3 000 m³/s	5 000 m³/s	7 500 m³/s	10 000 m³/s	15 000 m³/s	20 000 m³/s
工程前	0.001 0	0.001 2	0.001 2	0.001 3	0.001 3	0.001 3
工程后	0.001 1	0.001 2	0.001 3	0.001 4	0.001 4	0.001 4

如表 4-12 所示,T24 位点工程前弗劳德数数值范围为 0.094~0.147,工程后针对弗劳德数的功能流量损失值为 3000 m³/s。

表 4-12　工程后 T24 位点弗劳德数变化

	功能流量					
	3 000m³/s	5 000m³/s	7 500m³/s	10 000m³/s	15 000m³/s	20 000m³/s
工程前	0.094	0.115	0.135	0.147	0.147	0.135
工程后	0.084	0.105	0.126	0.132	0.141	0.131

如表 4-13 所示，工程前 T35 位点底层流速在 0.043～0.544 m/s，对应的功能流量区间为 3000～20000 m³/s，工程后底层流速在 0.043～0.544 m/s 的功能流量为 3000～7500 m³/s 及 20 000 m³/s。判断 T35 位点工程后针对底层流速的功能流量损失值为 10 000 m³/s 和 15 000 m³/s。

表 4-13　工程后 T35 位点底层流速变化　　（单位：m/s）

	功能流量					
	3 000m³/s	5 000m³/s	7 500m³/s	10 000m³/s	15 000m³/s	20 000m³/s
工程前	0.043	0.240	0.444	0.475	0.544	0.505
工程后	0.378	0.474	0.543	0.552	0.577	0.503

如表 4-14 所示，工程前 T13 位点底层涡量为 0.0010～0.0011/s，对应的功能流量区间为 3000～20000 m³/s，工程后所有流量下产生的底层涡量小于 0.0010/s。判断 T13 位点工程后针对底层涡量的功能流量损失值为 3000～20000 m³/s。

表 4-14　工程后 T13 位点底层涡量变化　　（单位：1/s）

	功能流量					
	3 000m³/s	5 000m³/s	7 500m³/s	10 000m³/s	15 000m³/s	20 000m³/s
工程前	0.001 0	0.001 1	0.001 1	0.001 1	0.001 1	0.001 0
工程后	0.000 7	0.000 8	0.000 8	0.000 8	0.000 9	0.000 8

4. 功能流量损失率

功能流量损失依据功能位点、功能流量小区损失情况进行测算。以广东鲂产卵场模型分析为例，假定 37 km 中 41 个位点都是功能位点，3000～20000 m³/s 分成 6 个功能流量小区，如果受环境（如梯级调度等）的影响，某一功能流量（或功能流量小区）消失，即与产卵场功能相关的一个流量区受损，则产卵场该位点功能流量损失率 W：

$$W = \frac{N_x}{N_p} \times 100\% \tag{4-6}$$

式中，N_p 为某一位点功能流量（或功能流量小区）数；N_x 为具体受损的功能流量（或功能流量小区）数。

涉及多因子的功能流量损失率：

$$W = \frac{\sum N_x}{N_m} \times 100\% \tag{4-7}$$

式中，W 为多因子功能流量损失率，$\sum N_x$ 为各受损因子数，N_m 为所有因子的功能流量（或功能流量小区）数。

涉及多因子、多位点的产卵场功能流量损失率 W：

$$W = \frac{\sum N_x}{N} \times 100\% \tag{4-8}$$

式中，N 为所有位点、所有水文水动力因子对应的功能流量（或功能流量小区）数。

将广东鲂产卵场江段沿程41个位点表层流速、底层流速、表层平面流速梯度、底层平面流速梯度、水深平均平面流速梯度、能量坡降、动能梯度、弗劳德数、表层紊动动能、中层紊动动能、底层紊动动能、表层涡量、中层涡量和底层涡量等14个水文水动力因子缺失对应的流量频次汇总，依据出现频次与14个因子的比值测算出各位点、各功能流量的损失率（表4-15）。从表4-15中可掌握产卵场功能在各流量区受损值，也可掌握各位点的受损值。依据表中各位点、各流量损失可计算出产卵场江段功能流量平均损失率为23.0%。

表 4-15 工程后产卵场江段 14 个水文水动力因子影响的功能流量损失率（单位：%）

位点	功能流量					
	3 000 m³/s	5 000 m³/s	7 500 m³/s	10 000 m³/s	15 000 m³/s	20 000 m³/s
T1	71.4	28.6	14.3	21.4	21.4	42.9
T2	50.0	0.0	0.0	0.0	7.1	21.4
T3	85.7	21.4	21.4	28.6	21.4	28.6
T4	92.9	50.0	42.9	42.9	42.9	42.9
T5	57.1	64.3	42.9	21.4	7.1	14.3
T6	64.3	50.0	42.9	57.1	35.7	50.0
T7	78.6	42.9	42.9	50.0	28.6	28.6
T8	57.1	0.0	0.0	0.0	7.1	0.0

续表

位点	功能流量					
	3 000 m³/s	5 000 m³/s	7 500 m³/s	10 000 m³/s	15 000 m³/s	20 000 m³/s
T9	64.3	21.4	7.1	14.3	14.3	35.7
T10	57.1	7.1	14.3	14.3	28.6	14.3
T11	78.6	28.6	14.3	14.3	21.4	35.7
T12	28.6	0.0	0.0	14.3	28.6	21.4
T13	78.6	28.6	28.6	28.6	21.4	28.6
T14	78.6	35.7	21.4	21.4	28.6	35.7
T15	71.4	28.6	28.6	28.6	35.7	42.9
T16	64.3	21.4	21.4	14.3	42.9	71.4
T17	21.4	0.0	7.1	7.1	0.0	0.0
T18	21.4	7.1	7.1	21.4	0.0	7.1
T19	35.7	0.0	14.3	14.3	14.3	21.4
T20	64.3	0.0	0.0	0.0	7.1	21.4
T21	71.4	7.1	7.1	7.1	21.4	21.4
T22	71.4	21.4	21.4	14.3	21.4	35.7
T23	42.9	0.0	7.1	7.1	35.7	42.9
T24	64.3	14.3	21.4	0.0	7.1	28.6
T25	64.3	7.1	0.0	28.6	28.6	57.1
T26	64.3	0.0	7.1	7.1	42.9	35.7
T27	71.4	28.6	21.4	14.3	7.1	14.3
T28	35.7	0.0	14.3	0.0	0.0	0.0
T29	64.3	14.3	7.1	21.4	21.4	21.4
T30	28.6	0.0	7.1	21.4	7.1	7.1
T31	14.3	0.0	7.1	0.0	0.0	7.1
T32	28.6	0.0	0.0	7.1	28.6	21.4
T33	42.9	0.0	0.0	0.0	0.0	0.0
T34	57.1	14.3	0.0	0.0	0.0	14.3
T35	57.1	0.0	0.0	0.0	0.0	0.0
T36	21.4	0.0	0.0	0.0	0.0	7.1
T37	50.0	0.0	14.3	14.3	21.4	35.7
T38	78.6	0.0	0.0	0.0	7.1	7.1
T39	78.6	7.1	7.1	0.0	7.1	0.0
T40	35.7	14.3	14.3	14.3	0.0	50.0
T41	57.1	0.0	0.0	0.0	0.0	21.4
功能流量平均损失率	56.6	13.8	12.9	13.9	16.4	24.2

根据表 4-15 可计算出广东鲂产卵场江段沿程各位点功能流量的平均损失率。由图 4-35 可知最大受损位点为 T4，41 个位点均受工程的影响。并非工程量最大的位点，功能损失最大，不同位点产卵场功能不同。由图 4-2 可知 T36 位点工程量最大，但在功能流量损失率上显示受影响最小，提示开展产卵场功能评价，功能位点识别很重要，受损情况与所处的功能位置有关。

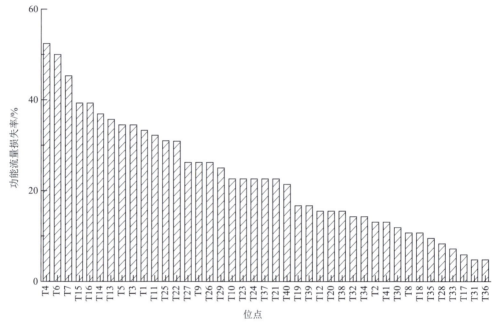

图 4-35 广东鲂产卵场沿程各位点功能流量损失率分析情况

4.2.2 水文水动力因子受损定量评价

水文水动力因子能够描述产卵场功能状态细微特征。许多研究表明，当产卵场的地形发生变化，或水文过程受到干扰时，对应区域的水动力因子都将发生变化。模型分析可显示功能受损位点工程前后水文水动力因子值范围的变化，图 4-36 为 T21 位点紊动动能受工程的影响。

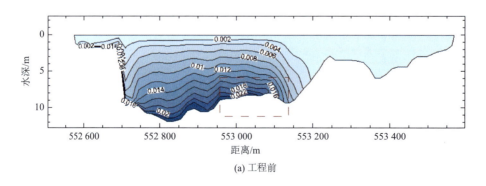

(a) 工程前

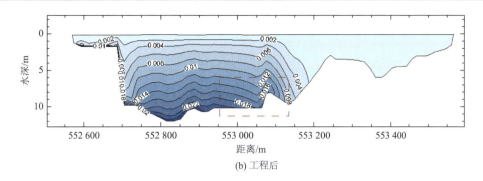

(b) 工程后

图 4-36 7500 m³/s 流量时 T21 位点功能单体工程前后紊动动能分布（单位：m²/s²）

1. 不可再现度计算方法

水文水动力因子作为指标体系被广泛用于鱼类栖息地的定性评估，但是，在鱼类产卵场功能定量评估方面应用较少。量化评估水文水动力因子的影响，可通过可再现度的量值方法求解。定性评价鱼类产卵场的功能中使用了工程前后水文水动力因子的可再现度概念，重叠区即为工程后水动力因子可再现区，即产卵场功能保留区。本节讨论水文水动力因子变化中不可再现区的计算方法。

假定工程前产卵场位点的水文水动力因子量值在纵坐标轴最大量值标示为 V_{fl}，最小量值标示为 V_{fs}，工程后水文水动力因子量值在纵坐标轴最大量值标示为 V_{bl}，最小量值标示为 V_{bs}，工程后不可再现区为 F，即

$$F = |V_{fl} - V_{bl}| + |V_{fs} - V_{bs}| \tag{4-9}$$

不可再现度 G 定义为不可再现区占工程前曲线纵坐标值的比例：

$$G = \frac{|V_{fl} - V_{bl}| + |V_{fs} - V_{bs}|}{V_{fl} - V_{fs}} \times 100\% \tag{4-10}$$

定义工程前某一水文水动力因子量值为 1，工程后不可再现度为 G，可再现度 V 用工程前后差值来表示：

$$V = 1 - G \tag{4-11}$$

式（4-10）中，选用某一流量下水文水动力因子工程前后变化值，结果是该流量变化后的保留值，此时 V_{fs}、V_{bs} 值为 0，分母直接用 V_{fl} 值；如果选用功能流量过程下工程前后水文水动力因子值，其中，V_{fl}、V_{bl} 是整个流量过程对应的最大值，V_{fs}、V_{bs} 是整个流量过程的最小值时，结果反映的是该功能流量过程的水动力因子保留值。显然后者更为切合实际。如果 $\dfrac{|V_{fl} - V_{bl}| + |V_{fs} - V_{bs}|}{V_{fl} - V_{fs}}$ 大于 1，则可再现度判定为"零"，损伤度达到 100%。

产卵场某个水文水动力因子受损害的程度与在相同流量区间内位点受影响前后该水动力因子与流量关系曲线可再现度，可以用作评价该水动力因子对产卵场功能的影响程度。基于这一原理，假设在天然状况下，某江段（位点）在4月3000 m³/s流量以上出现A值或大于A值的水文水动力因子适合鱼类繁殖，而这一江段（位点）受损后，在5月4000 m³/s流量下才出现适合鱼类繁殖A值（或大于A值）的水动力状态，那么，本方法认为在流量周期不变的状况下，判断产卵场功能受损时间为4月。如果繁殖期为4～6月共3个月，损失一个月的繁殖期，按产卵期限评估产卵场的功能损失为33.3%。因此，建立本评价方法是基于比较产卵场地形变化前后，鱼类繁殖期的某个繁殖条件要素可再现为准则，进而判断产卵场功能保障状况。但这仅是物理层面的评价，水文水动力因子可再现与否，并不真正代表鱼类在可再现的水文水动力因子量值区间可繁殖。

2. 水文水动力因子损失率

前面介绍了产卵场某个水文水动力因子受部分损害的量化测算方法，根据建立的方法模拟出广东鲂产卵场江段沿程41个位点的受损情况（图4-37）。在水文水动力因子分析中，发现主要影响广东鲂产卵场的水文水动力因子包括流速梯度、能量坡降、动力梯度、涡量和弗劳德数等，这些结果可以为研究其他河流鱼类产卵场提供参考。

对广东鲂产卵场影响率达到50%以上的水文水动力因子有水深平均平面流速梯度、底层流速梯度、表层流速梯度、动能梯度；影响率30%～40%的为底层涡量；20%～30%的因子为能量坡降、中层涡量、弗劳德数和表层涡量（图4-38）。

针对广东鲂产卵场江段沿程位点，工程影响也表现出差异。类似功能流量损失结果，无论工程分布与否，水文水动力因子沿程位点也表现出受影响。位点受影响程度与该位点工程量大小并非直接相关，模拟的广东鲂产卵场江段工程量较大位点为T4、T36，而图4-39显示水文水动力因子受影响最大的位点为T25，提示沿程各位点对产卵场的功能作用不同，即各功能单元对产卵场的贡献不同。功能流量损失与水文水动力因子损失结果虽然不同，但有共性规律，如评估受影响率达到30%以上的位点重合，具体差异同样提示开展产卵场功能评价，功能位点识别很重要，受损情况与所处的功能位置有关。

4.2.3 早期资源量损失定量评价

产卵场功能最终表现为产出鱼类早期资源量。通过模型分析产卵场的功能需要考虑鱼类繁殖过程和鱼类早期资源补充数据。在模型分析中，如果脱离产卵场与鱼类繁殖关系的认知，仍然不能完整阐述产卵场功能。因此，与产卵场相关的研究、评价和修复基

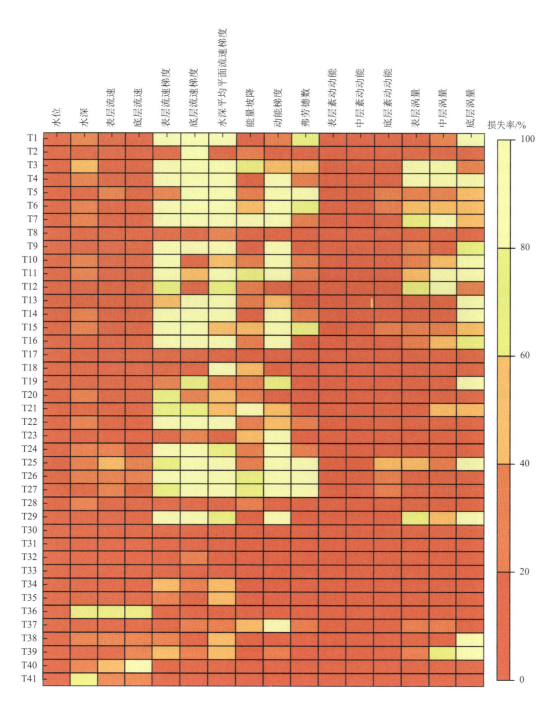

图 4-37 模拟各位点广东鲂产卵场江段水文水动力因子损失率情况

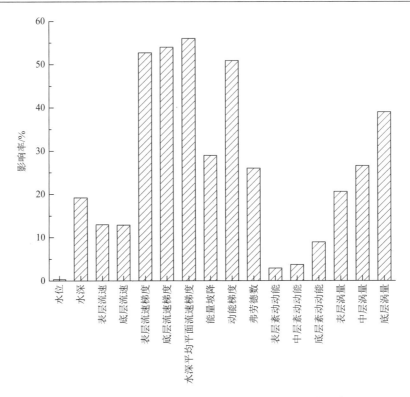

图 4-38　不同水文水动力因子对广东鲂产卵场影响程度

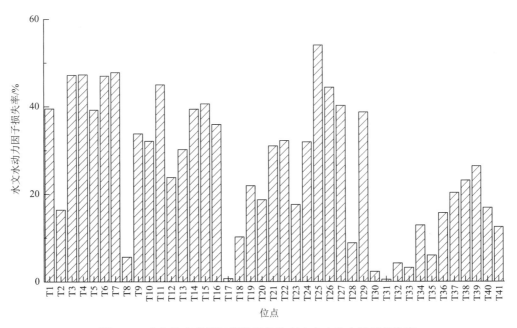

图 4-39　广东鲂产卵场江段沿程各位点水文水动力因子损失率

础，特别强调需要考虑与鱼类早期资源的耦合分析。本节讨论通过功能流量下仔鱼损失率来评估工程对产卵场的影响，实现定量评估产卵场功能损失。并将不同功能流量下仔鱼损失量的加和定义为某一位点工程后仔鱼量损失值。

在量化分析工程后功能流量下仔鱼损失率时需要考虑流量频次对仔鱼量的贡献因素，也需要考虑各功能流量对仔鱼的贡献度。表 4-16 列示了 2006～2011 年统计周年流量与仔鱼量贡献度。

表 4-16　2006～2011 年统计周年流量与仔鱼量贡献度

流量(功能流量小区)/(m³/s)	贡献度/%
1000～＜3000	0.2
3 000（3000～＜5000）	2.0
5 000（5000～＜7000）	5.6
7 000（7000～＜9000）	11.9
10 000（9000～＜13000）	26.5
15 000（13000～＜17000）	30.5
20 000（17000～＜25000）	23.4

依据水文水动力因子损失计算方法，将广东鲂产卵场江段沿程 41 个位点的表层流速、底层流速、表层平面流速梯度、底层平面流速梯度、水深平均平面流速梯度、能量坡降、动能梯度、弗劳德数、表层紊动动能、中层紊动动能、底层紊动动能、表层涡量、中层涡量和底层涡量等 14 个水文水动力因子缺失对应的流量频次，与表 4-16 对应的功能流量小区对仔鱼量贡献度相乘，得到各位点的仔鱼损失率（图 4-40）。由图可知，参与分析的各位点在仔鱼损失分析中均表现受损；与水文水动力因子分析结果类似，各位点受损的情况与模拟各位点的工程量大小并不一致；各位点受影响的排序与功能流量受损排序一致，平均损失率为 19.3%，较功能流量测算的平均损失率小。

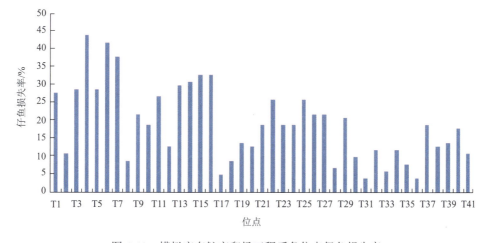

图 4-40　模拟广东鲂产卵场工程后各位点仔鱼损失率

4.3 功能流量-水动力-仔鱼量关系

前面讨论了产卵场受物理损害后，从功能流量、水文水动力因子和仔鱼量损失三个方面的产卵场功能受损评估分析。三种评估方法结果显示出差异（图 4-41）。从沿程各位点平均受影响结果看，总体上评估的水文水动力因子损失率（26.0%）＞功能流量损失率（23.0%）＞仔鱼损失率（19.3%）；沿程各位点功能流量损失率与仔鱼损失率的趋势较一致，与水文水动力因子损失率的差异较大，如功能流量损失率与仔鱼损失率最大的位点为T4，水文水动力因子损失的最大位点为T25；约一半位点的水文水动力因子损失表现高于功能流量和仔鱼量损失。

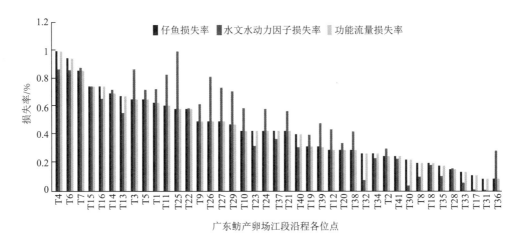

图 4-41　广东鲂产卵场江段沿程位点 3 种评估方法损失率比较

为进一步分析功能流量损失（后简称流量）、水文水动力因子损失（后简称水动力）和仔鱼量损失（后简称仔鱼量）三种评估结果的关系，进行了相关关系分析，由表 4-17 可知，两两因子间的相关系数值分别为 0.86、0.87 及 0.81，远大于其 99% 置信度的临界值（$R_{(0.01,39)} = 0.3$）。表明流量、水动力及仔鱼量两两因子间呈非常显著的正相关关系。但必须指出，因子间的显著相关并不一定为正比例，即不一定为严格的线性函数关系。结果表明通过流量、仔鱼量和水动力都能评价产卵场受损，为进一步分析各因子判别方法的关系，将通过数据模型耦合分析不同因子间的关系。

表 4-17　三种评估因子间的相关系数

	X_1（流量）	X_2（水动力）	X_3（仔鱼量）
X_1（流量）	1.00		
X_2（水动力）	0.86	1.00	
X_3（仔鱼量）	0.87	0.81	1.00

注：临界值 $R_{(0.01,39)} = 0.3$，$n = 41$。

4.3.1 流量因子与水动力因子关系

表 4-17 中流量与水动力两因子的相关系数（0.86）远大于 99%置信度的临界值（0.3），属正相关关系。两因子关系经优化后得 4 次幂的非线性回归方程（平均误差为 43.7%）为

$$\sum W = -0.000047 - 0.404915 \times \sum M + 0.054205 \times \sum M^2 - 0.000844 \times \sum M^3 + 0.000004 \times \sum M^4 \quad (n=41)$$

式中，$\sum M$ 为流量因子；$\sum W$ 为水动力因子。

从散点图（图 4-42）和回归曲线（图 4-43）可以看出，$\sum M$ 与 $\sum W$ 基本满足正相关关系，但当 $\sum M > 63\%$ 时，有 10 个流量样本位点对应的 $\sum W$ 上升比率减少。

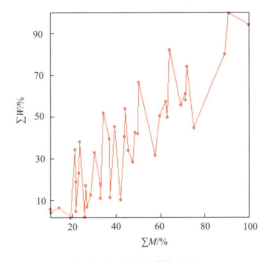

图 4-42 流量-水动力关系散点图（$n=41$）

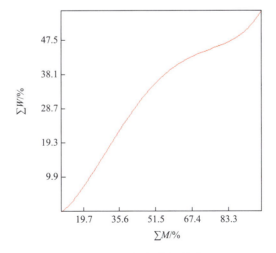

图 4-43 流量-水动力关系曲线图（$n=41$）

为减少偏差，剔除离群数据和位点数据后，拟合出二次幂函数：

$$\sum W = -14.02 + 1.314 \times \sum M - 0.0072 \times \sum M^2 \quad (n=33)$$

(平均相对偏差 17.5%；显著性统计量 $F = 41.2$)

剔除离群数据后函数的关系曲线（$n=33$）（图 4-44）仍满足正相关关系。因为二次幂拟合函数的 $F_{(0.01,(2,30))} = 7.56$ 远小于模型的显著性统计量（$F=41.2$），所以水动力因子与流量因子的拟合函数具有非常显著的统计学意义。模型的拟合误差为 17.5%，表明该非线性函数基本能反映流量与水动力间的关系。当 $\sum M > 84\%$ 时，$\sum W$ 不再增加，即在流量值高时，相关系数的显著性并不保证两因子严格符合线性关系。离群数据可能提示对应的位点所产生的水动力与鱼类产卵场功能位点的水动力有差异。

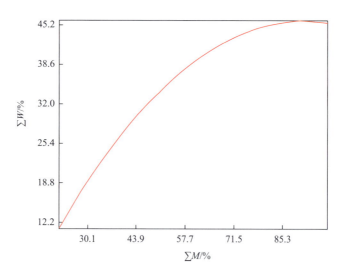

图 4-44　流量-水动力关系曲线（$n=33$）

4.3.2　流量因子与仔鱼量因子关系

流量与仔鱼量两因子的相关系数（0.87，表 4-17），同样远大于 99% 置信度的临界值（0.3），故它们呈正相关关系。两因子的优化回归方程：

$$\sum L = -3.266 + 0.8255 \times \sum M + 0.00168 \times \sum M^2 \quad (n=41, 误差为 74.4\%)$$

式中，$\sum L$ 为仔鱼量因子；$\sum M$ 为流量因子。

从流量与仔鱼量关系的散点图（图 4-45）和回归曲线图（图 4-46）可以看出拟合函数近似为线性，但散点图表现出相近流量损失值对应的仔鱼量损失差别较大，因此拟合函数的平均误差较高，有多个位点的拟合误差超过 100%。

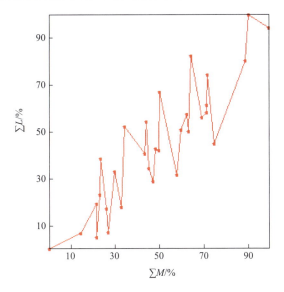

图 4-45 流量-仔鱼量关系散点图（$n = 41$）

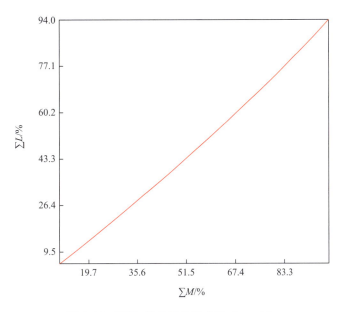

图 4-46 流量-仔鱼量关系曲线（$n = 41$）

剔除误差大的 8 个离群数据，优化出三次幂拟合函数：

$$\sum L = -15.984683 + 2.458671 \times \sum M - 0.035247 \times \sum M^2 + 0.000224 \times \sum M^3 \quad (n = 33)$$

(拟合误差 24.5%；显著性检验 $F = 35.2$)

剔除离群数据后，流量与仔鱼量基本满足正相关关系（图 4-47），函数的显著性检验 F 值为 35.2，远远高于 99% 置信度的临界值 $F_{(0.01, (3, 30))} = 4.51$，函数有统计学意义，结果提示离群数据对应的位点可能不是产卵场功能位点。

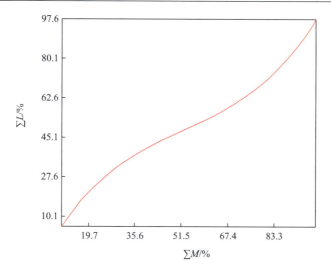

图 4-47 流量-仔鱼量关系曲线（$n=33$）

4.3.3 水动力因子与仔鱼量因子关系

对水动力与仔鱼量两因子作优化回归，获得拟合误差为 73.9%的二次幂的回归方程：
$$\sum L = 8.380 + 0.647 \times \sum W + 0.014 \times \sum W^2 \quad (n=41)$$

从水动力与仔鱼量两因子关系的散点图（图 4-48）及回归曲线（图 4-49）可见两因子仍基本呈线性关系，在水动力损失相近的位点，仔鱼量损失差别较大，所以其函数的平均拟合误差达到 73.9%的较高值，结果提示某些位点不是产卵场功能位点。

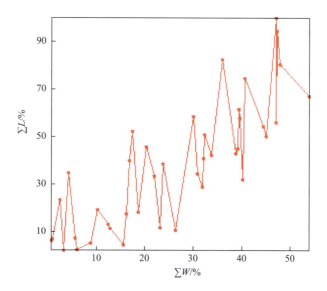

图 4-48 水动力-仔鱼量关系散点图（$n=41$）

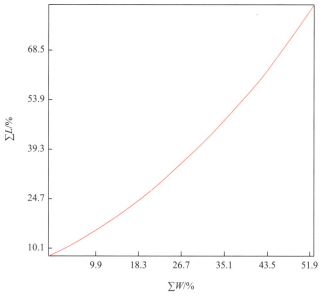

图 4-49 水动力-仔鱼量关系曲线（$n = 41$）

41 个位点水动力与仔鱼量的拟合统计结果，剔除离群的 11 个数据后，优化出二次幂拟合函数：

$$\sum L = 6.337737 + 1.255661 \times \sum W + 0.002046 \times \sum W^2 \quad (n = 30)$$

(拟合误差 26.5%；显著性检验 $F = 25.9$)

图 4-50 是 30 个位点的回归曲线。此时仔鱼量与水动力的非线性函数具有线性的曲线形状，其显著性检验值 $F = 25.9$，远高于 99% 置信度的临界值 $F_{(0.01, (3, 27))} = 5.49$，拟合函

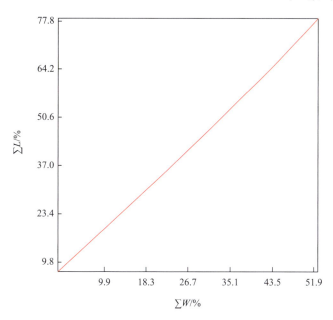

图 4-50 水动力-仔鱼量关系曲线（$n = 30$）

数有统计学意义。剔除了 11 个（约总数 25%）位点后，模型的代表性明显下降，而且回归函数的误差还高达 26.5%，并不理想，或许提示用目前的水动力与仔鱼量关系来评价产卵场功能误差偏高。

4.3.4 流量与水动力、仔鱼量两自变量关系

以流量为目标，水动力与仔鱼量为自变量，优化获得二元二次幂的非线性回归方程，模型的复相关系数 $R = 0.92 > R_{(0.01, (4, 38))} = 0.56$，故流量与水动力、仔鱼量两因子的拟合函数有显著的统计学意义，模型的拟合误差约为 19%。二元二次幂回归方程：

$$\sum M = 13.12237 + 1.205326 \times \sum W - 0.008567 \times \sum W^2 - 0.082557 \times \sum L$$
$$+ 0.005348 \times \sum L^2 \quad (n = 41)$$

（平均相对误差：19.0%）

单独截取函数模型中的单一因子，研究回归方程式中水动力及仔鱼量因子与流量的关系和影响力度，结果表明水动力、仔鱼量与流量关系曲线基本表现为线性形状。但流量-仔鱼量关系曲线中，仔鱼量<T36 位点的仔鱼量时（约 20 个位点），对流量的贡献度低于高仔鱼量值段，这种状况与流量-仔鱼量关系曲线呈线性关系有些不同，它是水动力因子对模型共同影响的正常现象，这正好说明多因素研究的优点；比较两因子的标准回归系数（或偏回归平方和）可知，仔鱼量因子对流量目标因子的影响力度与水动力因子相近。在 41 个位点数据拟合的统计结果中，平均相对误差为 19.0%，其中 T32、T36 位点的拟合误差明显大于其他位点。

对于生物模型而言，这一误差值属可接受范围。如果剔除 T12、T36 两个误差大的位点，可获得误差为 14.0%的更好的回归函数：

$$\sum M = 12.310326 + 1.361617 \times \sum W - 0.012053 \times \sum W^2 - 0.058714 \times \sum L$$
$$+ 0.005177 \times \sum L^2$$

4.3.5 水动力与流量、仔鱼量两自变量关系

以水动力为目标，流量与仔鱼量为自变量，优化耦合的二元非线性回归方程（拟合误差为 48.8%）复相关系数 $R = 0.90 > R_{(0.01, (4, 36))} = 0.56$，$\sum W$ 与 $\sum M$、$\sum L$ 两因子的拟合函数有显著的统计学意义。

$$\sum W = -7.067239 + 0.620841 \times \sum M + 0.003853 \times \sum M^2 - 0.000066 \times \sum M^3$$
$$+ 0.169895 \times \sum L \quad (n = 41)$$

从回归方程知道，仔鱼量与水动力为线性关系；流量与水动力关系类似抛物线关系，

流量对水动力因子的影响明显高于仔鱼量。41 个位点水动力因子对流量、仔鱼量因子拟合模型统计结果，剔除误差大的 7 个异常位点数据后，降低拟合误差至 25.7%，降低了模型代表性，回归方程：

$$\sum W = -13.043907 + 1.153448 \times \sum M - 0.007354 \times \sum M^2 + 0.170654 \times \sum L \quad (n=34)$$

4.3.6 仔鱼量与流量、水动力两自变量关系

以仔鱼量为目标，流量与水动力为自变量，寻求其优化拟合曲线。无论二元线性抑或二元的二次、三次幂非线性拟合，它们的复相关系数都大于 99% 置信度的临界值，也就是回归方程都满足显著相关。比较多种拟合模型，二元一次线性拟合稍好，但误差也大于 66%，仔鱼量与流量、水动力拟合效果较不理想。二元线性回归方程：

$$\sum L = -6.561411 + 0.760926 \times \sum M + 0.40055 \times \sum W \quad (n=41)$$

41 个位点仔鱼量因子对流量、水动力因子拟合模型统计结果，如果剔除 11 个误差大的位点数据，再次回归拟合得到效果较好的二次幂回归方程，它的拟合误差降为 22.2%，回归方程：

$$\sum L = 28.330904 - 0.08127 \times \sum M + 0.006538 \times \sum M^2 - 0.255008 \times \sum W \\ + 0.010464 \times \sum W^2 \quad (n=30)$$

删除约 $\frac{1}{3}$ 的位点，拟合方程降低了误差，函数可能聚集了真正的产卵场功能位点数据信息。

剔除误差大的位点数据后，方程反映流量、水动力两因子与仔鱼量关系大体是呈线性的，考虑流量和水动力共同作用时，两因子的低值与高值对仔鱼量的影响情况发生变化，表示两因子在方程中相互影响、制约，对仔鱼量影响变得复杂起来，呈非完全线性状态。这同样表明多因素研究能反映单因素研究不能反映的信息，更有优势；经比较回归方程的标准回归系数（或偏回归平方和）可知，流量对仔鱼量的影响力度远强于动力因子。

4.3.7 三种评估方法讨论

1. 两因子模型分析

在工程对广东鲂产卵场江段沿程 41 个位点产卵场功能损失的关联分析中，从相关系数值角度考虑，流量、水动力、仔鱼量三个因子两两间的（正）线性相关系数都远高于 99% 置信度的临界值，所以两两因子间呈显著正相关关系。

因子间呈显著相关只是反映两因子的整体趋势,并不是其中各个样本(数据)存在必然相关状态或线性比例关系。因子之间关系用函数表征比以相关系数描述更为准确。三类拟合函数结果都满足相关显著性,但曲线在低值、高值段往往有偏离现象,因此两两因子间关系应为非线性关系。它表明只用相关系数表征两因子关系存在不足。对于广东鲂产卵场江段沿程 41 个位点三个模型中两端表现偏离的位点,是模型判别误差的风险点(表 4-18),两因子模型($n=41$)误差较高,反映位点数据可能存在较高的随机误差。剔除某些离群数据后,模型误差可降低到能接受的 17.5%、24.5% 和 26.5%。提示广东鲂产卵场江段沿程 41 个位点并不一定都为产卵场功能位点。通过集合随机位点的关系耦合发现离群数据是否代表一种识别产卵场功能位点的方法,是值得进一步研究的。

表 4-18 单因素拟合模型结果统计

关系模型类型	流量-水动力	流量-仔鱼量	水动力-仔鱼量
非线性函数模型相关显著性	非常显著	非常显著	非常显著
全部位点模型拟合误差/%	43.7	74.4	73.9
剔除某些异常位点后模型拟合误差/%	17.5（$n=33$)	24.5（$n=33$)	26.5（$n=30$)

2. 三因子间模型分析

产卵场功能是复杂环境与生物效应的共同体,仔鱼发生是最终表现。两因子间建模分析可以突出两因子间关系,流量、水动力是紧密关联体,仔鱼发生与流量、水动力关联,但仔鱼发生并不是与所有的水文、水动力都发生响应。虽然表 4-19 说明三种复合模型都具有非常显著相关的统计学意义。然而用广东鲂产卵场 37 km 沿程 41 个位点建立的流量与水动力、仔鱼量关系模型误差为 19.0%,剔除 2 个异常数据后,模型误差下降 14.0%。在相关模型中表现出同样的结果,进一步提示广东鲂产卵场江段沿程 41 个位点并不一定都为产卵场功能位点。三因子相互影响力度分析表明,流量因子比水动力因子对产卵场功能显示更重要的作用。

表 4-19 三因子关系模型分析统计

	流量-(水动力+仔鱼量)	水动力-(流量+仔鱼量)	仔鱼量-(流量+水动力)
复合模型相关显著性	非常显著	非常显著	非常显著
模型拟合误差/%	19.0($n=41$), 14.0($n=39$)	48.8($n=41$), 25.7($n=34$)	66.6($n=41$), 22.2($n=30$)
模型中因子与目标因子的关系	流量与水动力大体为线性 流量与仔鱼量低值段非线性	动力与仔鱼量呈线性 水动力与流量高值段非线性	仔鱼量与流量低值段非线性 仔鱼量与水动力低值段非线性
因子对目标因子影响力度	仔鱼量与水动力相近	流量远优于仔鱼量	流量远优于水动力

3. 离群数据位点分析

流量、水动力和仔鱼量三种量值方式评价产卵场江段功能位点数据，分别进行"流量-水动力""流量-仔鱼量""水动力-仔鱼量""流量-（水动力＋仔鱼量）""水动力-（流量＋仔鱼量）"和"仔鱼量-（流量＋水动力）"等6种模型分析，共出现47个离群数据（表4-20）。

表 4-20　6种拟合模型离群位点分布

位点	流量-水动力模型	流量-仔鱼量模型	水动力-仔鱼量模型	流量-（水动力＋仔鱼量）模型	水动力-（流量＋仔鱼量）模型	仔鱼量-（流量＋水动力）模型
T1						
T2						
T3						
T4						
T5						
T6						
T7						
T8	▲	▲	▲		▲	▲
T9						
T10						
T11						
T12				▲		
T13						
T14						
T15						
T16						
T17	▲				▲	▲
T18						
T19						
T20						
T21						
T22						
T23						
T24						
T25						
T26						
T27			▲			▲

续表

位点	流量-水动力模型	流量-仔鱼量模型	水动力-仔鱼量模型	流量-（水动力+仔鱼量）模型	水动力-（流量+仔鱼量）模型	仔鱼量-（流量+水动力）模型
T28		▲	▲			▲
T29						
T30	▲		▲		▲	
T31	▲					▲
T32	▲		▲		▲	
T33	▲	▲	▲		▲	▲
T34						
T35	▲	▲	▲		▲	▲
T36	▲		▲	▲	▲	▲
T37						
T38		▲	▲			
T39		▲				▲
T40						
T41		▲				▲

注：▲表示数值模型中的离群数据。

前面章节介绍了广东鲂产卵场江段沿程41个位点水动力因子与仔鱼出现的关系，根据建立的功能位点判定标准，有23个位点判定为产卵场功能位点。表4-20列示的离群数值与功能位点有关联的有T8、T12、T17、T33~T36、T9和T41，占功能位点的39.1%，但从位点分布率分析，47个离群数值中，有30个数值发生在功能位点，占63.8%。结果提示产卵场的功能受流量、动力影响的复杂性。离群位点有两种可能，一种是非产卵场功能位点，另一种可能是工程影响严重的位点。能否通过集合随机位点的关系耦合方法，发现离群数据来确定产卵场功能位点需要进一步的分析。

4.3.8 产卵场受损形式

从前文分析中可知，广东鲂产卵场江段沿程各位点工程量大小能决定对应位点水动力条件受影响的程度。有些位点受工程影响后，重现工程前的水动力条件需要增加流量强度，另一些位点需要降低流量强度，而有一些位点无论增加、降低流量都无法重现原来的水动力条件。

以某一鱼类繁殖条件为标准，对产卵场江段功能流量小区、功能水动力因子进行分析，对评估该鱼的产卵场功能具有宏观认识的意义。产卵场具有特定的功能位点，如广东鲂产卵场功能评估中，沿程 41 个位点中，功能位点可能仅仅集中在 23 个位点，即功能位点才"真正"对仔鱼量产生贡献。因此，在仔鱼量损失评价中，应该聚焦功能位点。41 个位点的示例分析中，23 个位点的仔鱼量损失量是 18 个非功能位点的 1.11 倍，广东鲂产卵场各功能位点仔鱼量损失率为 $W_i = X_i(1+1.1)$，测算后 23 个功能位点的仔鱼量损失率与水动力因子损失率、功能流量损失率如图 4-51 所示，修正后产卵场功能损失评价中，不同方法评价的产卵场功能平均损失率结果为仔鱼量损失率（42.8%）＞水动力因子损失率（25.9%）＞功能流量损失率（24.2%）。

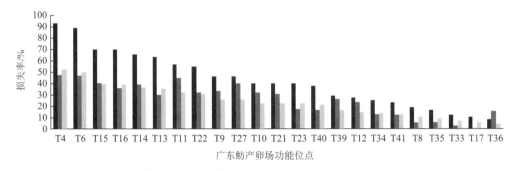

图 4-51　三种产卵场损失评估方法比较

梯级电站运行中，电站对径流的调节类型有日调节、月调节和年调节等几种。不同类型的调节对流量、流速、水位变化的周期不同。其中，日调节的影响通常被日平均水量数据所掩盖。曹艳敏等（2019）通过 1959~2015 年逐日流量、水位及流速指标分析湘江干流衡阳站日调节电站水文变化，发现库区流速用基于水文改变指标（IHA）分析，整体改变度达到 81%，流量 IHA 指标整体改变度为 43%；4~7 月月均流速降低（高度改变）不利于四大家鱼产卵活动；库区年极小值流量的增加有利于保障自然栖息地和植物群落；年极值流速降低在改变库区河道地貌的同时加大生态环境风险；多年流量、流速年最小值出现时间发生了 100%改变，将影响一些生物的生命活动过程；流量低脉冲历时和流速高脉冲历时高度改变，不利于刺激家鱼产卵繁殖活动；枢纽蓄水后饱和指数值降低，生物多样性降低。说明在评价产卵场受损过程中，需要多方面考虑水文的实际变化，才能作出更有针对性的评价结果。

4.4　基于鱼类早期资源量的产卵场功能评价体系

水与人类社会经济的一切活动密切相关，流域人类活动超出环境的承载能力，势必对河流生态系统造成干扰，影响河流生态系统的群落结构，体现在物种数量组成变化上，也传导在鱼类种类变化方面。在不受人为干扰下,不同地区河流生物种类不同,这是区域环境容量在生物种类方面的反映。环境容量是生态系统抗干扰能力的反映,也是河流生态系统服务功能的反映。人类活动导致河流生态系统污染物增加,河流生态系统中营养物质超出天然值,水质恶化,使人类处于水质性缺水,同时导致鱼类生物多样性下降、渔业资源衰退,水体食物链体系缺损,物质输送的生物链无法满足河流生态系统的物质输出,河流生态系统服务功能下降。

我国地域辽阔,环境特征多样。由于各地气候环境不同,生物资源禀赋不同。基于鱼类生物量的河流生态系统功能评价目前还没有成熟的指标体系,主要原因是缺少系统反映河流鱼类生物量的基础数据,作者解决了江河漂流性鱼类早期资源量的定量问题(李新辉等,2021a,2021b,2021c,2021d,2021e),以及江河鱼类主要生物量问题,为建立河流生态系统功能评价体系打下了基础。河流生态系统的功能可由水体食物链的结构与组成反映,食物链的结构与功能由鱼类物种组成和生物量所反映,作者在《江河鱼类早期资源研究》中建立了以漂流性鱼类早期资源量为指标体系的河流生态系统功能评价体系。该体系也可作为产卵场功能的评价体系,为产卵场管理提供量化管理的指标系统。本节介绍鱼类早期资源量评价体系的主要内容。

4.4.1 珠江中下游鱼类产卵场功能评价

1)鱼类早期资源量年际变化

珠江是我国华南地区最大的河流,本书选取 2006~2019 年珠江干流西江肇庆监测点鱼类早期资源数据,结合径流量测算了早期资源密度(表 4-21),单位径流量鱼类早期资源量在 0.9~3.6 ind./m³。不同年份单位径流量鱼类早期资源量的差异,反映了河流生态功能状况差异。

表 4-21 珠江肇庆段单位径流量鱼类早期资源量变化

年份	早期资源量/亿 ind.	径流总量/亿 m³	单位径流量鱼类早期资源量/(ind./m³)
2006 年	2247	1923	1.2
2007 年	5636	1557	3.6
2008 年	5226	2246	2.3
2009 年	3119	1639	1.9
2010 年	2674	1715	1.6
2011 年	1623	1234	1.3
2012 年	4651	1832	2.5

续表

年份	早期资源量/亿 ind.	径流总量/亿 m^3	单位径流量鱼类早期资源量/(ind./m^3)
2013 年	5536	1613	3.4
2014 年	5455	1961	2.8
2015 年	5374	2007	2.7
2016 年	2926	2339	1.3
2017 年	2232	2452	0.9
2018 年	1665	1801	0.9
2019 年	3482	2289	1.5
多年平均值	3703	1901	2.0

2）基于鱼类早期资源量评价产卵场功能

鱼类生物量多，反映河流生态系统为鱼类繁殖提供的功能状态好；鱼类生物量少，反映河流生态环境对鱼生存不友好。珠江肇庆段鱼类早期资源量评价产卵场功能体系中，早期资源量数据基于 10 余年野外观测。珠江桂平-珠江三角洲河网区-珠江口江段包含珠江最大的鱼类产卵场（东塔产卵场），是大江大河中一个典型的产卵场驱动影响的河流生态系统单元，通过对产卵场功能进行评价，可了解该生态系统单元受环境胁迫的变化。从河流连通性角度，观测初期该单元属自然状态，随后经历梧州长洲水利枢纽（在珠江桂平-珠江三角洲河网区-珠江口的中部）工程建设过程及运行的胁迫（2007 年运行），经历大藤峡水利枢纽（在珠江桂平-珠江三角洲河网区-珠江口的上游端部，东塔产卵场上游约 6 km）工程建设过程的胁迫（2019 年截流）。由于有早期资源长序列的定位观测数据，了解约 2 个周期的补充群体世代强度变化过程，给制定评价指标体系提供了数据支撑，评价体系中也考虑了自然环境变化和人类活动的综合影响因素。

评价体系的主体是以不同年度的鱼类早期资源量与径流量比值波动为量化基础，鱼类早期资源量数据来源于作者团队在珠江肇庆段 10 余年的观测，径流量数据为样点区域肇庆高要水文站的西江径流量数据，评价的是珠江桂平-珠江三角洲河网区-珠江口江段生态单元的早期资源补充量或东塔产卵场功能状况。2006~2019 年的数据中，多年单位径流量鱼类早期资源量最低值为 0.9 ind./m^3，最高值为 3.6 ind./m^3，以 0.9 ind./m^3 为基数，以级差方式划分单位径流量鱼类早期资源量为四个等级，从高至低量值分别赋予"优、良、中、差"（表 4-22），作为研究单元江段产卵场功能状态的指标。该评价区域覆盖了上游产卵场—采样点江段—下游鱼类生长水域约共 500 km 长的河流水域（产卵场辐射的江段）生态系统的功能状况，"优、良、中、差"同样可以作为反映对应研究单元江段水生生态系统功能状态的评价结果。

表 4-22 基于珠江肇庆段鱼类早期资源量的产卵场功能评价

单位径流量鱼类早期资源量/(ind./m³)	产卵场功能状态
≥2.7	优
1.8~<2.7	良
0.9~<1.8	中
<0.9	差

4.4.2 基于鱼类早期资源量的产卵场功能评价体系的建立

河流中，由于鱼类生物的泳动特性，很难获得准确量化数据，迄今国内外尚未建立适用于鱼类生物量评价江河鱼类资源、河流产卵场功能的体系。作者在珠江肇庆段建立了漂流性鱼类早期资源观测体系，通过长序列观测与数据分析，解决了江河部分鱼类资源定量评估问题，建立了基于鱼类早期资源的产卵场功能评价体系。但是要拓展该体系在更大范围的河流水系中的应用，需要解决河流生态系统区域性环境差异问题。

1) 单位面积承载鱼类种类校正示例

鱼类物种多样性分布与区域环境特性有关，在气候环境恶劣的区域，生物种类少；在气候环境舒适的区域生物多样性高、物种数量多。生物多样性的量值表征区域生态环境状态或质量。考虑上述原因，对待评价的河流在引用基于珠江肇庆段鱼类早期资源量的产卵场功能评价体系时，首先要比较待评估河流所处流域与珠江流域（或特定肇庆区域）单位面积承载鱼类种类量值，并以珠江流域（或特定肇庆区域）单位面积承载鱼类种类为标准获得的倍率结果为系数。不同流域的河流通过此方式与珠江进行比较，获得单位面积承载鱼类种类值的倍率作为系数，校正表 4-22 珠江的鱼类早期资源量"优、良、中、差"对应数值的积值作为新建立的待评估河流的评价标准体系。具体是对待评价的河流，通过查找资料获得承载河流区域（流域）的鱼类物种和面积，计算出待评价河流单位面积承载鱼类种类量值，以相应的珠江单位面积承载鱼类种类量值为参照标准进行规化校正，计算得到系数，通过系数与基于珠江肇庆段鱼类早期资源量的产卵场功能评价体系中的四级早期资源量的乘积，获得校正后的早期资源量分级评价量值标准。表 4-23 示例中，由于线性河流区域跨度大，各地生态环境特征差异大，仅从流域单位面积承载鱼类种类平均值很难反映局部区域鱼类生物多样性特征，建议尽可能获得准确的鱼类物种和流域面积数据用于系数的测算。

表 4-23 基于单位面积承载鱼类种类校正的河流产卵场功能评价体系

水系	单位面积承载鱼类种类/(种/km²)	校正系数 x	不同河流产卵场功能状态下的单位径流量鱼类早期资源量/(ind./m³)			
			优	良	中	差
珠江	0.00150	1.000	≥2.7	1.8~<2.7	0.9~<1.8	<0.9
澜沧江	0.00110	0.733	≥1.98	1.32~<1.98	0.66~<1.32	<0.66
额尔齐斯河	0.00037	0.247	≥0.67	0.44~<0.67	0.22~<0.44	<0.22
辽河	0.00036	0.240	≥0.65	0.43~<0.65	0.22~<0.43	<0.22
海河	0.00026	0.173	≥0.47	0.31~<0.47	0.16~<0.31	<0.16
长江	0.00024	0.160	≥0.43	0.29~<0.43	0.14~<0.29	<0.14
淮河	0.00024	0.160	≥0.43	0.29~<0.43	0.14~<0.29	<0.14
黄河	0.00017	0.113	≥0.31	0.20~<0.31	0.10~<0.20	<0.10
塔里木河	0.00008	0.053	≥0.14	0.10~<0.14	0.05~<0.10	<0.05
伊犁河	0.00008	0.053	≥0.14	0.10~<0.14	0.05~<0.10	<0.05
黑龙江	0.00007	0.047	≥0.13	0.08~<0.13	0.04~<0.08	<0.04

2）单位面积承载水量校正示例

单位面积承载水量与环境有关，河流的水量也与鱼类生物量有关。同求单位面积承载鱼类种类校正系数方法一样，引用单位面积承载水量值作为系数，对基于珠江肇庆段早期资源量的产卵场功能评价体系中的早期资源标准体系值进行校正（表 4-24）。建议使用基于单位面积承载水量校正的河流产卵场功能评价体系时，尽可能将单位面积承载水量校正系数与具体评价河流区域的水量承载数联系，减少误差。

表 4-24 基于单位面积承载水量校正的河流产卵场功能评价体系

水系	单位面积承载水量/(m³/km²)	校正系数 y	不同河流产卵场功能状态下的单位径流量鱼类早期资源量/(ind./m³)			
			优	良	中	差
珠江	0.727	1.000	≥2.7	1.8~<2.7	0.9~<1.8	<0.9
澜沧江	0.085	0.117	≥0.32	0.21~<0.32	0.11~<0.21	<0.11
额尔齐斯河	0.195	0.268	≥0.72	0.48~<0.72	0.24~<0.48	<0.24
辽河	0.033	0.045	≥0.12	0.08~<0.12	0.04~<0.08	<0.04
海河	0.086	0.118	≥0.32	0.21~<0.32	0.11~<0.21	<0.11
长江	0.533	0.733	≥1.98	1.32~<1.98	0.66~<1.32	<0.66
淮河	0.332	0.457	≥1.23	0.82~<1.23	0.41~<0.82	<0.41
黄河	0.108	0.149	≥0.40	0.27~<0.40	0.13~<0.27	<0.13
塔里木河	0.039	0.054	≥0.14	0.10~<0.14	0.05~<0.10	<0.05
伊犁河	0.151	0.208	≥0.56	0.37~<0.56	0.19~<0.37	<0.19
黑龙江	0.137	0.188	≥0.51	0.34~<0.51	0.17~<0.34	<0.17

3）单位面积鱼产量校正示例

单位面积鱼产量反映河流生产力和河流生态系统状况。同样引用单位面积鱼产量值作为系数，也可对基于珠江肇庆段早期资源量的产卵场功能评价体系中的早期资源标准体系值进行校正（表4-25）。由于鱼类的泳动性及各地鱼类捕捞生产水平不同，捕捞数据不一定能准确反映河流鱼类资源量，建议使用基于单位面积鱼产量校正的河流产卵场功能评价体系时，考虑上述可能导致误差的因素。

表4-25 基于单位面积鱼产量校正的河流产卵场功能评价体系

水系	单位面积鱼产量/(g/m^2)	校正系数 z	不同河流产卵场功能状态下的单位径流量鱼类早期资源量/(ind./m^3)			
			优	良	中	差
珠江	0.2438	1.000	≥2.7	1.8～<2.7	0.9～<1.8	<0.9
澜沧江	0.0294	0.121	≥0.33	0.22～<0.33	0.11～<0.22	<0.11
额尔齐斯河	0.0029	0.012	≥0.03	0.02～<0.03	0.01～<0.02	<0.01
辽河	0.0875	0.359	≥0.97	0.65～<0.97	0.32～<0.65	<0.32
海河	0.1431	0.587	≥1.58	1.06～<1.58	0.53～<1.06	<0.53
长江	0.3155	1.294	≥3.49	2.33～<3.49	1.16～<2.33	<1.16
淮河	0.6406	2.628	≥7.09	4.73～<7.09	2.36～<4.73	<2.36
黄河	0.0657	0.269	≥0.73	0.49～<0.73	0.24～<0.49	<0.24
塔里木河	0.0029	0.012	≥0.03	0.02～<0.03	0.01～<0.02	<0.01
伊犁河	0.0029	0.012	≥0.03	0.02～<0.03	0.01～<0.02	<0.01
黑龙江	0.0038	0.016	≥0.04	0.03～<0.04	0.01～<0.03	<0.01

4）基于鱼类种类、水量、鱼产量综合校正示例

前面讨论三种系数的校正方法，读者可以考虑使用更多反映区域特征的数据，与珠江的数据进行比较，推求适合评价河流的校正系数，通过基于珠江肇庆段鱼类早期资源量的产卵场功能评价体系，建立适合某一河流的鱼类早期资源量评价体系。表4-26示例了通过上述三种系数加和平均获得综合系数校正的结果。综合系数校正可减少系统中的偶然误差。

表4-26 基于鱼类种类、水量、鱼产量综合系数校正的河流产卵场功能评价体系

水系	综合校正系数*	不同河流产卵场功能状态下的单位径流量鱼类早期资源量/(ind./m^3)			
		优	良	中	差
珠江	1.000	≥2.7	1.8～<2.7	0.9～<1.8	<0.9
澜沧江	0.324	≥0.87	0.58～<0.87	0.29～<0.58	<0.29
额尔齐斯河	0.176	≥0.47	0.32～<0.47	0.16～<0.32	<0.16
辽河	0.215	≥0.58	0.39～<0.58	0.19～<0.39	<0.19
海河	0.293	≥0.79	0.53～<0.79	0.26～<0.53	<0.26

续表

水系	综合校正系数*	不同河流产卵场功能状态下的单位径流量鱼类早期资源量/(ind./m³)			
		优	良	中	差
长江	0.729	≥1.97	1.31~<1.97	0.66~<1.31	<0.66
淮河	1.081	≥2.92	1.95~<2.92	0.97~<1.95	<0.97
黄河	0.177	≥0.48	0.34~<0.48	0.16~<0.34	<0.16
塔里木河	0.040	≥0.11	0.07~<0.11	0.04~<0.07	<0.04
伊犁河	0.091	≥0.25	0.16~<0.25	0.08~<0.16	<0.08
黑龙江	0.084	≥0.23	0.15~<0.23	0.08~<0.15	<0.08

*流域生物量差异平衡系数（x, y, z 平均值）。

4.4.3 基于鱼类早期资源量的产卵场功能评价体系应用示例

用基于鱼类种类、水量、鱼产量综合系数校正的河流生态系统功能评价体系对一些河流状况进行评价。文献报导1977年长江汉江漂流性仔鱼量为1745.9亿 ind.（唐会元等，1996），单位径流量仔鱼量约 3.1 ind./m³。近年作者也对珠江水系进行了多年的仔鱼观测，表 4-27 对不同河流不同时期的资源状况进行评价。由于受梯级开发或其他人类活动的影响，大部分河流产卵场功能处于不佳状态。

表 4-27 部分江河产卵场功能状况评价

水系	代表江段	单位径流量鱼类早期资源量/(ind./m³)	产卵场功能状态	评价时间
珠江	红水河来宾江段	0.015	差	2015~2017 年
	柳江柳州至石龙江段	0.023	差	2015~2017 年
	黔江至桂平江段	0.771	差	2009~2010 年
	桂平至封开江段	0.475	差	2015~2016 年
	桂平至高要江段	1.117	中	2015~2017 年
	贺江	0.019	差	2015~2016 年
	左江	0.000	差	2012~2013 年
	右江	0.008	差	2012~2013 年
	东江河源江段	0.049	差	2012 年
	韶关武江	0.158	差	2014 年*
	韶关浈江	0.174	差	2015 年*
长江	汉江	3.100	优	1977 年（唐会元等，1996）
	汉江上游	0.010	差	1993 年（唐会元等，1996）
	汉江中游	0.770	中	2004 年（李修峰等，2006a）
	岷江下游干流	0.470	差	2016~2017 年（吕浩等，2019）

续表

水系	代表江段	单位径流量鱼类早期资源量/(ind/m³)	产卵场功能状态	评价时间
长江	赤水河	1.170	中	2007年4~10月（吴金明等，2010）
	长江上游江津江段	0.020	差	2010~2012年（段辛斌等，2015）
	三峡上游支流库尾珞璜断面	0.002	差	2007~2008年（王红丽等，2015）
	三峡上游支流库尾洛碛断面	0.010	差	2011~2012年（王红丽等，2015）
	三峡库区丰都江段	0.050	差	2014年4~7月（王红丽等，2015）
	宜昌	0.160	差	2000~2006年（段辛斌等，2008）
	在长江中游监利江段	0.170	差	2003~2006年（段辛斌等，2015）
青海湖入湖河流	布哈河	0.510	优	2008年7月1日至10月7日（张宏等，2009）

注：珠江水系鱼类早期资源数据除特别说明外，其余均为作者实验室周年监测数据；
*引自华南师范大学赵俊教授监测数据。

表 4-27 是按河流的平均值进行示范性评价的结果。大江大河涉及范围广，各地环境、气候、生态特征差别大，比如长江横跨多个省区，上游及支流处于不同气候带，显然按统一的生物量平均值评估上游及高纬度地区的河流产卵场的理论功能不合理。各区域河流应该依据区域的生态环境特征，参考本节介绍的单位面积承载鱼类种类、单位面积承载水量、单位面积鱼产量等方法，对作者提出的评价标准进行更细化的校正，以获得更为客观的评价结果。

第5章　产卵场功能修复

河流物理环境对产卵场的贡献主要涉及河流的弯曲度、深潭浅滩，有些鱼类也涉及水草植被。梯级水坝、航道、疏浚、丁坝和护岸是常见河流工程，这些工程改变了河道的物理结构，是破坏鱼类产卵场的重要因素。产黏草性卵鱼类代表种为鲤、鲫等鱼类；产黏沉性卵鱼类代表种有中华鲟、广东鲂等，这类鱼除需要特定的河流地形，也需要适宜的水动力条件；产漂流性卵鱼类代表种为青鱼、草鱼、鲢、鳙等，同样其产卵场也需要特定的河床地形及水动力条件。产卵场修复是在水域中人为地设置构造物，营造鱼产卵、受精或发育需要的生境条件。

针对产黏草性卵鱼类产卵场功能修复，张志广等（2014）分析了鲤繁殖需要的水文及环境条件，不同地区根据环境特征制定了人工鱼巢技术地方性标准规范（广东省水产标准化技术委员会，2015），并进行相关应用研究（王军红等，2018）。其他类型鱼类的产卵场功能修复依据环境条件要求也进行了一些探索研究，如对中华鲟（杨宇，2007，易雨君等，2007；班璇等，2007，2018；王煜，2012；王煜等，2013a，2013b；骆辉煌，2013；黄明海等，2013；陈明千等，2013）、四大家鱼（李翀等，2006a；李建等，2010，2011；柏海霞等，2014；帅方敏等，2016）、裂腹鱼（王玉蓉等，2010；宋旭燕等，2014；邵甜等，2015）等产卵场的水力学参数进行分析，分析重唇鱼、斑重唇鱼（蔡林钢等，2013）、黄颡鱼（杨雪军等，2020）、结鱼（易雨君等，2019）、大麻哈鱼（崔康成等，2019；李培伦等，2019）产卵场的栖息环境条件要素，研究梯级水库产卵场功能保障的联合调度流量指标（王文君等，2012；王煜等，2014；徐薇等，2014；陈进等，2015；李洋等，2016；韩仕清等，2016；王亚军等，2018；汪登强等，2019），对铜鱼产卵场特征（李倩等，2012）、人工栖息地再造（谭民强等，2011）、鱼类产卵场生境（倪静洁，2013；李亭玉等，2016）、浮动式人工鱼礁（谢常青等，2017）、人工产卵场工程设计（陈明曦等，2018）等的技术探讨等。目前除人工鱼巢技术外，产卵场功能修复的其他技术尚在探索阶段。

以鱼类早期资源量最大化为目标，围绕产卵场功能的功能流量、水文水动力、产卵场功能单体的技术体系的探索研究都属于产卵场功能修复范畴的工作。但是，江河鱼类产卵场功能究竟需要恢复到什么程度，目前还没有标准，作者提出的基于早期资源量的河流生态系统功能评价体系可以作为评价江河鱼类产卵场功能的参照标准体系。产卵场受损后，开展以功能流量、水文水动力与早期资源量等基础数值为基准目标的产卵场功能修复工作，认识"功能流量""鱼苗产出量"等基本定义及相应数值非常重要，因为其最终是评价产卵场功能修复效果的指标。本书结合资料分析和作者的工作，介绍几种主要的产卵场修复方法和思路。

5.1 草型产卵场

张志广等（2014）研究了产黏草性卵鱼类——华南鲤的产卵场水环境条件。华南鲤在水面开阔、水草茂盛、水流缓慢的区域形成产卵场。河流渠化、丰枯水或水电站运行产生的水位变化会影响鱼类产卵场。黏草性卵产出后黏附或缠绕在植物性介质上附着发育，水草植被是该类鱼产卵场的重要介质，鲤、鲫、红鳍原鲌等属于此类。在产卵场水深范围内，需要有水生植被，这些植被的根、茎叶都可能是鱼卵黏附的介质。如华南鲤产卵期水深需求为 0.8～1.6 m，流速需求为 0.2～0.4 m/s，水温需求为 16～18℃。

由于航道、疏浚、采砂、护岸等工程对水生植被造成影响，导致产卵场功能受影响，故需要进行水下植被恢复。草型产卵场功能恢复最好的方法是种植水草，恢复水下植被，但在河道上种植水草难度较大。一方面流动水体不利于草床的稳定，另一方面丰枯水位也造成难以选择理想的恢复草床区域。

自 2000 年以来，广东省肇庆市渔政部门与作者团队共同发展了人工鱼巢技术，在解决黏草性卵附着介质方面起到了很好的作用。杨计平等总结了人工鱼巢技术方法，建立了《江河人工鱼巢实施规范》（DB44/T 1737—2015），主体技术介绍如下。

5.1.1 人工鱼巢概念

人工鱼巢是一种利用天然或人工材料制作而成的产卵场功能单体，即通过人工投放鱼类繁殖所需的鱼卵附着介质，帮助鱼类顺利完成产卵繁殖，是一种资源恢复技术，也属于产卵场功能修复的范畴。

5.1.2 人工鱼巢材料

水草的种类很多，常见的水草有香蒲类、芦苇、金鱼藻类、牛鞭草、荻、野稗、苦草、水筛、黑藻类等水生植物，但很少研究哪些水草可以为鱼类产卵提供附着介质功能。通常使用的人工鱼巢的材料是芦苇、象草、蕨草、棕榈叶等天然植物材料，也可选用尼龙网片等人工材料作为鱼卵附着介质。

5.1.3 时间与位置选择

选择水域宽阔,水流平缓或静止,沙底质,透明度为 30 cm 以上,水深小于 2 m,或有水草或历史上是产黏草性卵鱼类的产卵场的近岸区域。人工鱼巢实施时间应根据当地的水温和目标鱼类的繁殖温度来确定。针对广东水域的鲤、鲫,选择每年的 2~5 月。

5.1.4 建造方法

将选取的天然基质材料取 3~5 枝扎成束,让尾叶部分尽量散开;成束的 4~5 扎基质材料基干部用 2 片竹片上下夹住固定成排,束间间隙 40~50 cm。基质材料较长时,可如图 5-1 所示增加竹片夹,使鱼巢不会因水流影响冲散。制作的鱼巢排应保证规格基本一致。固定桩可用竹竿或木桩,下端插入河湖基底,或用沙袋固定,根据制作的鱼巢排长度,每隔 3 m 设桩;桩上端至少露出水面 1 m,齐水面顺水流方向用绳将多块鱼巢排相连接,并用连接绳系于固定桩上,使鱼巢浮于水面。为使鱼巢悬浮稳固,每列鱼巢长度<100 m 为宜,连接绳应有一定的伸缩浮动空间,保证水位变化时鱼巢不会悬挂在水面上方(图 5-1)。图 5-2~图 5-5 为人工鱼巢的建造。

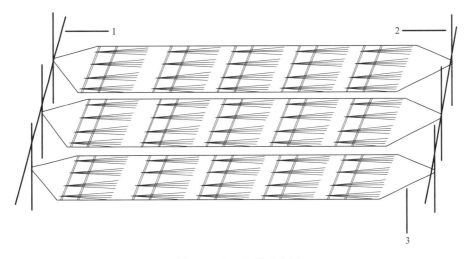

图 5-1 人工鱼巢示意图

1-横向固定杆;2-固定桩;3-连接绳

图 5-2　编制芦苇材料人工鱼巢

图 5-3　投放人工鱼巢

图 5-4　河道中固定人工鱼巢

图 5-5　投放好的人工鱼巢

5.1.5　管理与维护

在设置人工鱼巢的水域上下游边界安装照明警示灯，悬挂横幅等醒目标识，避免过往船只误入；在有人工鱼巢水域范围设置禁渔区；人工鱼巢区安排专人日夜值班，及时整理被风浪打乱的人工鱼巢，清理漂浮至人工鱼巢的垃圾材料，让人工鱼巢平整、有序地排列在设置的水域。每天记录天气、水温、透明度、有无产卵等情况，若发现有鱼卵附着在不同基质的人工鱼巢（图 5-6~图 5-9），可随机在人工鱼巢方阵的前部、中部和后部各抽取不少于 5 个鱼巢方块的样品进行人工鱼巢效果统计。

第 5 章　产卵场功能修复

图 5-6　葵叶材料人工鱼巢附鱼受精卵

图 5-7　芦苇材料人工鱼巢附鱼受精卵

图 5-8　蕨草材料人工鱼巢附鱼受精卵

图 5-9　棕榈材料人工鱼巢附鱼受精卵

5.1.6　效果评估

鲤、鲫类产的卵黏附在近岸水草的茎叶上，通过对水草的附卵进行抽样分析、统计，可确认产卵时间和产卵场的规模。根据人工鱼巢实施期间的数据记录，结合不同水温条件下鱼卵孵化出膜所需时间，统计人工鱼巢实施期间的产卵批次。人工鱼巢方阵每批次附着鱼卵的数量按公式（5-1）计算：

$$N_i = \bar{n}_i \times Z \qquad (5\text{-}1)$$

式中，N_i 为第 i 批次附着鱼卵的总数量（ind.）；$\bar{n}_i$ 为第 i 批次鱼巢方块附着鱼卵的平均值（ind./块）；Z 为人工鱼巢方阵中鱼巢方块的数量（块）。

人工鱼巢实施期间附着鱼卵的总量，按公式（5-2）计算：

$$N_{总} = \sum_{i=1}^{j} N_i \qquad (5\text{-}2)$$

式中，$N_总$ 为人工鱼巢实施期间附着的鱼卵总数量（ind.）；J 为人工鱼巢实施期间的产卵批次（次）；N_i 为第 i 批次附着鱼卵的总数量（ind.）。

产黏草性卵鱼类多数为杂食性，食谱较为广泛，除浮游生物和底栖动物外，还可摄食有机碎屑及腐殖质等，对维持水质的稳定性起很大作用。开展人工鱼巢工作既可以提高鱼产量，还可输出水体营养物质，维护生态平衡，一举多得。

不同鱼类人工鱼巢的类型不同。谢常青等（2017）用固定半浮式人工鱼礁增殖鱼类；王军红等（2018）、杨雪军等（2020）研究了不同鱼类对人工鱼巢的喜好介质；潘澎等（2016）对珠江人工鱼巢的效果进行了评价，因地制宜取材可以获得低投入、高产出的人工鱼巢效果。

5.2 水动力型产卵场

河流中特殊的地形构造在水流的作用下能够形成鱼类繁殖需要的水动力环境。水动力型产卵场修复是在河流中设置人工构造物，或是投入人工礁体，在水流的作用下营造出鱼类繁殖需要的水动力环境，从而实现对鱼类产卵场功能的修复。长江四大家鱼产卵场主要在河湾、沙洲、矶头处，这些地形信息是修复四大家鱼类产卵场功能的基础数据，有条件的河流应该尽可能参照资料信息恢复产卵场江段的河流环境。

河流过度开发导致栖息地变化，引起鱼形态、鱼类功能群落结构变化（Shuai et al.，2018），进而影响鱼类生物多样性，造成渔业资源衰退。鱼类栖息地保护成为公众关注的目标，引导科学工作者开展产卵场修复方面的研究（Morantz et al.，1987；Armstrong et al.，2003；Moir et al.，2003；Lindström et al.，2005；Mao et al.，2005；杨宇等，2007b；Miller et al.，2010；Fellman et al.，2015；Im et al.，2018；Mercader et al.，2017），产卵场功能修复首先需要了解其地形地貌，然后进行水动力条件研究。水动力型产卵场首先要从物理层面解决地形条件恢复（构筑）问题，小型鱼类产卵场通常规模小，在江河上游或支流，很少与航道等水利工程发生冲突，实施起来相对便利，容易通过营造卵石滩来解决地形环境条件问题。鱼类产卵场修复应尽可能考虑利用河道的边滩环境，通过"多点"工程修复方案解决产卵场修复的规模问题；同时也应该配套安排好边滩卵石滩环境的过水条件，通过栖息地模型分析水动力条件，制定流量保障方案和运行机制保障措施。

中华鲟、四大家鱼、广东鲂等大型鱼类产卵场，产卵场地形环境修复可能涉及人工礁体投放。在线性河流中，由于水面窄、水流急，河流兼有航运和泄洪的功能，布置礁体的空间有限，限制了产卵场修复的空间，因此，人工礁体修复大型鱼类产卵场鲜有参考案例。此外，河流水流急，给礁体的稳定性和安全性带来挑战；河流的输沙特性,使礁体易被掩埋;河流丰枯水位变化大,需要考虑如何使人工礁体在水体中产生最大范围鱼类繁殖需要的水动力环境;这些问题都在制约大江大河的产卵场功能修复工作。

河流水系中,能满足鱼类繁殖的水域很小,且鱼类形成了识别产卵场的习性,即不会随便找个江段产卵,因此进行产卵场修复选址的位置空间有限,针对江河的鱼类产卵场功能修复工作,需要更为缜密的工作计划。

5.2.1 功能物理环境修复

1. 栖息地综合环境

中华鲟产卵场的地形条件多急滩、深潭、砾石碛坝分布(长江水系渔业资源调查协作组,1990),四大家鱼产卵场多为矶头伸入江面、江心多沙洲、河床弯曲处(长江四大家鱼产卵场调查队,1982)。通过模型研究产卵场的水动力条件可为鱼类产卵场再造提供基础支撑(谭民强等,2007,2011;吴瑞贤等,2012;倪静洁,2013;蔡林钢等,2013;Vismara et al.,2001;李亭玉等,2016;Huang et al.,2017;易雨君等,2019;侯传莹等,2019)。目前,鱼类产卵场功能研究聚焦在栖息地规模与水动力条件保障两个方面,如减水河段在鱼类繁殖期通过栖息地水文过程保障水动力、增加产卵场功能容积(蒋红霞等,2012;宋旭燕等,2014;张志广等,2014;邵甜等,2015;孙莹等,2015);栖息地模型大多数受制于"固有"的环境条件,只能通过补充流量过程的"优化调度"来考虑产卵场功能修复,产卵场功能修复效果有限。在"固有"的环境条件下,如果能结合产卵场"功能单体"修复概念,在有限的空间增加"功能单体"的密度。如中华鲟产卵场在坝下,很少涉及通航冲突,理论上"功能单体"增加可以为中华鲟增加更多的适宜繁殖的水动力空间,这样的技术思路或许能够为类似中华鲟的产卵场修复拓广途径。

2. 砾石底质

产黏沉性卵鱼类大多数分布在河流的中上游,水流湍急,砂砾石滩丰富。产黏附于砂砾、石滩卵的鱼类既需要水动力条件,又需要黏附卵的介质,如裂腹鱼产卵场(王玉蓉等,2010;宋旭燕等,2014)等。流速可冲刷干净砾石床,使卵能黏附,这类型产卵场修复需要考虑砾石床和水深、水动力因素。砾石是卵的附着介质。从目前资料显示鱼类产卵需要的砾石大小为 $0.99 \sim 78.73$ cm,不同鱼对砾石大小有不同要求。倪静洁(2013)对金沙江及其支流典型产黏沉性卵鱼类产卵场及河漫滩底质粒径大小进行调查分类,发现位于巩乃斯河中游的新疆裸重唇鱼产卵场底质为直径 $5 \sim 30$ cm 的砾石;斑重唇鱼的产卵场位于巩乃斯河上游河源支流，底质为直径 15～80 cm 的卵石。李培伦等（2019）认为黑龙江呼玛河大麻哈鱼产卵场多以 3～8 cm 的卵石为主，粒径很少超过 10 cm。修复砾石底质产卵场需要了解不同鱼类产卵依赖砾石大小的资料。目前这方面的工作主要通过栖息地模型进行，理论上实施工程措施在物理层面可获得较好的效果，重点是需要制定流量保障方案和运行保障机制，确保修复后的产卵场功能能够发挥。

3. 功能单体

产卵场大多描述有类似"浅滩、深潭""鱼母石"等复杂的水下地形结构，在水流作用下形成特殊的水动力条件。人工鱼礁修复江河鱼类产卵场概念，源于大型产卵场都有复杂的水下地形。航道等工程清理水下礁石造成产卵场功能损害，无法为鱼类提供繁殖条件，需要在合适的河流区域营造礁体，恢复水动力条件。因此，鱼类产卵场功能修复除通过功能流量保障调度外，也可以在特殊的江段上采用人工鱼礁工程手段。

人工鱼礁是通过工程技术增加产卵场功能单体，为鱼类创造繁殖需要的水动力条件从而实现修复产卵场功能的一种技术手段。它以创造鱼类繁殖的环境条件为目标，营造适合鱼类孵育的水动力条件为手段，结合现代渔业资源学、水产学、生态学、水利学、建筑学、材料学、信息与计算科学等领域的技术，通过科学选点在江河湖海中设置人工构筑物，为鱼类创造繁殖生境和场所，实现产卵场功能修复或再造鱼类产卵场。

增加鱼类繁殖需要的产卵场功能单体可实现产卵场功能恢复或修复。江河人工鱼礁目前还没有系统的技术，由于海洋人工鱼礁研究与应用有成熟的技术体系，目前江河鱼类产卵场功能修复可借鉴海洋人工鱼礁技术（Fujihara et al.，1997；Kim et al.，1996；刘洪生等，2009；姜昭阳，2009；李东等，2019）。

1）江河人工鱼礁现状

人们越来越多地认识到涉水工程对鱼类和河流生态系统的危害，因此，在工程设计和实施过程中也开始考虑生态工艺，如护岸时考虑水草植被生长，建造丁坝时考虑透水产生鱼类繁殖需要的水动力条件等。

近年在航道工程中引用了生态透水框架（王南海等，1999；曹静等，2014；余祖登等，2014）、鱼巢型生态丁坝等生态工艺。韩林峰等（2016a，2016b）开展了长江中下游人工鱼礁水动力特性实验研究，将透空正六面体型人工鱼礁按合适的排列方式与护岸工程相结合铺设在岸坡上。在 30 m（长）×2 m（宽）×1 m（高）的矩形玻璃水槽中进行实验，以四大家鱼栖息地适宜性为出发点，模拟长江中下游洪、中、枯三级流量下人工鱼礁周围水面线分布及流速变化，对人工鱼礁周围流场特性进行研究。分析了人工鱼礁尺寸、形状，认为长江中下游人工鱼礁块体的高度应为 1/10～1/5 水深，借鉴目前长江中广泛使用的六边形预制护岸块体型式，将人工鱼礁确定为透空正六面体型，以 6 m 作为天然河道透空型人工鱼礁块体的布设间距。模拟结果显示，透空正六面体型人工鱼礁块体周围流速都处于四大家鱼产卵繁殖的最佳流速范围内，且与无人工鱼礁块体时相比，有人工鱼礁块体存在的岸坡附近水流的动能梯度较小，流速梯度较大，与四大家鱼的产卵条件相吻合。虽然这些工作是在实验模型概化水槽中进行的，但在江河鱼类产卵场修复体系工作中迈出了探索步伐。

四面六边体透水框架不同结构阻水效果不同，堆叠式梯形鱼礁、半球形和三角锥体形鱼礁，对鱼类产生了一定的诱集作用，尤其当透水框架整体处于水下时，工程区鱼的数量明显多于对照区（王磊等，2009；郭杰等，2015）。长江中游沙市河段弯顶一带、柳林洲至观音寺之间，长约 11 km，2010 年用四面六边体透水框架完成了金城洲护滩。在设置对照区域的情况下，通过回声探测仪和双频识别声呐对鱼类出现频次进行监测，工程淹没区是对照区的 1.18 倍，而工程半淹没区却是对照区的 0.85 倍。航道工程所用的透水框架、鱼巢型丁坝主要利用构筑物的空隙产生复杂的流场环境，复杂的礁区起到了聚鱼的效果。

四面六边体透水框架作为一种防冲促淤结构，决定了它作为人工鱼礁应用的局限性。对于以构建产卵场水动力条件为目标的人工鱼礁，还需要多方面的重视和协力研究，才能走向科学的轨道。

2）材料

人工鱼礁物理稳定性与礁体材料及其结构造型密切相关。构建人工鱼礁的材料可以分为天然材料、废弃物材料、建筑材料等三大类别。天然材料取材方便、制作方便、价格便宜且污染性低，主要包含木质材料、贝壳、岩石等。废弃物材料主要包含废旧船舰、废旧轮胎、废弃海洋平台及粉煤灰等。建筑材料主要是混凝土和钢材，浇铸成钢筋混凝土框架物等。此外，塑料、金属、混合材料等也可以作为构建人工鱼礁的材料，用于实际建设。制造人工鱼礁需要考虑材料在水下的寿命（陈海燕等，2012）。迄今以混凝土和钢材浇铸成钢筋混凝土框架物应用最为广泛。

3）礁体结构与功能

钢筋混凝土框架人工鱼礁结构外形主要有四方形、三角形、梯形、圆筒、十字形、人字形、箱形、星形、异形等。JT-001、JT-002a、JT-002b 等是几种常见的人工鱼礁类型。设计特点是四周均有大块开孔的梯形混凝土板，在礁体内部能形成相对平稳的水域，为鱼类繁殖提供空间，同时可为个体较小的鱼类提供庇护场所，使幼鱼避免被捕食而提高幼鱼的存活率。图 5-10 所示 JT-001 型人工鱼礁主框架为 3.0 m×3.0 m×1.5 m 的钢筋混凝土四角锥体结构，底面加设了混凝土翼板，人工鱼礁空方量为 7.875 m³，表面积为 36.8 m²。

图 5-10　JT-001 型人工鱼礁

JT-002a 型人工鱼礁主框架为 4.0 m×4.0 m×2.0 m 的钢筋混凝土框架结构（图 5-11）。该礁体的顶面加设十字形横梁，底面加设了混凝土翼板。该型号的人工鱼礁空方量为 32 m³，表面积为 49.28 m²。

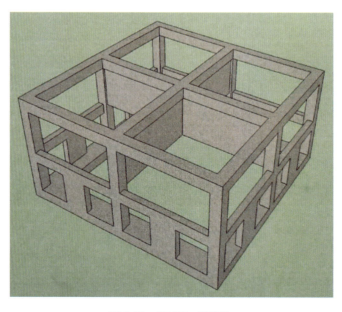

图 5-11　JT-002a 型礁体

JT-002b 型人工鱼礁主框架为 4.0 m×4.0 m×2.0 m 的钢筋混凝土框架结构（图 5-12）。该礁体的顶面加设井字形斜梁，底面加设了混凝土翼板。该型号的人工鱼礁空方量为 32 m³，表面积为 43.43 m²。

图 5-12　JT-002b 型礁体

4）礁体稳定性

鱼礁单体结构的选择，应在服从平面总体布置的前提下，充分考虑鱼礁单体的整体功能要求。同时根据河段的功能区划、水文（包括水流和水深）、河床底质类型、河床地形和河流生物条件以及礁体空方量、礁体表面积、礁体内部构造等因素，选择合理的结构形式，力求做到施工简便快捷，投资经济合理。

在确定结构选型后，人工鱼礁设计还须满足在安放状态下和吊装期间的结构安全参数要求，包括地基承载力、沉降量、结构强度、抗倾覆稳定等参数。

依据《建筑地基基础设计规范》（GB 50007—2011）核算人工鱼礁基础底压力满足基础承载力：

$$P_k \leqslant f_a$$

式中，P_k 为由人工鱼礁自重产生的基础底压力（kPa）；f_a 为基础承载力特征值（kPa），由勘察得到。

地基最终沉降量可按照《建筑地基基础设计规范》（GB 50007—2011）：

$$s = \psi_s s' = \psi_s \sum_{i=1}^{n} \frac{p_0}{E_{si}}(z_i \overline{a}_i - z_{i-1} \overline{a}_{i-1})$$

式中，s 为地基最终沉降量（mm）；s' 为按照分层总和计算出的地基沉降量（mm）；ψ_s 为沉降计算经验系数，可以根据地区沉降观测资料及经验确定；n 为地基变形计算深度范围内所划分的土层数；p_0 相应于作用的准永久组合时基础底面处的附加压力（kPa）；E_{si} 为基础底面下第 i 层图的压缩模量（Mpa）；z_i、z_{i-1} 为河床底面至第 i 层、第 $i-1$ 层土的距离；$\overline{a}_i$、$\overline{a}_{i-1}$ 为基础底面计算点至第 i 层、第 $i-1$ 层土底面范围内平均附加应力系数。

钢筋混凝土型的人工鱼礁各构件，其结构强度验算可参照《混凝土结构设计规范》（GB 50010—2010），以满足抗压和抗压应力要求。

人工鱼礁礁体抗倾覆稳定系数计算依据：

$$K_t = \frac{G \cdot X}{F \cdot Z}$$

式中，K_t 为抗倾覆稳定系数；G 为礁体重力（kN）；X 为礁体重心离墙址的水平距离（m）；F 为侧向水压力（kN）；Z 为侧向水压力作用点到墙址的高度（m）。

5.2.2 功能流量修复

水电梯级拦截河道导致回水区江段水位升高，产卵场受水位抬升影响流速减小，即使上游入库水量过程与繁殖功能流量过程近似，但经过产卵场江段的水流难以形成满足鱼类繁殖需要的水动力条件。

针对水坝壅水造成坝上游产卵场水动力条件丧失，通过人工泄流降低水位恢复产卵场的自然流态，或恢复鱼类繁殖时需要的功能流量过程，实现对产卵场功能的恢复。

修复坝上游产卵场功能需要依据目标鱼类最佳功能流量，在最佳功能流量到来前，降低水库水位，使产卵场江段处于天然流态。降低水位后，水流与产卵场江段地形作用产生鱼类繁殖的水动力条件，实现产卵场功能恢复。

坝下河段水位随水库调度下泄流量的变化而变化，水库运行有日调节、月调节、年调节或多年调节等方式，都将扰动天然水文过程，从而影响坝下游的鱼类产卵场功能。保证坝下游产卵场功能需要依据目标鱼类最佳功能流量数据，在繁殖季节人工调节下泄流量，为鱼类提供繁殖功能流量，从而实现产卵场功能恢复。

1. 产卵场功能空间增加

中华鲟产卵场低水位时水流与河床作用的空间小，适合中华鲟繁殖的水动力条件少；增大泄流范围，水流与河床作用的空间增大，适合中华鲟繁殖的水动力条件增加。人工调节下泄流量，产卵场提供鱼类繁殖的水动力空间增加，这种人工调节下泄流量也可归属功能流量恢复范畴。王煜等（2014）对葛洲坝大江电厂不同发电泄流量及不同机组泄流量工况下中华鲟产卵空间分布特征进行分析，认为葛洲坝出库流量与坝下中华鲟产卵场产卵适合度有较大相关性，出库流量为 15000~25000 m^3/s 时按先发电泄流后泄水闸弃水泄流、所有机组均分发电泄流量的下泄方式，坝下产卵场有较大的产卵加权利用面积，中华鲟产卵率较高；出库流量＜10000 m^3/s 时，仅采用大江电厂发电泄流的泄流方式，坝下产卵场有最大的产卵适合度；当出库流量≥10000 m^3/s 时，泄流方式采取先大江电厂发电泄流，后二江泄水闸弃水泄流，最后二江电厂发电泄流的方式，坝下产卵场有最大的产卵适合度。工程后，只有在产生满足鱼类繁殖的流量后才能营造出鱼类繁殖的水动力条件，这是一种产卵场功能保障型修复方案。

2. 功能流量修复

鱼类繁殖需要特殊的水文情势，在功能流量下产卵繁殖，水动力型产卵场功能保障首先需要考虑保障功能流量。江河地形物理变化会导致水动力因子量值的变化，这种量值变化可能是增大，也可能是减少，因此受损河流适合鱼类繁殖的功能流量数值可能会变化。

目前，在受损河流中通过栖息地水动力模型分析流量过程下的水环境变化，优化并设法扩大产卵场功能成为研究的热点。在掌握江河地形数据以及流量监测资料的条件下，结合鱼类对栖息地环境的要求进行数值模拟分析，模拟适宜鱼类产卵、栖息的最佳水文条件。李建等（2011）、郭文献（2011a，2011b）依据青鱼、草鱼、鲢和鳙繁殖的功能流量过程文献资料，应用物理栖息地模型，分析长江中游宜昌至枝江河段、中游夷陵长江大桥至虎牙滩江段四大家鱼产卵场功能状态，认为产卵场江段 7500~15500 m^3/s 流量是产卵场功能较佳状态的流量范围，最适宜流量为 10 000 m^3/s。保障长江四大家鱼繁殖期在 7500~15500 m^3/s 中形成流量变化过程，是四大家鱼产卵场功能最大化的关键。

河流生态系统中，流量是河流一切活动的基础，水动力、水体生物的生命过程都与流量过程相关，河流流量自然成为水生生态系统保障的首要目标，在河流高度开发状况下，生态流量调控调度备受关注（曾祥胜，1990；长江水利委员会，1997）。江河鱼类繁殖的功能流量数据是鱼类资源相关模型分析的基础，作者根据珠江鱼类早期资源连续定位观测数据，依据出现最多鱼苗的流量范围列示了多种鱼类的最佳流量范围。表 5-1 列示了 2006~2011 年一些鱼类鱼苗出现的流量范围，也列示了一些长江水系鱼类的相关数据。

表 5-1 几种鱼类产卵场功能流量

序号	种类	功能流量/(m³/s)	最佳流量/(m³/s)	产卵场位置
1	中华鲟	7170~26000	17 000	长江（赵越等，2013）
2	四大家鱼	5300~16900	10 000	长江（郭文献等，2009）
3	青鱼	3520~25300	13 100	珠江
4	草鱼	3120~26200	18 500	珠江
5	鲢	3220~26800	18 500	珠江
6	鳙	1900~26800	18 500	珠江
7	广东鲂	1170~35300	13 100	珠江
8	赤眼鳟	1170~35300	16 850	珠江
9	鲮	3340~27500	24 500	珠江
10	鳊	1170~26800	17 800	珠江
11	鳡	2390~35300	35 300	珠江
12	鳤	2680~25500	19 200	珠江
13	大眼鳜	1170~35300	10 800	珠江
14	银鮈	1170~27500	14 600	珠江
15	银飘鱼	1170~27500	4 620	珠江
16	鳘	11700~35300	35 300	珠江

3. 补偿型修复

天然江段在一定的流量过程下，产生满足鱼类繁殖的水动力条件，形成鱼类产卵场。因此，产卵场有固定的物理形态，有季节性固定的流量。航道工程削减产卵场江段的水下礁石后，由于河流的物理形态改变，原来"固定的流量"不能形成鱼类繁殖需要的水动力条件，产卵场功能丧失。这一区域需要改变流量过程才能恢复鱼类繁殖需要的水动力条件，实现产卵场功能恢复。因此，在鱼类繁殖季节，需要通过上游控制调节下泄流量再现满足鱼类繁殖需要的水动力条件，实现产卵场功能恢复。下泄流量控制值有可能较产卵场受损前大，也可能小，这与产卵场水下地形变化有关，需要通过数值模型的模拟掌握需要控制的流量过程。

4. 鱼类繁殖的流量过程调度

河流建坝后，人们开始关注坝下减水河段的生态水量保障问题。20 世纪 20 年代中期国外开始关注生态环境需水问题，如 Tennant 法考虑了鱼类等水生生物的流量需求。美国首先提出保证重要水生生物栖息地环境所需要的河流流量，通常称为生态流量，并逐步形成生态调度的概念。英国、澳大利亚等国家将生态流量纳入河流综合管理研究体系，提出生态调度保障下游生物基本用水需求的方法。生态调度中，水力学方法依据河道水力参数（宽度、深度、流速等）与生物栖息地需要，确定河流所需流量。目前，生态调度的一般方法是按河流平均流量的一定比例值作为生态流量。生态调度朝考虑水生生物不同生长阶段需要用水为目标发展，其中，生境模拟法（如物理栖息地模拟）模拟适宜流量，为特定生物的繁殖生长提供用水保障方案。以系统学为目标的生态调度要求考虑为生态系统健康制定流量标准，考虑整体生态系统需水量的调度。近几十年，生态调度的理论和技术已得到了广泛的关注，生态需水研究聚焦水文-生态响应关系。根据美国大自然保护协会的调查，截至 2005 年，已有几十条河流进行或正在进行水库生态调度的实践，其中以美国为多。国内关注生态环境需水始于 20 世纪 90 年代，实践从 2002 年黄河调水调沙开始，进行河道基本流量调度。我国大部分河流受水坝影响，坝下河段普遍需要通过水调度来满足生态需水（英晓明等，2006；余文公，2007；陈庆伟等，2007；胡和平等，2008）。早期，河流水资源调配主要目标是保障生活用水、满足输沙、稀释污染物、河口生态系统用水，首先满足工业、农业用水。通常生态调度目标是河流不断流，现阶段生态调度以实现功能性不断流为目标，但目前缺少针对性的研究（徐薇等，2014；陈进等，2015；司源等，2017；王立明等，2017；王亚军等，2018）。由于河流生态系统普遍受人类活动的干扰，水质保障成为河流生态系统的重要目标。鱼类是河流生态系统自净体系的重要成员，因此有关鱼类生物量、鱼类产卵场及其功能状况的研究成为关注的热点。

河流"功能性不断流"含义广泛，给予生物多样性保护广阔的空间。曾祥胜（1990）对受水坝胁迫的四大家鱼产卵场提出了人工调节涨水保障鱼类繁殖的方案。2008 年长江首次针对鱼类洄游及产卵场保障实施鱼类繁殖流量调度，针对中华鲟繁殖流量需求开展研究与实践（王煜，2012；王煜等，2013a，2013b，2014）开展了许多研究。2011年以来长江防汛抗旱总指挥办公室连续 7 年在三峡水利枢纽组织开展以四大家鱼繁殖为目标的流量调度试验，在连续 7 年共实施的 10 次针对四大家鱼自然繁殖的流量调度中，四大家鱼对人工调度形成的洪峰过程有积极的响应，2017 年宜都断面监测到四大家鱼产卵总量 10.8 亿 ind.，为历年最高（李舜等，2018）。

全国许多河流也逐步将江河鱼类资源保障需要的流量调度纳入生态管理目标范畴。以鱼类繁殖为目标的河流流量调度是未来河流生态管理的重要内容，需要加大对各种鱼类的繁殖水文条件的研究，尤其是针对各种鱼类产卵场功能保障需要的功能流量过程、功能水动力要素的研究。研究产卵场功能单体的水动力保障，为产卵场功能管理、实现河流生态系统服务功能提供支撑。

5.2.3 水文水动力修复

不同河流鱼类生境条件不同，各种鱼类繁殖需要的水文水动力条件不同，恢复产卵场功能、修复鱼类产卵场需要根据目标鱼类繁殖的水文水动力需求来确定方案。针对小型河流的鱼类产卵场，有许多研究通过模型分析特定水深、流速条件下鱼类产卵场功能最大化的实现。殷名称（1995）认为不同鱼类对水深的选择不同，适宜的水深为沉性卵提供了孵化环境。中华鲟繁殖除需要砾石介质外，对水文水动力因子也有特殊的要求（杨德国等，2007；杨宇，2007；王远坤等，2009a，2009b；骆辉煌，2013；王煜等，2013；黄明海等，2013；陶洁等，2017）。易雨君等（2007）的资料显示 1998~2001 年葛洲坝坝下至宜昌江段长江中华鲟分布水域水深范围是 9.3~40 m，其中 90%的个体分布于 11~30 m 水深的区域；烟收坝至古老背江段探测到的 11 尾中华鲟分布在 9~19 m 水深范围内。葛洲坝修建前金沙江三块石中华鲟产卵场的底层流速为 0.08~0.14 m/s，中层为 0.43~0.58 m/s，表层为 1.15~1.70 m/s。中华鲟产卵时葛洲坝下游江段流速变动在 0.82~2.01 m/s，平均为 1.35 m/s。蔡林钢等（2013）研究巩乃斯河斑重唇鱼和新疆裸重唇鱼产卵场环境，繁殖水深需 10~80 cm，流速为 0.2~1.0 m/s。倪静洁（2013）研究了金沙江及其支流典型产黏沉性卵鱼类产卵场，认为位于巩乃斯河上游河源支流的斑重唇鱼产卵需要水深 10~60 cm、流速 0.3~1.0 m/s，中游的新疆裸重唇鱼产卵需要水深 10~80 cm、流速 0.2~0.6 m/s。李培伦等（2019）认为黑龙江呼玛河大麻哈鱼筑巢水域水深一般为 20~70 cm、流速 0~0.3 m/s。作者通过珠江西江广东鲂产卵场三维水文水动力模型模拟分析，优化出广东鲂仔鱼出现时产卵场水深为 7.0~16.4 m，平均水深 11.7 m；表层流速 0.427~1.423 m/s，这些都是从事产卵场功能恢复的水文水动力学方面的基础参数。

5.2.4 广东鲂产卵场修复示例

1. 资料准备

产卵场在河流的特定位置。特定位置的鱼类产卵场可提供多种鱼类繁殖条件，因此，鱼类产卵场功能修复应该尽量考虑适应多种鱼类。在传统的产卵场江段、距离坝下较近的鱼类资源密集分布区水域是产卵场修复工程首选的水域。开展鱼类产卵场功能修复或再造鱼类产卵场，首先需要掌握多方面的资料、信息。

（1）鱼类资源。鱼类在河流中有区域性分布特征，掌握繁殖群体种类、鱼类集结江段和范围，以及确定目标鱼类是选择修复工程位置的关键。

(2)水文。掌握产卵场工程江段水位、流量、潮汐、波浪等水文资料数据信息,悬移质和推移质等泥沙资料,以及工程位点断面流速、流向和流态资料,水利枢纽取排水调度运行方式及相关流量、水位变化资料。掌握鱼类关键水文因子,包括产卵时的流速、水深、水温等关键生态因子。

(3)地形。了解河床地质构造,进行河道的地形测量,特别要关注突变地形的勘察,包括砾石、卵石、沙等底质的规格,各种底质所占的比例,不同的底质类型;需要在汛前、汛后和平枯水期进行水文和水下地形测量,获得同步资料。施工图设计应该使用近1～2年的地形图,变化急剧的浅滩应该使用当年的地形图。

2. 功能单体的技术参数

自然河流中裸露礁石、深潭与浅滩交错组合、急弯河段等均是鱼类产卵场需要的环境条件,其中阻水礁石、石梁、嘴形结构岩石等地形构造在水流的作用下产生的泡漩水,形成一定的比降,在水流作用下产生的流速、泡漩水、一定强度的横向流等都是天然鱼类产卵场特殊的流场环境和水动力条件。通过人工构筑物营造类似天然河流的流场环境和水动力条件是产卵场功能修复的基础,这需要通过地形-水文-繁殖要素相结合的综合分析来提炼出鱼类繁殖需要的水动力指标要素(适用于一种或多种鱼类),指导构造产卵场功能单体,还原鱼类繁殖水动力条件工作。

1)单目标功能单体

针对一种鱼类的繁殖水动力条件设计人工鱼礁功能单体。前面章节已经对广东鲂产卵场江段37 km 41个位点对仔鱼出现的贡献进行分析,确定了主要产卵场功能区3个,合计位点22个。将22个与仔鱼发生密切相关的位点当作22个产卵场功能单体,优化产卵场功能单体的关键水文水动力因子(表5-2),包括表层流速和底层流速、能量坡降、弗劳德数、紊动动能(表、中、底层)和涡量等。

表5-2 广东鲂产卵场功能单体水文水动力因子

编号	参数	最小值	最大值	平均值
1	流量/(m³/s)	3 000	20 000	11 500
2	水位/m	2.80	12.10	7.45
3	水深/m	7.0	16.4	11.7
4	表层流速/(m/s)	0.427	1.423	0.925
5	底层流速/(m/s)	0.261	0.976	0.619
6	表层流速梯度/(1/s)	0.003 7	0.011 0	0.007 4
7	底层流速梯度/(1/s)	0.004 1	0.013 0	0.008 6
8	垂线流速梯度/(1/s)	0.003 7	0.011 3	0.007 5

续表

编号	参数	最小值	最大值	平均值
9	能量坡降/($\times 10^5$)	0.961 6	5.211 6	3.086 6
10	动能梯度/(J/kg·m)	0.000 6	0.003 6	0.002 1
11	弗罗德数	0.048 3	0.106 6	0.077 5
12	表层紊动动能/(m^2/s^2)	0.000 8	0.005 8	0.003 3
13	中层紊动动能/(m^2/s^2)	0.001 3	0.009 2	0.005 3
14	底层紊动动能/(m^2/s^2)	0.002 2	0.015 7	0.009 0
15	表层涡量/(1/s)	0.000 8	0.005 9	0.003 4
16	中层涡量/(1/s)	0.000 7	0.006 3	0.003 5
17	底层涡量/(1/s)	0.000 5	0.004 5	0.002 5

表中提供了广东鲂繁殖最适的17个水文水动力因子，设计修复广东鲂产卵场的人工鱼礁功能单体，需要依据功能流量在模型中优化礁体的形态构成，最大化体现上述因子值。

2）多目标功能单体

以满足多种鱼类繁殖为目标的产卵场功能单体，需要对不同鱼类繁殖需要的水文水动力因子进行综合优化，指导设计出复合型的人工鱼礁功能单体（含外形与构造），使设计的礁体能最大限度地满足多种鱼类繁殖的需要。修复工程是在产卵场江段投放更多的复合型水文水动力因子阈值的人工礁石单元体。

3. 礁体设计

1）功能单体设计

描述产卵场人工鱼礁的水动力条件，可采用功能流量下模型分析水文水动力因子量值，包括流量、水深、流速、流速梯度、能量坡降、动能梯度、紊动动能、Fr、涡量等因素。确定的功能流量条件下，产卵场人工鱼礁水文水动力因子取决于设计礁体的形态、投放的密度。

整个河段水文水动力因子计算一般采用基于二维浅水方程的水动力模型，比如Delft-3D、Mike、Schism等，其主要是用于描述在不同流量条件下的水动力场，可以得知产卵场河段因航道整治、河道治理等工程导致产卵场河段生态水力因子的变化，同时也可以为产卵场功能单体的局部水力条件计算，提供必要的河道本底水力环境参数。对于产卵场功能单体局部水文水动力因子的计算需要采用Fluent、Openfoam等流体力学模型，其基本方程包括质量守恒方程、动量守恒方程及紊流模型。

质量守恒方程可表示为

$$\frac{\partial \rho}{\partial t} + \nabla \cdot (\rho v) = S_m$$

式中，ρ 为流体密度；v 表示网格单元内流体的平均速度；S_m 为用户自定义源项，一般设置为 0。

动量守恒方程可表示为

$$\frac{\partial}{\partial t}(\rho v) + \nabla \cdot (\rho v v) = -\nabla P + \nabla \cdot (\bar{\tau}) + \rho g + F$$

式中，P 为静态压强；ρg 为重力项；F 表示网格单元受到的包括其他源项的外力；$\bar{\tau}$ 为应力张量项，可表示：$\bar{\tau} = [\mu(\nabla v + \nabla v^{\mathrm{T}})] - \frac{2}{3}\nabla \cdot vI$，其中，$\mu$ 表示动力黏性系数，其由紊流模型计算得到；T 表示向量转置；I 表示单位张量，一般表示空间三个方向；$\nabla \cdot vI$ 为体积变化项。

适合复杂形状的产卵场功能单体计算的紊流模型包括 K-ε、K-Ω、K-kl-Ω、雷诺应力模型等，其中最常用的是 K-ε 紊流模型。

以单种鱼的功能单体为设计目标时，在模型中依据最大化功能水文水动力因子呈现原则设计礁体的形态。以多种鱼的功能单体为设计目标时，需要以不同鱼类繁殖需要的共性水文水动力因子最大呈现为原则设计礁体的形态。

2）礁区设计方案

（1）礁群设计

人工鱼礁设计需要根据功能区划、水文（包括水流和水深等）、河床底质类型、河床地形和水生生物条件等因素确定。人工鱼礁礁区要兼顾好国家和地方的河道功能总体规划及有关法律、法规的规定，要与产卵场功能修复的河流物理环境相适应，满足河流生物资源环境保护要求。投放人工鱼礁后的水流条件也要满足礁体的稳定性，防止出现影响礁体基础稳定的局部冲刷，也要防止礁体被泥沙淤没。过大的流速可能导致鱼礁被冲，或者周边发生局部冲刷，发生移位或翻滚，影响周围其他项目用河；过小流速，导致鱼礁区域泥沙沉积，人工鱼礁被掩盖，从而失去产卵场功能修复的作用。

礁体放置地应选择硬质底质，避免放在过厚床沙层和过软河床基础，防止基础过度冲刷或淤积，提高礁体的稳定性和延长使用周期。礁址选择时，尽可能调查河床底质，分析底质类型、底质承载力以及沉积物质量环境是否满足人工鱼礁建设要求。礁体可以考虑交错布置，这样可以更大范围地产生紊流水体。鱼礁区平面布置最好通过不同方案效果比较来最终确定。

图 5-13 为礁群Ⅰ、图 5-14 为礁群Ⅱ，是西江中游广东鲂产卵场保护区所采用的鱼礁布置形式，礁群在 80 m×250 m 的矩形范围内由若干个单位礁体组成，各礁体基本是交错排列的。

总体而言，礁群布置宜选择水深合理、足够强度的河床河段；礁群布置采用鱼礁单体个数多，各礁体间距至少满足尾流紊流区彼此相通连、礁体密度尽量高的布置方式。

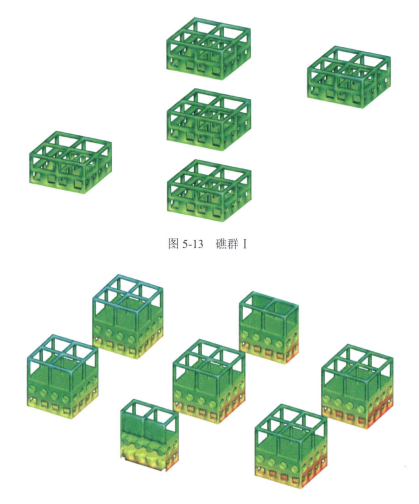

图 5-13 礁群 Ⅰ

图 5-14 礁群 Ⅱ

（2）礁区布置方案比选

作者团队从产卵场功能机理机制出发，研究建立了西江产卵场江段（江口至德庆）三维水流数学模型。计算航道整治工程前后各流量级别条件下产卵场江段的流速、水深、能量坡降、动能梯度、弗劳德数、紊动动能、涡量等鱼类水文水动力因子，并评估礁石产生的漩涡区范围和强度变化；根据产卵场江段水文水动力变化分析受损情况，考虑人工鱼礁恢复产卵场功能的方法并进行示范性研究，以求获得大江大河产卵场功能修复的经验。

在西江中游广东鲂产卵场功能修复过程中,提出的 2 套人工鱼礁礁区布置方案,补偿面积均为 8.25 万 m^2、6 个礁区,如图 5-15、图 5-16 所示的方案 I 与方案 II 的渔业生态区 2、3、4 礁区相同,另外渔业生态区 1、5、6 礁区在方案 I 布置相对集中,而在方案 II 中礁区布置相对分散。

图 5-17、图 5-18 为方案 I 在 10 000 m^3/s 流量下,产卵场江段近床面 0.95D 水深位置的紊动动能变化量云图。

图 5-19、图 5-20 为方案 I 在 20 000 m^3/s,产卵场江段近床面 0.95D 水深位置的紊动动能变化量云图。

图 5-21、图 5-22 为方案 II 在 10 000 m^3/s,产卵场江段近床面 0.95D 水深位置的紊动动能变化量云图。

图 5-23、图 5-24 为方案 II 在 20 000 m^3/s,产卵场江段近床面 0.95D 水深位置的紊动动能变化量云图。

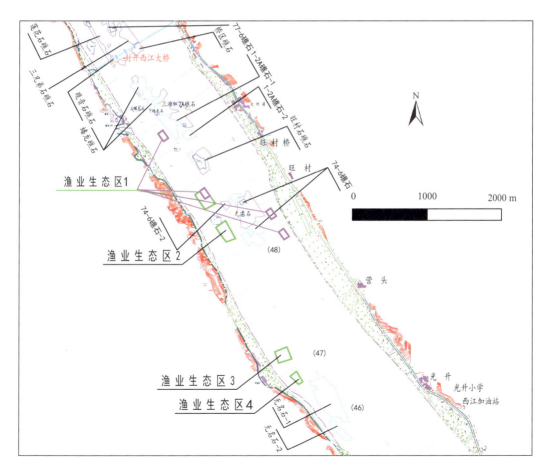

图 5-15 西江中游广东鲂产卵场(渔业生态区 1~4)人工鱼礁礁区布置图

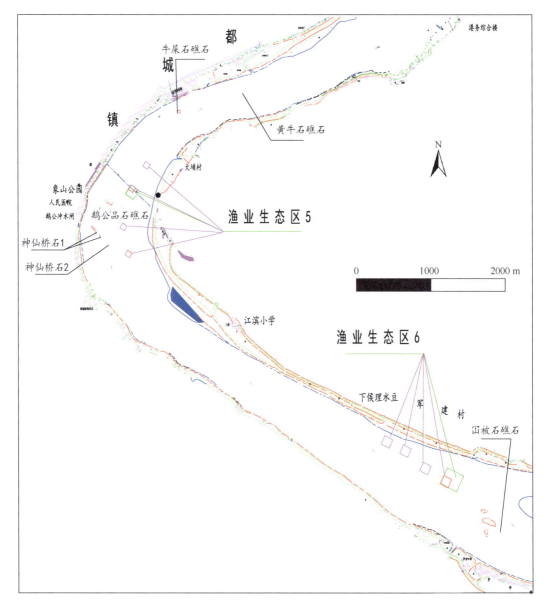

图 5-16 西江中游广东鲂产卵场（渔业生态区 5～6）人工鱼礁礁区布置图

（绿色：方案Ⅰ；紫色：方案Ⅱ）

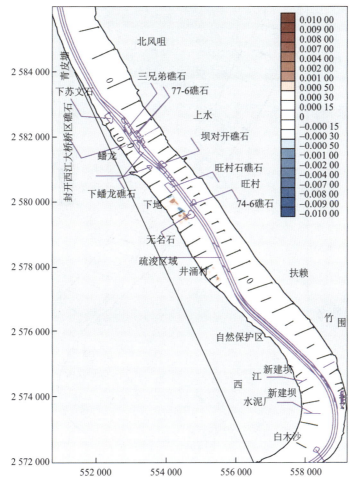

图 5-17　10 000 m³/s 流量下青皮塘江段鱼礁工程方案 I 底层（0.95D）紊动动能变化量云图
（紊动动能单位：m²/s²）（坐标为北京 54 坐标，下同）

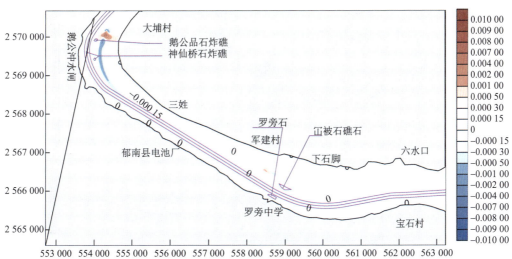

图 5-18　10 000 m³/s 流量下罗旁江段鱼礁工程方案 I 底层（0.95D）紊动动能变化量云图
（紊动动能单位：m²/s²）

· 202 ·　江河鱼类产卵场功能研究

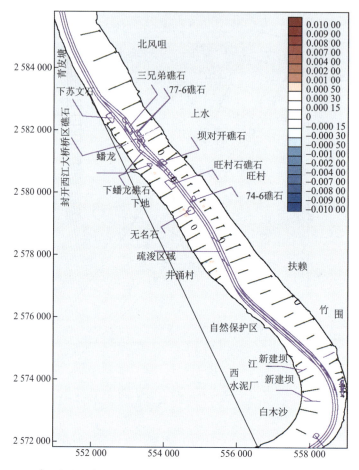

图 5-19　20 000 m³/s 流量下青皮塘江段鱼礁工程方案Ⅰ底层（0.95D）紊动动能变化量云图
（紊动动能单位：m²/s²）

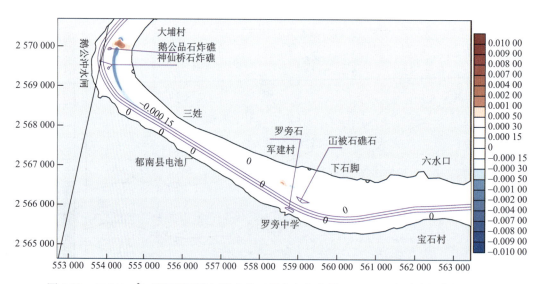

图 5-20　20 000 m³/s 流量下罗旁江段鱼礁工程方案Ⅰ底层（0.95D）紊动动能变化量云图
（紊动动能单位：m²/s²）

第 5 章 产卵场功能修复

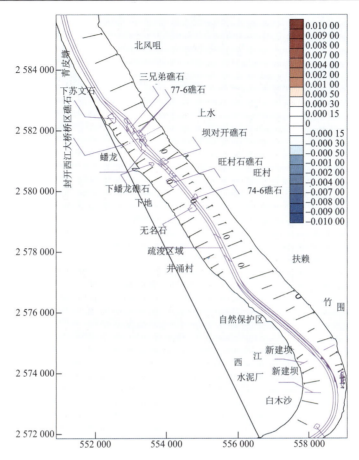

图 5-21 10 000 m³/s 流量下青皮塘江段鱼礁工程方案 II 底层（0.95D）紊动动能变化量云图（紊动动能单位：m²/s²）

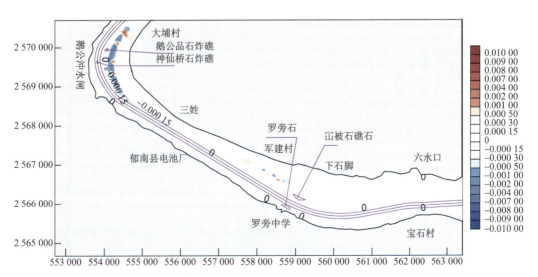

图 5-22 10 000 m³/s 流量下罗旁江段鱼礁工程方案 II 底层（0.95D）紊动动能变化量云图（紊动动能单位：m²/s²）

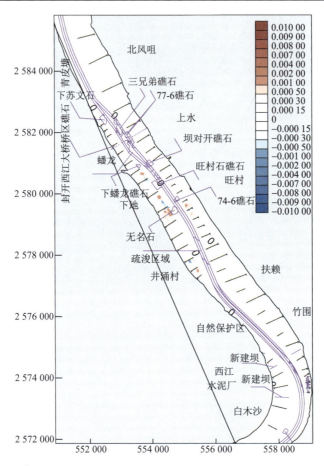

图 5-23　20 000 m³/s 流量下青皮塘江段鱼礁工程方案Ⅱ底层（0.95D）紊动动能变化量云图
（紊动动能单位：m²/s²）

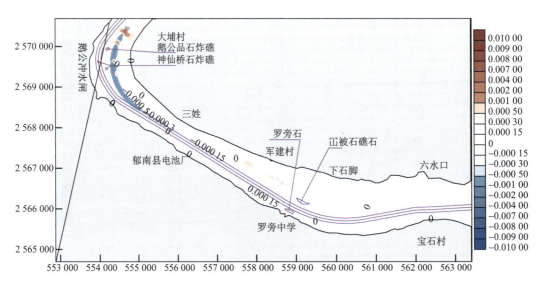

图 5-24　20 000 m³/s 流量下罗旁江段鱼礁工程方案Ⅱ底层（0.95D）
紊动动能变化量云图（紊动动能单位：m²/s²）

根据西江梧州水文站产卵期的流量，考虑上游入流为 3000 m³/s、5000 m³/s、7500 m³/s、10 000 m³/s、15 000 m³/s、20 000 m³/s 等 6 个等级流量，以水体紊动动能作为关键评价指标，分析不同紊动动能对应的产卵场河段在人工鱼礁礁区设立前后，河槽紊流区体积（V）、各水深层紊流区面积（S）变化。如表 5-3～表 5-10 所示。

表 5-3 产卵场江段 10 000 m³/s 流量下鱼礁工程方案 I 工程前后紊流区体积变化

($V_{\text{方案I后}}-V_{\text{方案I前}}$)

紊动动能/(m²/s²)	紊流区总体积变化值/m³	鱼礁工程前后各流速区的紊流区体积变化值/m³				
		>0.7~0.9 m/s	>0.9~1.1 m/s	>1.1~1.3 m/s	>1.3~1.5 m/s	>1.5 m/s
>0	−146 491	64 492	93 306	−2 416	−2 225	23 681
>0.01	−1 208	9 807	12 006	63 416	46 414	62 233
>0.015	28 419	41 800	38 861	35 613	43 649	41 778
>0.025	−1 086	6 150	6 233	6 426	2 070	442
>0.04	−4 412	209	222	201	18	86
>0.07	−845	77	1	0	0	0
>0.1	148	273	141	68	0	0
>0.13	259	71	0	0	0	0
>0.17	140	136	0	0	0	0
>0.25	61	0	0	0	0	0

表 5-4 产卵场江段 10 000 m³/s 流量下鱼礁工程方案 II 与方案 I 实施后紊流区体积变化比较

($V_{\text{方案II后}}-V_{\text{方案I后}}$)

紊动动能/(m²/s²)	紊流区总体积差异值/m³	鱼礁工程方案 I、II 各流速区紊流区体积差异值/m³				
		>0.7~0.9 m/s	>0.9~1.1 m/s	>1.1~1.3 m/s	>1.3~1.5 m/s	>1.5 m/s
>0	−576	87 808	62 208	−51 920	−49 856	82 576
>0.01	−22 600	−20 952	−31 568	−8 672	15 284	16 528
>0.015	17 088	19 296	14 668	21 936	12 450	−1 510
>0.025	−1 607	−738	−1 107	−1 016	855	−166
>0.04	−909	−125	−92	−117	−85	0
>0.07	244	−39	−33	0	0	0
>0.1	−189	−253	−122	−59	0	0
>0.13	−142	−61	0	0	0	0
>0.17	−68	−118	0	0	0	0
>0.25	0	0	0	0	0	0

表 5-5 产卵场江段 20 000 m³/s 流量下鱼礁工程方案Ⅰ工程前后紊流区体积变化

($V_{方案Ⅰ后}-V_{方案Ⅰ前}$)

紊动动能/(m²/s²)	紊流区总体积变化值/m³	鱼礁工程前后各流速区的紊流区体积变化值/m³				
		>0.7~0.9 m/s	>0.9~1.1 m/s	>1.1~1.3 m/s	>1.3~1.5 m/s	>1.5 m/s
>0	−14 5850	86 186	281 741	289 027	154 744	143 318
>0.01	−48 532	112 534	230 938	286 396	179 547	105 910
>0.015	−42 090	54 574	144 790	151 809	109 287	84 944
>0.025	−34 181	6 272	34 985	37 679	1 939	−13 690
>0.04	−17 559	−5 965	−3 407	−2 192	−1 166	−2 308
>0.07	−3 922	−1 516	361	767	275	109
>0.1	−215	−198	258	409	91	0
>0.13	480	438	332	489	306	0
>0.17	232	291	186	290	0	0
>0.25	67	0	0	0	0	0

表 5-6 产卵场江段 20 000 m³/s 流量下鱼礁工程方案Ⅱ与方案Ⅰ实施后紊流区体积变化比较

($V_{方案Ⅱ后}-V_{方案Ⅰ后}$)

紊动动能/(m²/s²)	紊流区总体积差异值/m³	鱼礁工程方案Ⅰ、Ⅱ各流速区紊流区体积差异值/m³				
		>0.7~0.9 m/s	>0.9~1.1 m/s	>1.1~1.3 m/s	>1.3~1.5 m/s	>1.5 m/s
>0	−1 248	152 288	163 232	136 768	70 656	7 376
>0.01	−68 928	−40 016	5 072	−47 872	−39 344	−18 768
>0.015	−100 256	−87 464	−69 632	−64 408	−40 760	−89 104
>0.025	−98 070	−90 186	−84 862	−86 654	−89 192	−76 928
>0.04	7 424	9 390	10 187	9 688	11 072	11 534
>0.07	−197	−372	−1 026	−1 013	−424	−156
>0.1	−521	−190	−264	−90	1	0
>0.13	−308	−306	−308	−332	−94	0
>0.17	−128	−91	−92	−93	0	0
>0.25	0	0	0	0	0	0

表 5-7 产卵场江段 10 000 m³/s 流量下鱼礁工程方案Ⅰ工程前后各水深层紊流区面积变化

($S_{方案Ⅰ后}-S_{方案Ⅰ前}$)

紊动动能/(m²/s²)	鱼礁工程前后各水深层紊流区面积变化值/m²								
	2 m	3 m	4 m	5 m	6 m	7 m	8 m	9 m	10 m
>0	2 372	2 126	0	2 718	−13 992	−68 800	−100 830	−52 558	−20 544
>0.01	−1 267	−1 247	6 581	77 337	−8 489	−48 132	−45 332	−14 846	−10 567
>0.015	−470	−678	−1 992	1 577	−4 588	13 027	11 947	−316	−3 395
>0.025	198	−2 153	−234	−506	−580	−553	−1 619	614	497
>0.04	−394	191	−596	−1 078	−2 119	−524	−24	0	−156

第 5 章 产卵场功能修复

续表

紊动动能/(m²/s²)	鱼礁工程前后各水深层紊流区面积变化值/m²								
	2 m	3 m	4 m	5 m	6 m	7 m	8 m	9 m	10 m
>0.07	0	−186	−610	−421	0	333	0	0	0
>0.1	0	0	−184	134	0	0	0	0	0
>0.13	0	0	0	−184	0	0	0	0	0
>0.17	0	0	0	0	0	0	0	0	0
>0.25	0	0	0	0	0	0	0	0	0

表 5-8 产卵场江段 10 000 m³/s 流量下鱼礁工程方案Ⅱ与方案Ⅰ紊流区面积变化比较

($S_{方案Ⅱ}-S_{方案Ⅰ}$)

紊动动能/(m²/s²)	鱼礁工程方案Ⅰ、Ⅱ各水深层紊流区面积差异值/m²								
	2 m	3 m	4 m	5 m	6 m	7 m	8 m	9 m	10 m
>0	1 384	1 900	2 072	5 272	4 722	−10 996	−21 616	−6 108	−4 266
>0.01	−1 783	−2 110	−11 093	−46 349	34 664	6 913	−15 040	−30 161	−20 087
>0.015	−1 035	−231	159	−2 146	1 700	−9 895	2 497	9 447	−1 414
>0.025	−116	−104	385	313	87	−964	−1 171	−473	−913
>0.04	0	−191	−156	−693	30	0	−142	379	181
>0.07	0	−488	−336	−185	0	0	0	0	0
>0.1	0	0	0	13	0	−181	0	0	0
>0.13	0	0	0	0	0	0	0	0	0
>0.17	0	0	0	0	0	0	0	0	0
>0.25	0	0	0	0	0	0	0	0	0

表 5-9 产卵场江段 20 000 m³/s 流量下鱼礁工程方案Ⅰ工程前后各水深层紊流区面积变化

($S_{方案Ⅰ后}-S_{方案Ⅰ前}$)

紊动动能/(m²/s²)	鱼礁工程前后各水深层的紊流区面积变化值/m²								
	2 m	3 m	4 m	5 m	6 m	7 m	8 m	9 m	10 m
>0	1 304	200	344	648	724	1 924	3 060	812	4 930
>0.01	−2 011	15 929	−2 178	−6 416	−6 800	6 955	6 090	8 856	22 956
>0.015	1 855	1 896	4 417	28 442	−9 020	−7 115	−24 174	−14 995	−1 308
>0.025	392	217	1 457	−303	−2 567	−2 438	6 728	15 796	2 845
>0.04	0	0	321	−32	236	−1 526	−2 877	−2 968	−2 458
>0.07	0	0	−310	0	0	416	−408	−1 106	−30
>0.1	0	0	0	0	0	0	0	0	0
>0.13	0	0	0	0	0	0	0	−314	0
>0.17	0	0	0	0	0	0	0	0	0
>0.25	0	0	0	0	0	0	0	0	315

表 5-10 产卵场江段 20 000 m³/s 流量下鱼礁工程方案Ⅱ与方案Ⅰ紊流区面积变化比较

($S_{方案Ⅱ}-S_{方案Ⅰ}$)

紊动动能/(m²/s²)	鱼礁工程方案Ⅰ、Ⅱ各水深层的紊流区面积差异值/m²								
	2 m	3 m	4 m	5 m	6 m	7 m	8 m	9 m	10 m
>0	−1 304	0	636	908	1 300	0	2 010	1 638	2 244
>0.01	4 292	−3 123	−5 691	−39 788	−74 385	−7 148	7 706	4 542	1 418
>0.015	2 607	−617	−3 945	3 356	−23 273	−7 737	−21 631	−47 928	−54 772
>0.025	−392	504	1 231	80	−773	−3 914	−9 568	−5 824	12 565
>0.04	0	0	−539	−210	−636	688	1 748	−200	27
>0.07	0	0	0	375	0	−593	−181	804	−738
>0.1	0	0	0	0	0	0	0	−182	0
>0.13	0	0	0	0	0	−381	0	0	0
>0.17	0	0	0	0	0	0	0	0	0
>0.25	0	0	0	0	0	0	0	0	0

由方案Ⅰ模拟效果评价可知，人工鱼礁方案实施对恢复局部高强度紊流水体效果比较明显，可以部分补偿西江航道整治工程所致的高强度紊流水体亏失；方案Ⅰ和方案Ⅱ的实施效果比较，人工鱼礁工程集中布置礁群方案总体要比分散布置更加有效。

3）礁体水力效果

进行产卵场的水动力修复前，需要建立水动力模型，模型必须将产卵场的地形对水动力的影响清晰准确地反映出来。在评价产卵场功能修复效果时，通过获得评价江段水下地形基础资料，掌握产卵场江段水下功能位置修复后的地形，计算江河投放人工鱼礁后产卵场功能位点的水动力因子变化量，比较修复前后水动力因子的变化值，可以获得产卵场功能位点修复后的量值。水动力模型是计算水动力因子较好的工具，但是考虑到产卵场的地形变化尺度，其模型必须具有足够高的分辨率，保证水动力模型能准确刻画产卵场的每个功能单体形态。

产卵场河道不同区段，因水深和水流流速的差异，需要选择与河流水文条件匹配的礁体结构和尺度，并采用合理的放置间距。最佳结构形式及放置间距的确定，需要评价不同礁体结构及间距所产生的制紊效果。在不同水深和流速条件下，选择合适的区位，通过流体力学模型计算，数值水槽研究测试各鱼礁结构单个个体水体促紊效果和多个个体水体促紊效果，确定满足功能恢复需要的鱼礁具体空方量和实际布置方案。

西江中游广东鲂产卵场功能修复工程中所采用的人工鱼礁结构外形见图 5-10～图 5-12，各礁体间距为 10 m，呈交错布置。为了检验不同结构外形的人工鱼礁制紊效果，采用流体力学模型，计算了 1.0 m/s 入流流速，水深为 5 m 条件下的礁群区水动力结构、人工鱼礁礁区的流场结构及紊动动能。图 5-25～图 5-28 为西江中游广东鲂产卵场江段不同外形类型的鱼礁制紊强度和流场效果。

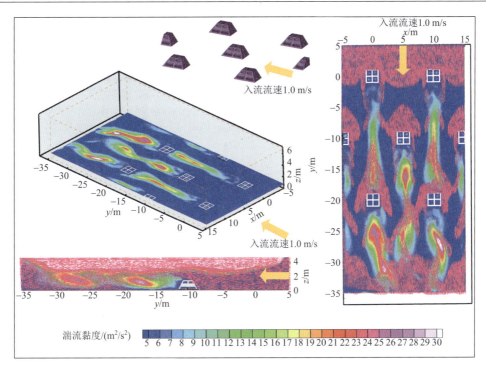

图 5-25　西江中游广东鲂产卵场江段 JT-001 型人工鱼礁制紊强度和流场效果图

（平面为距离床面 0.8 m 平面，下同）

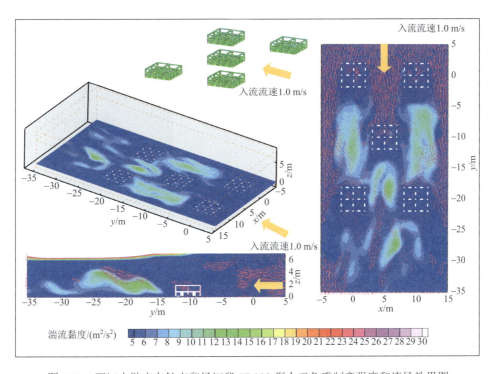

图 5-26　西江中游广东鲂产卵场江段 JT-002 型人工鱼礁制紊强度和流场效果图

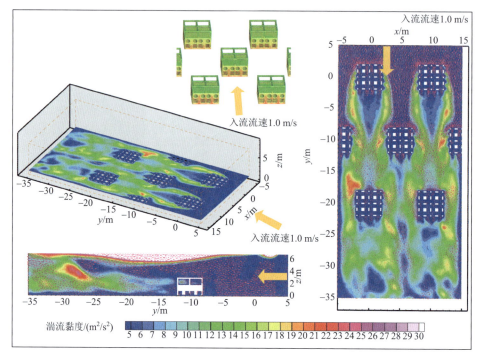

图 5-27　西江中游广东鲂产卵场江段 JT-003 型人工鱼礁制紊强度和流场效果图

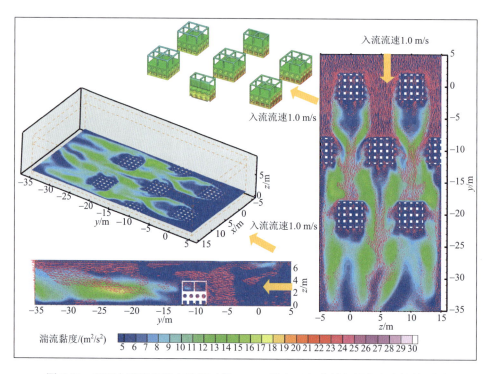

图 5-28　西江中游广东鲂产卵场江段 JT-004 型人工鱼礁制紊强度和流场效果图

放置礁体后的礁区水流结构发生很大变化，由原来均匀入流变为极大的混乱，礁区乱流众生,反映水流乱流效果的紊动动能强度云图,也显示礁体区,特别是礁体空腔内以及礁体下流侧均呈现较强的紊动动能,说明 4 种礁体均能起到促紊作用,营造出鱼类产卵需要的紊动动能环境。JT-001 型人工鱼礁在距床面 0.8 m 紊动动能优于其他人工鱼礁结构,但是由于其礁体尺寸 3.0 m×3.0 m×1.5 m 小于其他礁体的尺寸 4.0 m×4.0 m×2.0 m,所产生的乱流影响范围不及其他类型的人工鱼礁,所以要根据产卵场的地形和鱼的产卵实际需要来综合评价。

4. 人工鱼礁投放

人工鱼礁工程布置包括预制、吊装、安放、管理、维护。进行人工造礁产卵场功能修复前,需要制定水下工程的方案。了解水下地形地质情况,分析阻水结构。抛礁前预先进行抛投试验,做好定位工作。对每一个人工鱼礁体投放定位合格后再进行下一个位置抛投。人工鱼礁投放的方式有船台抛投或吊机悬移至投放位置脱钩投放,具体应根据河流环境状况选择合适的方式。投放时记录各单位礁体的编号及各投放位置,礁体投放完毕后,应测量礁体的实际位置,记录档案。

人工鱼礁有望作为产卵场功能单体用于产卵场修复。对地形、水动力或者生物数据进行现场观测时,都要考虑观测方法的精确程度,以及三个数据在时间和空间尺度上的匹配性。在产卵场地形、水动力特性相结合研究中,必须明确所选取代表性指标的物理含义及生物学意义,对选取的独立指标通过一定的方法比如量纲分析法,得到反映产卵场地形和水动力特性的综合指标。图 5-29 是依据作者团队的研究原理,广东省航道事务中心组织在珠江西江中游广东鲂产卵场江段实施的人工鱼礁产卵场修复示范情况。

图 5-29 人工鱼礁在产卵场江段的分布

虽然现场照片显示一些人工鱼礁受水流冲击位置发生了移动（图 5-30），也有一些陷入淤沙之中（图 5-31），但是大江大河的产卵场修复已经迈出了脚步。未来在人工鱼礁稳定性方面还需要进行研究和改进，针对水动力对产卵的作用机理（即生物学意义）也需要系统的研究与验证。目前已经制定了广东鲂产卵场人工鱼礁修复示范效果评估计划，相信在综合系统的监测数据支持下，以产卵场功能单体技术为目标的河流产卵场修复技术将日臻完善。

图 5-30　人工鱼礁受水流冲击呈现不稳定状态

图 5-31　人工鱼礁陷入淤沙的状况

5. 效果评价

人工鱼礁效果评价首先是考量进入水体后礁体能否产生鱼类繁殖需要的水动力条件。产卵场功能修复效果评价可以通过礁体（礁群）实施前后的水动力条件各项指标的计算来实现。通过河道内流量增加方法，用浅水方程水动力学模型计算分析需要修复的产卵场地形重塑前后流场、水深、水动力变化情况。结合泥沙冲淤数值模型，计算抛礁后产卵场地形可能的冲淤变化，并根据需要设置防冲刷和防淤积工程措施等进行评价。礁体周边水流结构复杂，能否产生满足鱼类繁殖需要的水动力条件，可以通过对复杂人工鱼礁周边水动力的模拟，得到流速场结构、紊动强度和涡量等指标，分析产卵场地形重塑后满足鱼类繁殖的流场条件是否实现，并为后续礁体结构改善提供帮助。

产卵场功能修复工程的效果评价最重要的指标是人工鱼礁礁体（礁群）是否吸引了产卵亲体进入，鱼类是否利用人工鱼礁礁体（礁群）进行产卵繁殖，江河鱼类仔鱼是否增加。回答上述问题需要对人工鱼礁礁体（礁群）区实施鱼群密度、产卵亲体、鱼卵和仔鱼的监测。

5.3 产卵场管理

河流是地球水循环的重要路径，对地球的物质、能量传递与输送起着重要作用。流水不断地改变着地表形态，形成不同的流水地貌，如冲沟、深切的峡谷、冲积扇、冲积平原及河口三角洲等。在河流密度大的地区，广阔的水面对该地区的气候具有一定的调节作用。流域内的气候，特别是气温和降水的变化，对河流的流量、水位变化、冰情等影响很大。人类活动给环境带来了巨大的影响，河流的源汇特征将陆源人类活动的影响带入水体，改变了水体的物质成分；拦河枢纽建设，影响鱼类资源（常剑波，1999；陈大庆，2003）；电站日调节运行影响鱼类产卵场功能（陈海燕，2012；曹艳敏等，2019）；这些都影响着河流生态系统的结构和功能，也影响着自身的水安全保障。

基于鱼类早期资源量的河流生态系统功能评价体系为河流管理建立了一种鱼类生物量管理的方法体系，认识系统中鱼类生物量的需求，为产卵场的量化管理提供了依据。产卵场的管理以保障鱼类补充群体为目标，通过禁渔期、保护区、限捕保护现有鱼类扩群；根据补充群体需要量，针对各物种繁殖需要的产卵场功能单体数量、鱼类繁殖的功能流量、水文水动力，测算产卵场需要的规模（产卵场面积、数量、分布），实施保护、恢复、重建；通过鱼类繁殖需要的水文情势施行繁殖流量调度，从时间、空间上保障有更多的功能流量实现鱼类产卵场管理。

江河鱼类产卵场研究大多数工作基于理论分析，尚缺少适用于通过工程技术恢复的水动力修复应用，目前也缺少鱼类产卵场功能恢复的理论和方法体系。研究鱼类繁殖功能流量过程、鱼类繁殖相关的功能水动力系统、产卵场功能单体技术体系及产卵场修复技术，通过产卵场量化管理实现河流生态系统量化管理。

5.3.1 河流鱼类需求

在自然条件下，生物进化受地球物理过程的约束，生物的群落构成、生物量需要遵循能量和物质循环规律。因此，河流鱼类群落构成、生物量由系统中的能量和物质要素决定。水量、营养物质及环境气候条件决定了河流生物容量。

鱼类资源补充受河流生态系统约束，因而鱼类资源量是反映河流生态系统的功能状况的指标。基于上述原理，作者建立鱼类早期资源断面控制采样方法，解决河流鱼类资源量的评估问题。通过十余年对早期资源补充过程的长期定位观测，掌握了珠江鱼类资源量及其变化规律，了解了鱼类早期资源发生与径流量的关系，在此基础上试图探讨建立基于单位径流量早期资源量的河流生态系统功能评价体系，进而解决河流需要多少鱼类生物量的问题。

随着社会经济发展，河流生态系统不断受到人类的干扰，水体功能质量下降导致水质性缺水成为社会的普遍现象。鱼类作为水体生态系统食物链的高端生物，是河流生态系统自净体系的关键生物，鱼类早期资源的种类、丰度决定水体自净系统的功能和质量。因此鱼类早期资源种类既是河流生态系统功能状况的指示生物，又是水体自净系统功能的关键生物，鱼类从单纯的渔业经济对象发展至河流生态管理的对象。

在环境污染压力不断增大的背景下，保障人类需求的河流生态系统功能成为社会关注的目标。鱼类在河流生态系统水质功能保障上起着"清道夫"的角色，其生长过程不断转移输运水体的矿物元素，净化水质。因此，可以通过河流水体中营养元素容量目标（水功能目标）与输出量（富营养物质量）来测算江河需要鱼类生物量。未来，鱼类资源保障可能会成为河流生态系统水功能保障的抓手。因此，鱼类产卵场的管理应该从渔业部门管理模式中扩大至全社会。管理渔业资源需要从物种管理过渡至生态系统的生物量需求管理，从水生态系统食物链物质输送、生物输出入手，建立以生态系统功能保护为目标，鱼类物种结构、数量（资源量）保障为导向的鱼类资源综合保护措施。

5.3.2 产卵场功能管理

河流是鱼类等水生生物的天然养育场所，也是渔业的种质资源库。天然河流具有丰富的渔业资源，古人从河流中捕鱼获得食物，鱼是人类赖以生存的重要蛋白源之一。鱼类作为河流生态系统食物链的高级生物类群，其繁衍生长过程将水体的矿物元素转换为人类可利用的蛋白质，鱼类转化水体物质的过程，既是渔业功能过程，也是河流生态系统自净过程。

产卵场的功能是为鱼类提供繁殖场所，通过鱼类的生长参与河流的物质、能量循环。鱼类与其他水生生物形成食物链，将水体的营养物转化成人类可直接利用的水产品，成为生物系统物质循环的重要组成部分，也维系着人类的饮用水安全。鱼类先于人类成为地球生物圈的成员，人类离不开鱼类，人类没有理由不保护鱼类。人类活动所产生的许多废弃物，通过水动力输入海洋或湖泊等水体；河流生态系统的生物链的存在，使河流对环境具有一定的修复能力。但是如果人类对河流的开发利用超出其他生命体的耐受范围，河流生态系统将失去平衡，功能也将下降。河流生态目标决定河流管理与保护水平，对与生态有关的水文特征的变化进行分析，量化河流生态水文目标，并将其作为实施河流管理的可调控变量，指导河流的管理与生态修复实践（李翀等，2006b）。河流生态功能下降也反映在鱼类生物量下降上，因此，鱼类生物量变化也反映河流生态系统功能状态变化，通过鱼类生物量的保障与控制，可以保障河流生态系统的功能（曾祥胜，1990；余文公，2007；王艳芳，2016；司源等，2017）。三峡水利枢纽建成后，针对中华鲟（蔡玉鹏等，2006；危起伟等，2007；王远坤等，2007，2009a，2009b，2010；班璇等，2007，2018；吴凤燕等，2007；杨宇，2007；杨宇等，2007a；李建等，2009）、四大家鱼等鱼类的繁殖水动力条件进行了广泛研究（李翀等，2007，2008；王尚玉等，2008；张晓敏等，2009；李建等，2010；郭文献等，2009，2011a，2011b；帅方敏等，2016）。生态流量保证要兼顾考虑鱼类繁殖（钮新强等，2006），开展针对鱼类繁殖要求的生态调度（陈庆伟等，2007；曹广晶等，2008；王煜，2012；王煜等，2013a，2013c，2020），保障鱼类产卵场功能。生态流量不能简单用某一平均径流量指标来确定，鱼类繁殖需要与天然水文周期相一致的流量过程（于国荣等，2008），同时，不同鱼类对水文情势条件的需求不同。通过针对鱼类繁殖的科学调度，有证据表明鱼类资源能够逐步恢复（陈敏，2018；汪登强等，2019）。管理河流应建立生态系统需要鱼的观念，通过产卵场功能管理，按江河水质保障需要操控江河鱼类繁殖，满足河流生态系统的鱼类生物量需求。

鱼类生物量保障需要通过产卵场的功能保障来实现。未来，鱼类产卵场管理将成为河流生态系统管理的重要内容，河流生态系统需要多少鱼类生物量、需要怎样的鱼类组成才能履行食物链的功能，才能实现人类需要的河流生态系统服务功能，只有经营和管理好鱼类产卵场才能找到答案。

参 考 文 献

柏海霞,彭期冬,李翀,等,2014. 长江四大家鱼产卵场地形及其自然繁殖水动力条件研究综述[J]. 中国水利水电科学研究院学报,12(3):249-257.

柏慕琛,班璇,Diplas P,等,2017. 丹江口水库蓄水后汉江中下游水文时空变化的定量评估及其生态影响[J]. 长江流域资源与环境,26(9):1476-1487.

班璇,Diplas P,吕晓蓉,等,2019. 长江葛洲坝下游鱼类资源量的关键水文指标识别[J]. 水利水电科技进展,39(1):15-20.

班璇,高欣,Diplas P,等,2018. 中华鲟产卵栖息地的三维水力因子适宜性分析[J]. 水科学进展,29(1):80-88.

班璇,李大美,2007. 葛洲坝下游中华鲟产卵场的多参数生态水文学模型[J]. 中国农村水利水电,(6):8-12,15.

班璇,肖飞,2014. 葛洲坝下游河势调整工程对中华鲟产卵场的影响[J]. 水利学报,45(1):58-64.

毕雪,田志福,杨梦斐,2016. 葛洲坝电站运行对中华鲟产卵场水流条件的影响[J]. 人民长江,47(17):25-29.

蔡林钢,牛建功,李红,等,2013. 巩乃斯河新疆裸重唇鱼和斑重唇鱼产卵场微环境研究[J]. 干旱区研究,30(1):144-148.

蔡玉鹏,夏自强,于国荣,等,2006. 中华鲟产卵区水流特征分析及二维数值模拟[J]. 人民长江,37(11):79-81,114.

曹广晶,蔡治国,2008. 三峡水利枢纽综合调度管理研究与实践[J]. 人民长江,39(2):1-4,107.

曹静,朱家明,赵鑫,等,2014. 四面六边透水框架减速效果因素分析[J]. 攀枝花学院学报,31(1):105-107.

曹文宣,常剑波,乔晔,等,2007. 长江鱼类早期资源[M]. 北京:中国水利水电出版社.

曹艳敏,毛德华,邓美容,等,2019. 日调节电站库区生态水文情势评价——以湘江干流衡阳站为例[J]. 长江流域资源与环境,28(7):1602-1611.

常剑波,1999. 长江国华鲟繁殖群体结构特征和数量变动趋势研究[D]. 武汉:中国科学院水生生物研究所.

常剑波,陈永柏,高勇,等,2008. 水利水电工程对鱼类的影响及减缓对策[C]//中国水利学会. 中国水利学会2008学术年会论文集(上). 北京:中国水利水电出版社.

常剑波,等,2001. 金沙江一期工程对白鲟等珍稀特有鱼类的影响及保护对策研究报告[R]. 武汉:中国科学院水生生物研究所.

长江水利委员会,1997. 三峡工程综合利用与水库调度研究[M]. 武汉:湖北科学技术出版社.

长江水系渔业资源调查协作组,1990. 长江水系渔业资源[M]. 北京:海洋出版社.

长江四大家鱼产卵场调查队,1982. 葛洲坝水利枢纽工程截流后长江四大家鱼产卵场调查[J]. 水产学报,6(4):287-305.

陈春娜,黄颖颖,陈先均,等,2015. 达氏鲟精子的主要生物学特性[J]. 动物学杂志,50(1):75-87.

陈椿寿,1930. 广东西江鱼苗第一次调查报告[J]. 广东建设公报,5(4-5):78-109.

陈椿寿,1941. 水产:中国鱼苗志[J]. 全国农林试验研究报告辑要,(1):30-31.

陈椿寿,林书颜,1935. 中国鱼苗志[M]. 浙江省水产试验场水产汇报,4:45-46.

陈大庆,2003. 长江渔业资源现状与增殖保护对策[J]. 中国水产,(3):17-19.

陈海燕,2012. 日调节水库下游水文情势变化对鱼类产卵场的影响[J]. 科技创新与应用,(23):278-279.

陈海燕，陈丕茂，唐振朝，等，2012. 海水环境下钢筋混凝土人工鱼礁的耐久性寿命预测[J]. 中国海洋大学学报（自然科学版），42（9）：59-63.

陈进，李清清，2015. 三峡水库试验性运行期生态调度效果评价[J]. 长江科学院院报，32（4）：1-6.

陈理，梁永康，1952. 鱼苗的生产方法[J]. 科学大众，（10）：307-310.

陈敏，2018. 长江流域水库生态调度成效与建议[J]. 长江技术经济，2（2）：36-40.

陈明千，脱友才，李嘉，等，2013. 鱼类产卵场水力生境指标体系初步研究[J]. 水利学报，44（11）：1303-1308.

陈明曦，吴迪，吉小盼，等，2018. 雅砻江两河口水电站人工鱼类产卵场工程设计[J]. 四川环境，37（4）：83-89.

陈谋琅，1935. 长江鱼苗概况：附表[J]. 水产月刊，（9）：24-30.

陈谋琅，1953. 长江仔鱼概况[J]. 水产杂志，（9）：24-30.

陈庆伟，刘兰芬，刘昌明，2007. 筑坝对河流生态系统的影响及水库生态调度研究[J]. 北京师范大学学报（自然科学版），43（5）：578-582.

陈宜瑜，1998. 中国动物志 硬骨鱼纲 鲤形目（中卷）[M]. 北京：科学出版社：389-413.

陈永祥，罗泉笙，1997. 四川裂腹鱼繁殖生态生物学研究——V、繁殖群体和繁殖习性[J]. 毕节师专学报，（1）：1-5.

崔康成，刘伟，高文燕，等，2019. 大麻哈鱼产卵场适宜性指数构建及权重分析[J]. 生态学杂志，38（12）：3762-3770.

杜浩，张辉，陈细华，等，2009. 葛洲坝下中华鲟产卵场初次水下视频观察[J]. 中国学术期刊文摘，15（4）：63-64.

段辛斌，陈大庆，李志华，等，2008. 三峡水库蓄水后长江中游产漂流性卵鱼类产卵场现状[J]. 中国水产科学，（4）：523-532.

段辛斌，田辉伍，高天珩，等，2015. 金沙江一期工程蓄水前长江上游产漂流性卵鱼类产卵场现状[J]. 长江流域资源与环境，24（8）：1358-1365.

范江涛，陈丕茂，冯雪，等，2013. 人工鱼礁水动力学研究进展[J]. 广东农业科学，40（2）：185-188.

方神光，张文明，徐峰俊，等，2015a. 西江中游河网及梯级水库水动力整体数学模型研究[J]. 人民珠江，36（4）：107-111.

方神光，张文明，张康，等，2016. 西江中游干支流河道糙率研究[J]. 泥沙研究，（2）：20-25.

方神光，张文明，周若里，等，2015b. 西江中游洪峰演进特性研究[J]. 人民珠江，36（6）：30-34.

高少波，唐会元，陈胜，等，2015. 金沙江一期工程对保护区圆口铜鱼早期资源补充的影响[J]. 水生态学杂志，36（2）：6-10.

高天珩，田辉伍，王涵，等，2015. 长江上游江津断面铜鱼鱼卵时空分布特征及影响因子分析[J]. 水产学报，39（8）：1099-1106.

广东省水产标准化技术委员会，2015. 江河人工鱼巢实施规范：DB44/T 1737—2015[S]. 广州：广东省质量技术监督局.

广西壮族自治区水产研究所，1985. 广西壮族自治区内陆水域渔业自然资源调查研究报告[R]. 南宁：广西壮族自治区水产研究所.

广西壮族自治区水产研究所，中国科学院动物研究所，2006. 广西淡水鱼类志[M]. 南宁：广西人民出版社.

郭杰，王珂，段辛斌，等，2015. 航道整治透水框架群对鱼类集群影响的水声学探测[J]. 水生态学杂志，36（5）：29-35.

郭文献，谷红梅，王鸿翔，等，2011a. 长江中游四大家鱼产卵场物理生境模拟研究[J]. 水力发电学报，30（5）：68-72，79.

郭文献，王鸿翔，徐建新，等，2011b. 三峡水库对下游重要鱼类产卵期生态水文情势影响研究[J]. 水力发电学报，30（3）：22-26，38.

郭文献, 夏自强, 王远坤, 等, 2009. 三峡水库生态调度目标研究[J]. 水科学进展, 20 (4): 554-559.
郭喜庚, 谭细畅, 李新辉, 2010. 自动采集转轮及其在鱼类资源调查中的应用[J]. 水生态学杂志, 31 (2): 125-128.
韩林峰, 王平义, 刘晓菲, 2016a. 长江中下游人工鱼礁水动力特性实验研究[J]. 长江流域资源与环境, 25 (8): 1238-1246.
韩林峰, 王平义, 刘晓菲, 2016b. 长江中下游人工鱼礁最佳布设间距的 CFD 分析[J]. 环境科学与技术, 39 (7): 75-79.
韩仕清, 李永, 梁瑞峰, 等, 2016. 基于鱼类产卵场水力学与生态水文特征的生态流量过程研究[J]. 水电能源科学, 34 (6): 9-13.
何力, 张斌, 刘绍平, 等, 2007. 汉江中下游水文特点与渔业资源状况[J]. 生态学杂志, (11): 1788-1792.
何学福, 贺吉胜, 严太明, 1999. 马边河贝氏高原鳅繁殖特性研究[J]. 西南师范大学学报(自然科学版), 24 (1): 69-73.
侯传莹, 张尚弘, 易雨君, 2019. 栖息地模拟中指示物种的选取方法研究[J]. 水利水电技术, 50 (5): 97-103.
湖北省水生生物研究所鱼类研究室, 1976. 长江鱼类[M]. 北京: 科学出版社.
胡德高, 柯福恩, 张国良, 等, 1985. 葛洲坝下中华鲟产卵场的第二次调查[J]. 淡水渔业, (3): 22-24, 33.
胡和平, 刘登峰, 田富强, 等, 2008. 基于生态流量过程线的水库生态调度方法研究[J]. 水科学进展, 19 (3): 325-332.
胡兴坤, 高雷, 杨浩, 等, 2017. 长江中游黄石江段三种不同类型河道中仔鱼空间分布研究[J]. 淡水渔业, 47 (6): 65-73.
黄寄夔, 杜军, 王春, 等, 2003. 黄石爬的繁殖生境、两性系统和繁殖行为研究[J]. 西南农业学报, 16 (4): 119-121.
黄明海, 郭辉, 邢领航, 等, 2013. 葛洲坝电厂调度对中华鲟产卵场水流条件的影响[J]. 长江科学院院报, 30 (8): 102-107.
黄云燕, 2008. 水库生态调度方法研究[D]. 武汉: 华中科技大学.
姜伟, 2009. 长江上游珍稀特有鱼类国家级自然保护区干流江段鱼类早期资源研究[D]. 武汉: 中国科学院水生生物研究所.
姜昭阳, 2009. 人工鱼礁水动力学与数值模拟研究[D]. 青岛: 中国海洋大学.
江西省九江市农业局, 1973. 三层刺网长江捕鲟获得成功[J]. 淡水渔业, (10): 21-22.
蒋红霞, 黄晓荣, 李文华, 2012. 基于物理栖息地模拟的减水河段鱼类生态需水量研究[J]. 水力发电学报, 31 (5): 141-147.
康玲, 黄云燕, 杨正祥, 等, 2010. 水库生态调度模型及其应用[J]. 水利学报, 41 (2): 134-141.
雷欢, 谢文星, 黄道明, 等, 2018. 丹江口水库上游梯级开发后产漂流性卵鱼类早期资源及其演变[J]. 湖泊科学, 30 (5): 1319-1331.
黎明政, 姜伟, 高欣, 等, 2010. 长江武穴江段鱼类早期资源现状[J]. 水生生物学报, 34 (6): 1211-1217.
李策, 2018, 西江仔鱼形态识别与分子鉴定及赤眼鳟、鰕虎鱼科鱼类资源现状研究[D]. 上海: 上海海洋大学.
李昌文, 2015. 基于改进 Tennant 法和敏感生态需求的河流生态需水关键技术研究[D]. 武汉: 华中科技大学.
李翀, 廖文根, 陈大庆, 等, 2007. 基于水力学模型的三峡库区四大家鱼产卵场推求[J]. 水利学报, 38 (11): 1285-1289.
李翀, 廖文根, 陈大庆, 等, 2008. 三峡水库不同运用情景对四大家鱼繁殖水动力学影响[J]. 科技导报, 26 (17): 55-61.
李翀, 彭静, 廖文根, 2006a. 长江中游四大家鱼发江生态水文因子分析及生态水文目标确定[J]. 中国水利水电科学研究院学报，4（3）：170-176.

李翀，彭静，廖文根，2006b. 河流管理的生态水文目标及其量化分析——以长江中游为例[J]. 中国水利，（23）：8-10.

李东，侯西勇，唐诚，等，2019. 人工鱼礁研究现状及未来展望[J]. 海洋科学，43（4）：81-87.

李建，夏自强，2011. 基于物理栖息地模拟的长江中游生态流量研究[J]. 水利学报，42（6）：678-684.

李建，夏自强，戴会超，等，2013. 三峡初期蓄水对典型鱼类栖息地适宜性的影响[J]. 水利学报，44（8）：892-900.

李建，夏自强，王远坤，等，2009. 葛洲坝下游江心堤对中华鲟产卵场河道动能梯度影响[J]. 水电能源科学，27（2）：79-82.

李建，夏自强，王元坤，等，2010. 长江中游四大家鱼产卵场河段形态与水流特性研究[J]. 四川大学学报（工程科学版），42（4）：63-70.

李捷，李新辉，贾晓平，等，2012. 连江鱼类群落多样性及其与环境因子的关系[J]. 生态学报，32（18）：5795-5805.

李培伦，刘伟，王继隆，等，2019. 大麻哈鱼繁殖特征及呼玛河原始产卵场生境功能验证[J]. 水产学杂志，32（6）：11-17.

李倩，吕平毓，彭期冬，等，2012. 基于深潭浅滩分布的长江上游保护区铜鱼产卵场地形分析[J]. 四川大学学报（工程科学版），44（S2）：273-278.

李世健，陈大庆，刘绍平，等，2011. 长江中游监利江段鱼卵及仔稚鱼时空分布[J]. 淡水渔业，41（2）：18-24，9.

李舜，陆建宇，程增辉，等，2018. 三峡水库生态径流及其生态调度研究[J]. 水力发电，44（6）：11-16.

李亭玉，王玉蓉，徐爽，2016. 鱼类产卵场微生境异质性研究[J]. 水力发电学报，35（1）：56-62.

李新辉，陈方灿，李捷，等，2015. 珠江干流生态评价[M]//吴晓春，等. 河流生态变更与评价：我国重要江河生态评价实证研究. 北京：中国环境出版社：137-171.

李新辉，陈蔚涛，李捷，2021a. 珠江主要渔业资源种类分布[M]. 北京：科学出版社.

李新辉，等，2018. 珠江水系鱼类原色图集（广东段）[M]. 北京：科学出版社.

李新辉，李跃飞，武智，2021b. 珠江肇庆段漂流性鱼卵、仔鱼监测日志（2010）[M]. 北京：科学出版社.

李新辉，李跃飞，杨计平，2021c. 珠江肇庆段漂流性鱼卵、仔鱼监测日志（2007）[M]. 北京：科学出版社.

李新辉，李跃飞，张迎秋，2021d. 珠江肇庆段漂流性鱼卵、仔鱼监测日志（2006）[M]. 北京：科学出版社.

李新辉，李跃飞，朱书礼，2021e. 珠江肇庆段漂流性鱼卵、仔鱼监测日志（2008）[M]. 北京：科学出版社.

李修峰，黄道明，谢文星，等，2006a. 汉江中游产漂流性卵鱼类产卵场的现状[J]. 大连水产学院学报，21（2）：105-111.

李修峰，黄道明，谢文星，等，2006b. 汉江中游江段四大家鱼产卵场调查[J]. 江苏农业科学，（2）：145-147.

李洋，吴佳鹏，刘来胜，等，2016. 基于鱼类产卵场保护的汛期生态流量阈值研究初探——以锦屏大河湾为例[J]. 科学技术与工程，16（16）：306-312.

李跃飞，李新辉，谭细畅，等，2011. 珠江中下游鲮早期资源分布规律[J]. 中国水产科学，18（1）：171-177.

李跃飞，李新辉，谭细畅，等，2012. 珠江中下游鳡鱼苗的发生及其与水文环境的关系[J]. 水产学报，36（4）：615-622.

李跃飞，李新辉，谭细畅，等，2013. 珠江中下游鲴亚科鱼苗发生规律与年际变化[J]. 中国水产科学，20（4）：816-823.

李跃飞，李新辉，杨计平，等，2014. 珠江禁渔对广东鲂资源补充群体的影响分析[J]. 水产学报，38（4）：

503-509.

李跃飞, 李新辉, 杨计平, 等, 2015. 珠江干流长洲水利枢纽蓄水后珠江鳡鱼（*Elopichthys bambusa*）早期资源现状[J]. 湖泊科学, 27（5）: 917-924.

梁雄伟, 2011. 乌苏里江大麻哈鱼栖息地调查及恢复可行性研究[D]. 哈尔滨: 东北林业大学.

梁秩燊, 易伯鲁, 余志堂, 2019. 江河鱼类早期发育图志[M]. 广州: 广东科技出版社.

林楠, 沈长春, 钟俊生, 2010. 九龙江口仔稚鱼多样性及其漂流模式的探讨[J]. 海洋渔业, 32（1）: 66-72.

林书颜, 1933. 西江鱼苗调查报告[J]. 广东建设月刊（渔业专号）, 1（6）: 9-35.

林书颜, 1935. 鲩鲫之产卵习性及人工受精法[J]. 水产月刊, 9（1）: 14-23.

刘飞, 黎良, 刘焕章, 等, 2014. 赤水河赤水市江段鱼卵漂流密度的昼夜变化特征[J]. 淡水渔业, 44（6）: 87-92.

刘洪生, 马翔, 章守宇, 等, 2009. 人工鱼礁流场效应的模型实验[J]. 水产学报, 33（2）: 229-236.

刘明典, 高雷, 田辉伍, 等, 2018. 长江中游宜昌江段鱼类早期资源现状[J]. 中国水产科学, 25（1）: 147-158.

刘邵平, 邱顺林, 陈大庆, 等, 1997. 长江水系四大家鱼种质资源的保护和合理利用[J]. 长江流域资源与环境, 6（2）: 127-131.

刘旺喜, 谭昆, 杨祥飞, 等, 2011. 山区河流弯曲分汊浅滩整治技术研究[J]. 重庆交通大学学报（自然科学版）, 30（3）: 448-451.

刘雪飞, 林俊强, 彭期冬, 等, 2018. 应用PTV粒子追踪测速技术的鱼卵运动试验研究[J]. 水利学报, 49（4）: 501-511.

鲁大椿, 傅朝君, 刘宪亭, 等, 1989. 我国主要淡水养殖鱼类精液的生物学特性[J]. 淡水渔业（2）: 34-37.

陆奎贤, 1990. 珠江水系渔业资源[M]. 广州: 广东科技出版社.

骆辉煌, 2013. 中华鲟繁殖的关键环境因子及适宜性研究[D]. 北京: 中国水利水电科学研究院.

吕浩, 田辉伍, 申绍祎, 等, 2019. 岷江下游产漂流性卵鱼类早期资源现状[J]. 长江流域资源与环境, 28（3）: 586-593.

毛劲乔, 戴会超, 2016. 重大水利水电工程对重要水生生物的影响与调控[J]. 河海大学学报（自然科学版）, 44（3）: 240-245.

毛劲乔, 李智, 戴会超, 等, 2014. 水库调度影响下中华鲟产卵场的水动力特征[J]. 排灌机械工程学报, 32（5）: 399-403.

毛战坡, 王雨春, 彭文启, 等, 2005. 筑坝对河流生态系统影响研究进展[J]. 水科学进展, 16（1）: 134-140.

孟宝, 张继飞, 叶华, 等, 2019. 长江上游珍稀特有鱼类国家级自然保护区鱼类产卵场功能现状分析及保护启示[J]. 长江流域资源与环境, 28（11）: 2772-2785.

莫瑞林, 陈福才, 曾小方, 等, 1985. 桂江东塔产卵场[R]//珠江水系渔业资源调查编委会. 珠江水系渔业资源调查研究报告（第六分册）. 广州: 中国水产科学研究院珠江水产研究所: 36-37.

倪静洁, 2013. 阿海水电站人工模拟鱼类产卵场的设计与实施[J]. 云南水力发电, 29（4）: 8-11, 63.

牛超, 杨超杰, 黄玉喜, 等, 2017. 金乌贼新型产卵附着基的实验研究[J]. 中国水产科学, 24（6）: 1234-1244.

钮新强, 谭培伦, 2006. 三峡工程生态调度的若干探讨[J]. 中国水利, （14）: 8-10, 24.

潘澎, 李跃飞, 李新辉, 2016. 西江人工鱼巢增殖鲤鱼效果评估[J]. 淡水渔业, 46（6）: 45-49.

彭期冬, 廖文根, 李翀, 等, 2012. 三峡工程蓄水以来对长江中游四大家鱼自然繁殖影响研究[J]. 四川大学学报（工程科学版）, 44（S2）: 228-232.

秦烜, 陈君, 向芳, 2014. 汉江中下游梯级开发对产漂流性卵鱼类繁殖的影响[J]. 环境科学与技术, 37（S2）: 501-506.

秦志清, 2015. 饥饿对半刺厚唇鱼（*Acrossocheilus hemispinus*）仔鱼早期发育的主要影响[J]. 集美大学学报（自然科学版）, 20（4）: 241-248.

邱顺林, 刘绍平, 黄木桂, 等, 2002. 长江中游江段四大家鱼资源调查[J]. 水生生物学报, 26（6）: 716-718.

全国水产标准化技术委员会渔业资源分技术委员会, 2013. 河流漂流性鱼卵、仔鱼采样技术规范: SC/T 9407—2012[S]. 北京: 中国农业出版社.

全国水产标准化技术委员会渔业资源分技术委员会, 2017. 河流漂流性鱼卵和仔鱼资源评估方法: SC/T 9427—2016[S]. 北京: 中国农业出版社.

全国水产标准化技术委员会渔业资源分技术委员会, 2019. 淡水渔业资源调查规范 河流: SC/T 9429—2019[S]. 北京: 中国农业出版社.

邵甜, 王玉蓉, 徐爽, 2015. 流量变化与齐口裂腹鱼产卵场栖息地生境指标的响应关系[J]. 长江流域资源与环境, 24 (S1): 85-91.

沈其璋, 吴坤明, 蔡振岩, 1990. 泥鳅精子入卵的动力作用[J]. 动物学研究, 11 (3): 179-184, 266.

舒丹丹, 2009. 生态友好型水库调度模型研究与应用[D]. 郑州: 郑州大学.

帅方敏, 李新辉, 李跃飞, 等, 2016. 珠江东塔产卵场鳙繁殖的生态水文需求[J]. 生态学报, 36 (19): 6071-6078.

水产辞典编辑委员会, 2007. 水产辞典[M]. 上海: 上海辞书出版社: 7.

水利部水利水电规划设计总院, 2013. 堤防工程设计规范: GB 50286—2013[S]. 北京: 中国计划出版社.

硕青, 1959. 西江篾网在长江的应用[J]. 中国水产, (9): 23.

司源, 王远见, 任智慧, 2017. 黄河下游生态需水与生态调度研究综述[J]. 人民黄河, 39 (3): 61-64, 69.

四川省长江水产资源调查组, 1975. 中华鲟和达氏鲟几个生物学问题的探讨[J]. 淡水渔业, (7): 4-7.

宋旭燕, 吉小盼, 杨玖贤, 2014. 基于栖息地模拟的重口裂腹鱼繁殖期适宜生态流量分析[J]. 四川环境, 33 (6): 27-31.

孙大江, 韩志忠, 曲秋芝, 等, 2002. 史氏鲟全人工繁殖研究——Ⅰ. 精子生物学特性观察[J]. 水产学杂志, 15 (2): 32-34.

孙经迈, 1942. 中国之鱼苗 (续完)[J]. 中国新农业, (1): 27-31.

孙莹, 牛天祥, 王玉蓉, 等, 2015. 基于地形重塑的鱼类栖息地模拟修复设计[J]. 环境影响评价, 37 (3): 29-32.

谭民强, 梁学功, 2007. 水利水电建设中鱼类保护的有效措施——适宜生境的人工再造[J]. 环境保护 (24): 73-74.

谭民强, 梁学功, 2011. 人工再造鱼类适宜生境[J]. 中国三峡, (3): 70-72.

谭细畅, 李新辉, 林建志, 等, 2009a. 基于水声学探测的两个广东鲂产卵群体繁殖生态的差异性[J]. 生态学报, 29 (4): 1756-1762.

谭细畅, 李新辉, 林建志, 等, 2009b. 珠江肇庆江段鲤早期发育形态及其补充群体状况[J]. 大连水产学院学报, 24 (2): 125-129.

谭细畅, 李新辉, 陶江平, 等, 2007. 西江肇庆江段鱼类早期资源时空分布特征研究[J]. 淡水渔业, 37 (4): 37-40.

谭细畅, 李跃飞, 赖子尼, 等, 2010. 西江肇庆段鱼苗群落结构组成及其周年变化研究[J]. 水生态学杂志, 31 (5): 27-31.

谭细畅, 李跃飞, 李新辉, 等, 2012. 梯级水坝胁迫下东江鱼类产卵场现状分析[J]. 湖泊科学, 24 (3): 443-449.

谭细畅, 李跃飞, 王超, 等, 2009d. 珠江肇庆江段赤眼鳟早期发育形态及其补充群体状况[J]. 华中农业大学学报 (自然科学), (9): 609-613.

谭细畅, 史建全, 张宏, 等, 2009c. EY60回声探测仪在青海湖鱼类资源量评估中的应用[J]. 湖泊科学, 21 (6): 865-872.

谭细畅, 陶江平, 李新辉, 等, 2009d. 回声探测仪在我国内陆水体鱼类资源调查中的初步应用[J]. 渔业现代化, 36 (3): 60-64, 59.

唐会元, 杨志, 高少波, 等, 2012. 金沙江中游圆口铜鱼早期资源现状[J]. 四川动物, 31 (3): 416-421, 425.

唐会元, 余志堂, 梁秩燊, 等, 1996. 丹江口水库漂流性鱼卵的下沉速度与损失率初探[J]. 水利渔业, (4): 25-27.

唐锡良, 陈大庆, 王珂, 等, 2010. 长江上游江津江段鱼类早期资源时空分布特征研究[J]. 淡水渔业, 40 (5): 27-31.

陶洁, 陈凯麒, 王东胜, 2017. 中华鲟产卵场的三维水流特性分析[J]. 水利学报, 48 (10): 1250-1259.

田辉伍, 王涵, 高天珩, 等, 2017. 长江上游宜昌鳈鮀早期资源特征及影响因子分析[J]. 淡水渔业, 47 (2): 71-78.

汪登强, 高雷, 段辛斌, 等, 2019. 汉江下游鱼类早期资源及梯级联合生态调度对鱼类繁殖影响的初步分析[J]. 长江流域资源与环境, 28 (8): 1909-1917.

王昌燮, 1959. 长江中游"野鱼苗"的种类鉴定[J]. 水生生物学集刊, (3): 315-343.

王红丽, 黎明政, 高欣, 等, 2015. 三峡库区丰都江段鱼类早期资源现状[J]. 水生生物学报, 39 (5): 954-964.

王欢, 韩霜, 邓兵, 等, 2006. 香溪河河流生态系统服务功能评价[J]. 生态学报, 26 (9): 2971-2978.

王军红, 姜伟, 高勇, 等, 2018. 人工鱼巢及孵化暂养槽在三峡水库产粘性卵鱼类资源保护中的应用[J]. 水生态学杂志, 39 (5): 116-120.

王磊, 唐衍力, 黄洪亮, 等, 2009. 混凝土人工鱼礁选型的初步分析[J]. 海洋渔业, 31 (3): 308-315.

王立明, 徐宁, 高金强, 2017. 基于干旱河道生态修复的岳城水库生态调度[J]. 水资源保护, 33 (6): 32-37.

王南海, 张文捷, 王玢, 1999. 新型护岸技术——四面六边透水框架群在江西护岸工程中的应用[J]. 江西水利科技, 25 (1): 30-32.

王芊芊, 2008. 赤水河鱼类早期资源调查及九种鱼类早期发育的研究[D]. 武汉: 华中师范大学.

王尚玉 廖文根, 李翀, 2008. 长江中游四大家鱼产卵场的生态水文特性分析[J]. 长江流域资源与环境, 17 (6): 892-897.

王文君, 谢山, 张晓敏, 等, 2012. 岷江下游产漂流性卵鱼类的繁殖活动与生态水文因子的关系[J]. 水生态学杂志, 33 (6): 29-34.

王亚军, 方神光, 2018. 岩滩和红花水库联合调度对大湟江口鱼类繁殖期流量影响初探[J]. 人民珠江, 39 (6): 6-10.

王艳芳, 2016. 三峡工程对下游河流生态水文影响评估研究[J]. 郑州: 华北水利水电大学.

王玉蓉, 谭燕平, 2010. 裂腹鱼自然生境水力学特征的初步分析[J]. 四川水利, 31 (6): 55-59.

王煜, 2012. 中华鲟繁殖需求的生态水力学机制及其生态调度问题研究[D]. 南京: 河海大学.

王煜, 戴会超, 2013a. 中华鲟卵场适合度与大坝泄流相关性分析[J]. 水力发电学报, 32 (4): 64-70.

王煜, 戴会超, 戴凌全, 2013b. 三峡蓄水运行后中华鲟产卵场水动力特性分析[J]. 水力发电学报, 32 (6): 122-126.

王煜, 戴会超, 毛劲乔, 等, 2014. 葛洲坝大江泄流对中华鲟产卵场空间分布特征的影响[J]. 排灌机械工程学报, 32 (6): 487-493.

王煜, 戴会超, 王冰伟, 等, 2013c. 优化中华鲟产卵生境的水库生态调度研究[J]. 水利学报, 44 (3): 319-326.

王煜, 李金峰, 翟振男, 2020. 优化中华鲟产卵场水动力环境的梯级水库联合调度研究[J]. 水利水电科技进展, 40 (1): 56-63.

王远坤, 夏自强, 2010. 长江中华鲟产卵场三维水力学特性研究[J]. 四川大学学报（工程科学版）, 42 (1): 14-19.

王远坤, 夏自强, 蔡玉鹏, 2007. 葛洲坝下游中华鲟产卵场流场模拟与分析[J]. 水电能源科学, 25 (5): 54-57, 72.

王远坤, 夏自强, 王栋, 等, 2009a. 河流鱼类产卵场紊动能计算与分析[J]. 生态学报, 29(12): 6359-6365.

王远坤, 夏自强, 王桂华, 等, 2009b. 中华鲟产卵场平面平均涡量计算与分析[J]. 生态学报, 29 (1):

538-544.

危起伟, 2003. 中华鲟繁殖行为生态学与资源评估[D]. 武汉: 中国科学院水生生物研究所.

危起伟, 班璇, 李大美, 2007. 葛洲坝下游中华鲟产卵场的水文学模型[J]. 湖北水力发电, (2): 4-6.

危起伟, 杨德国, 柯福恩, 1998. 长江中华鲟超声波遥测技术[J]. 水产学报, 22 (3): 211-217.

韦尔科姆, 1988. 江河渔业[M]. 北京: 中国农业科技出版社.

吴凤燕, 付小莉, 2007. 葛洲坝下游中华鲟产卵场三维流场的数值模拟[J]. 水力发电学报, 26 (2): 114-118.

吴金明, 王芊芊, 刘飞, 等, 2010. 赤水河赤水段鱼类早期资源调查研究[J]. 长江流域资源与环境, 19 (11): 1270-1276.

吴瑞贤, 陈嬿如, 葛奕良, 2012. 丁坝对鱼类栖地的影响范围评估[J]. 应用生态学报, 23 (4): 923-930.

武智, 2010. 基于声学探测结果的西江梧州江段鱼类资源保护策略研究[D]. 大连: 大连海洋大学.

武智, 李新辉, 李捷, 等, 2017. 红水河岩滩水库鱼类资源声学评估[J]. 南方水产科学, 13 (3): 20-25.

武智, 谭细畅, 李新辉, 等, 2014. 珠江首次禁渔西江段鱼类资源声学跟踪监测分析[J]. 南方水产科学, 10 (3): 24-28.

谢常青, 廖伏初, 袁希平, 2017. 土谷塘航电枢纽工程库区固定半浮式人工鱼礁增殖修复技术研究探讨[J]. 水能经济, (4): 43-44.

谢文星, 黄道明, 谢山, 等, 2009. 丹江口水利枢纽兴建后汉江中下游四大家鱼等早期资源及其演变[J]. 水生态学杂志, 2 (2): 44-49.

徐田振, 李新辉, 李跃飞, 等, 2018. 郁江中游金陵江段鱼类早期资源现状[J]. 南方水产科学, 14 (2): 19-25.

徐薇, 刘宏高, 唐会元, 等, 2014. 三峡水库生态调度对沙市江段鱼卵和仔鱼的影响[J]. 水生态学杂志, 35 (2): 1-8.

许栋, 张博曦, 及春宁, 等, 2019. 梯级水库对南渡江干流底栖动物丰枯水期沿程变化的影响[J]. 水资源保护, 35 (2): 60-66, 84.

许蕴玕, 邓中粦, 余志堂, 等, 1981. 长江的铜鱼生物学及三峡水利枢纽对铜鱼资源的影响[J]. 水生生物学报, 7 (3): 271-294.

薛家骅, 荣顺秀, 1966. 草鱼精子生物学的初步观察[J]. 动物学杂志, (4): 185-187.

杨德国, 危起伟, 陈细华, 等, 2007. 葛洲坝下游中华鲟产卵场的水文状况及其与繁殖活动的关系[J]. 生态学报, 27 (3): 862-869.

杨广, 刘金兰, 白冬清, 等, 2005. 繁殖季节黄颡鱼的性腺特征[J]. 淡水渔业, 35 (6): 31-33.

杨计平, 李策, 陈蔚涛, 等, 2018. 西江中下游鳡的遗传多样性与种群动态历史[J]. 生物多样性, 26 (12): 1289-1295.

杨祥飞, 2011. 山区河流弯曲分汊浅滩整治技术研究[D]. 重庆: 重庆交通大学.

杨雪军, 王邢艳, 冯晓婷, 等, 2020. 基于不同人工鱼巢研究黄颡鱼的产卵偏好性[J]. 中国水产科学, 27 (2): 213-223.

杨宇, 2007. 中华鲟葛洲坝栖息地水力特性研究[D]. 南京: 河海大学.

杨宇, 严忠民, 常剑波, 2007a. 中华鲟产卵场断面平均涡量计算及分析[J]. 水科学进展, 18 (5): 701-705.

杨宇, 严忠民, 乔晔, 2007b. 河流鱼类栖息地水力学条件表征与评述[J]. 河海大学学报 (自然科学版), (2): 125-130.

姚国成, 1999. 广东淡水渔业[M]. 北京: 科学出版社.

佚名, 1911. 鱼苗专号: (一) 捕捉鱼苗[J]. 水产画报, (12): 45-46.

佚名, 1935. 长江流域鱼苗之调查[J]. 政治成绩统计, (5): 81-98.

佚名, 1936. 广东鱼苗出产统计表[J]. 统计月刊, (3): 45.

佚名, 1937. 渔字第五一三一号咨湖北湖南江西四川安徽江苏省政府本部为继续调查长江流域鱼苗产销情形请转饬沿江各县协助保护由[J]. 实业部公报, (329): 27.

佚名，1941. 令发保护淡水鱼类产卵区亲鱼鱼卵鱼苗暂行办法[J]. 广东省政府公报，（752）：12.
佚名，1952a. 江西省九江专区鱼苗业管理暂行办法[J]. 江西政报，（4）：36.
佚名，1952b. 九江专区采购鱼苗登记暂行实施细则[J]. 江西政报，（4）：36.
佚名，1955. 湖南省人民委员会关于做好鱼苗生产与保护亲鱼工作的指示[J]. 湖南政报，（3）：24-25.
佚名，1957. 江西省人民委员会关于积极发展鱼苗生产的指示[J]. 江西政报，（6）：21-23.
佚名，1958. 人工繁殖鲢鳙鱼苗受到全国各地重视[J]. 中国水产，（7）：4.
佚名，2018. 水利部发布 2017 年全国农村水电年报[R/OL].（2018-06-22）[2018-10-10]. https://www.sohu.com/a/237305355_651611.
易伯鲁，余志堂，梁秩燊，等，1988. 葛洲坝水利枢纽与长江四大家鱼[M]. 武汉：湖北科学技术出版社.
易雨君，侯传莹，唐彩红，等，2019. 澜沧江中游河段中国结鱼栖息地模拟[J]. 水利水电技术，50（5）：82-89.
易雨君，王兆印，陆永军，2007. 长江中华鲟栖息地适合度模型研究[J]. 水科学进展，18（4）：538-543.
易雨君，王兆印，姚仕明，2008. 栖息地适合度模型在中华鲟产卵场适合度中的应用[J]. 清华大学学报（自然科学版），48（3）：340-343.
殷名称，1995. 鱼类生态学[M]. 北京：中国农业出版社.
英晓明，李凌，2006. 河道内流量增加方法 IFIM 研究及其应用[J]. 生态学报，26（5）：1567-1573.
游章强，蒋志刚，2004. 动物求偶场交配制度及其发生机制[J]. 兽类学报，24（3）：254-259.
于国荣，夏自强，叶辉，等，2008. 大坝下游河段的河流生态径流调控研究[J]. 长江流域资源与环境，17（4）：606-611.
俞立雄，2018. 长江中游四大家鱼典型产卵场地形及水动力特征研究[D]. 重庆：西南大学.
余文公，2007. 三峡水库生态径流调度措施与方案研究[D]. 南京：河海大学.
余志堂，1982. 江中下游鱼类资源调查以及丹江口水利枢纽对汉江鱼类资源影响的评价[J]. 水库渔业，（1）：19-22，26-27.
余志堂，1988. 大型水利枢纽对长江鱼类资源影响的初步评价（一）[J]. 水利渔业，（2）：38-41.
余志堂，李万洲，1983. 葛洲坝枢纽下游发现了中华鲟产卵场[J]. 水库渔业，（1）：2.
余志堂，周春生，邓中粦，等，1985. 葛洲坝水利枢纽工程截流后的长江四大家鱼产卵场[C]//中国鱼类学会. 鱼类学论文集：第四辑. 北京：科学出版社.
余祖登，杨婷，张艺伟，2014. 四面六边框架结构群减速率的模型建立及理论推导[J]. 科技传播，6（16）：175-176，83.
曾祥胜，1990. 人为调节涨水过程促使家鱼自然繁殖的探讨[J]. 生态学杂志，9（4）：20-23，28.
张春霖，1954. 中国淡水鱼类的分布[J]. 地理学报，（1）：279-284，375-378.
张东亚，2011. 水利水电工程对鱼类的影响及保护措施[J]. 水资源保护，27（5）：75-77.
张宏，谭细畅，史建全，等，2009. 布哈河青海湖裸鲤鱼苗鱼卵的时空分布研究[J]. 生态科学，28（5）：443-447.
张辉，危起伟，杜浩，等，2011. 长江上游干流基于河床地形的深潭浅滩识别方法比较研究[J]. 淡水渔业，41（1）：3-9.
张辉，危起伟，杨德国，等，2007. 葛洲坝下游中华鲟（*Acipenser sinensis*）产卵场地形分析[J]. 生态学报，27（10）：3945-3955.
张民楷，1979. 中华鲟[J]. 淡水渔业（9）：21-23.
张楠，夏自强，江红，等，2010. 生物对河流流量的适宜性[J]. 生态学报，30（20）：5695-5701.
张世光，1984. 西江中华鲟调查初报[J]. 广西水产科技，（2）：18-21.
张世光，1987. 中华鲟在西江的分布及产卵场调查[J]. 动物学杂志，22（5）：50-52.
张晓敏，黄道明，谢文星，等，2009. 汉江中下游"四大家鱼"自然繁殖的生态水文特征[J]. 水生态学杂志，2（2）：126-129.
张新华，邓晴，文萌，等，2020. 弯曲分汊浅滩潜坝对洄游鱼类栖息地的影响研究[J]. 工程科学与技术，

52（1）：18-28.

张志广，梁瑞峰，龙启建，等，2014. 基于历史水文资料的华南鲤产卵场水力参数适宜度分析[J]. 四川大学学报（工程科学版），46（S2）：36-41.

赵银军，魏开湄，丁爱中，2013. 河流功能及其与河流生态系统服务功能对比研究[J]. 水电能源科学，31（1）：72-75.

赵越，周建中，常剑波，等，2013. 模糊逻辑在物理栖息模拟中的应用[J]. 水科学进展，24（3）：427-435.

郑跃平，2007. 中华鲟精子生理生态特性研究[D]. 武汉：华中农业大学.

中国大百科全书总编辑委员会，1987. 中国大百科全书 力学 [M]. 北京：中国大百科全书出版社：158.

钟麟，李有广，张松涛，等，1965. 家鱼的生物学和人工繁殖[M]. 北京：科学出版社.

周春生，梁秩燊，黄鹤年，1980. 兴修水利枢纽后汉江产漂流性卵鱼类的繁殖生态[J]. 水生生物学报，7（2）：175-188.

周定刚，温安祥，2003. 黄鳝精子活力检测和精子入卵早期过程观察[J]. 水产学报，27（5）：398-402.

周解，石大康，邓中粦，1993. 西江中华鲟调查研究报告[J]. 广西水产科技，（1）：5-9.

珠江水系渔业资源调查编委会，1985. 珠江水系渔业资源调查研究报告[R]. 广州：中国水产科学研究院珠江水产研究所.

庄平，宋超，章龙珍，等，2009. 全人工繁殖西伯利亚鲟仔稚鱼发育的异速生长[J]. 生态学杂志，28（4）：681-687.

邹家祥，翟红娟，2016. 三峡工程对水环境与水生态的影响及保护对策[J]. 水资源保护，32（5）：136-140.

Armstrong J D，Kemp P S，Kennedy G J A，et al.，2003. Habitat requirements of Atlantic salmon and brown trout in rivers and streams[J]. Fisheries Research，62（2）：143-170.

Boavida I，Jesus J B，Pereira V，et al.，2018. Fulfilling spawning flow requirements for potamodromous cyprinids in a restored river segment[J]. Science of the Total Environment，635：567-575.

Crowder D W，Diplas P，2000. Evaluating spatially explicit metrics of stream energy gradients using hydrodynamic model simulations[J]. Canadian Journal of Fisheries and Aquatic Sciences，57（7）：1497-1507.

de Billy C V，Usseglio-Polatera P，2002. Traits of brown trout prey in relation to habitat characteristics and benthic invertebrate communities[J]. Journal of Fish Biology，60（3）：687-714.

Deng Y，Cao M，Ma A，et al.，2019. Mechanism study on the impacts of hydraulic alteration on fish habitat induced by spur dikes in a tidal reach[J]. Ecological Engineering，134（11）：78-92.

Duan X，Liu S，Huang M，et al.，2009. Changes in abundance of larvae of the four domestic Chinese carps in the middle reach of the Yangtze River，China，before and after closing of the Three Gorges Dam[J]. Environmental Biology of Fishes，86（1）：13-22.

Fellman J B，Hood E，Dryer W，et al.，2015. Stream physical characteristics impact habitat quality for Pacific salmon in two temperate coastal watersheds[J]. Plos One，10（7）：e0132652.

Foote，Kenneth G，1980. Importance of the swimbladder in acoustic scattering by fish：A comparison of gadoid and mackerel target strengths[J]. The Journal of the Acoustical Society of America，67（6）：2084-2089.

Fujihara M，Kawachi T，Oohashi G，1997. Physical-biological coupled modelling for artificially generated upwelling[J]. Transactions of the Japanese Society of Irrigation，Drainage and Rural Engineering，189：399-409.

Gordon N D，Mcmahon T A，Finlayson B L，1993. Stream hydrology：A introduction for ecologists[J]. IL Nuovo Cimento，19（2）：405-408.

Götmark F，Andersson M，1984. Colonial breeding reduces nest predation in the common gull (*Larus canus*)[J]. Animal Behaviour，32（2）：485-492.

Heede B H，Rinne J N，1990. Hydrodynamic and fluvial morphologic processes：Implications for fisheries management and research[J]. North American Journal of Fisheries Management, 10 (3): 249-268.

Huang X, Zhao F, Song C, et al., 2017. Effects of stereoscopic artificial floating wetlands on nekton abundance and biomass in the Yangtze Estuary[J]. Chemosphere, 183: 510-518.

Hughes C, 1998. Integrating molecular techniques with field methods in studies of social behavior: A revolution results[J]. Ecology, 79 (2): 383-399.

Iida M, Imai S, Katayama S, 2016. Effect of riverbed conditions on survival of planted eyed eggs in chum salmon Oncorhynchus keta[J]. Fisheries Science, 83 (2): 1-10.

Im D, Choi S U, Choi B, 2018. Physical habitat simulation for a fish community using the ANFIS method[J]. Ecological Informatics, 43: 73-83.

Ji X S, Chen S L, Tian Y S, et al., 2004. Cryopreservation of sea perch (*Lateolabrax japonicus*) spermatozoa and feasibility for production-scale fertilization[J]. Aquaculture, 241 (1-4): 517-528.

Johannesson K A, Mitson R B, 1983. Fisheries acoustics: A practical manual for aquatic biomass estimation[J]. Rome: Food & Agriculture Organization of the United Nations.

Jonsson B, Jonsson N, 2009. A review of the likely effects of climate change on anadromous Atlantic salmon *Salmo salar* and brown trout *Salmo trutta*, with particular reference to water temperature and flow[J]. Journal of Fish Biology, 75 (10): 2381-2447.

Kang J G, Yeo H K, Jung S H, 2012. Flow characteristic variations on groyne types for aquatic habitats[J]. Engineering, 4 (11): 809-815.

Kim J Q, Mizutani N, Jinno N, et al., 1996. Experimental study on the characteristics of local scour and embedment of fish reef by wave action[J]. Proceedings of Civil Engineering in the Ocean, 12: 243-247.

Kime D E, van Look K J W, McAllister B G, et al., 2001. Computer-assisted sperm analysis (CASA) as a tool for monitoring sperm quality in fish[J]. Comparative Biochemistry and Physiology Part C: Toxicology & Pharmacology, 130 (4): 425-433.

Knighton A D, 1981. Asymmetry of river channel cross-sections: Part I. Quantitative indices[J]. Earth Surface Processes and Landforms, 6 (6): 581-588.

Lamouroux N, Olivier J M, Persat H, et al., 1999. Predicting community characteristics from habitat conditions: Fluvial fish and hydraulics[J]. Freshwater Biology, 42 (2): 275-299.

Lindström K, Pampoulie C, 2005. Effects of resource holding potential and resource value on tenure at nest sites in sand gobies[J]. Behavioral Ecology, 16 (1): 70-74.

Mao Z P, Wang Y C, Peng W Q, et al., 2005. Advances in effects of dams on river ecosystem[J]. Advances in Water science, 16 (1): 134-140.

McConnell C J, Westley P A H, McPhee M V, 2018. Differences in fitness-associated traits between hatchery and wild chum salmon despite long-term immigration by strays[J]. Aquaculture Environment Interactions, 10: 99-113.

Mercader M, Mercière A, Saragoni G, et al., 2017. Small artificial habitats to enhance the nursery function for juvenile fish in a large commercial port of the Mediterranean[J]. Ecological Engineering, (105): 78-86.

Miller S W, Budy P, Schmidt J C, 2010. Quantifying macroinvertebrate responses to in-stream habitat restoration: Applications of meta-analysis to river restoration[J]. Restoration Ecology, 18 (1): 8-19.

Moir H J, Soulsby C, Youngson A, 2003. Hydraulic and sedimentary characteristics of habitat utilized by Atlantic salmon for spawning in the Girnock Burn, Scotland[J]. Fisheries Management and Ecology, 5(3): 241-254.

Morantz D L, Sweeney R K, Shirvell C S, et al., 1987. Selection of microhabitat in summer by juvenile Atlantic salmon (*Salmo salar*)[J]. Canadian Journal of Fisheries and Aquatic Sciences, 44 (1): 120-129.

Mouton A M, Schneider M, Depestele J, et al., 2007. Fish habitat modelling as a tool for river management[J]. Ecological engineering, 29 (3): 305-315.

Nelson J S, Grande T C, Wilson M V H, 2016. Fishes of the World[M]. Hoboken: John Wiley & Sons.

Nilsson C, Reidy C A, Dynesius M, et al., 2005. Fragmentation and flow regulation of the world's large river systems[J]. Science, 308 (5720): 405-408.

O'Neill M P, Abrahams A D, 1984. Objective identification of pools and riffles[J]. Water Resources Research, 20 (7): 921-926.

Oring L W, 1982. Avian mating systems[M]// Farner D S, King J R, Parkes K C. Avian Biology. New York: Academic Press: 1-92.

Pampoulie C, Sasal P, Rosecchi E, et al., 2001. Nest use by the common goby Pomatoschistus microps in Camargue (France) [J]. Ethology Ecology and Evolution, 13 (2): 181-192.

Parsons B G M, Hubert W A, 1988. Influence of habitat availability on spawning site selection by kokanees in streams[J]. North American Journal of Fisheries Management, 8 (4): 426-431.

Richards K S, 1976. The morphology of riffle-pool sequences[J]. Earth Surface Processes, 1 (1): 71-88.

Sempeski P, Gaudin P, 1995a. Habitat selection by grayling—I. Spawning habitats[J]. Journal of Fish Biology, 47 (2): 256-265.

Sempeski P, Gaudin P, 1995b. Habitat selection by grayling—II. Preliminary results on larval and juvenile daytime habitats[J]. Journal of Fish Biology, 47 (2): 345-349.

Shih S S, Lee H Y, Chen C C, 2008. Model-based evaluations of spur dikes for fish habitat improvement: A case study of endemic species *Varicorhinus barbatulus* (Cyprinidae) and *Hemimyzon formosanum* (Homalopteridae) in Lanyang River, Taiwan[J]. Ecological Engineering, 34 (2): 127-136.

Shuai F, Li X, Chen F, et al., 2017. Spatial patterns of fish assemblages in the Pearl River, China: Environmental correlates[J]. Fundamental and Applied Limnology, 189 (4): 329-340.

Shuai F, Li X, Li Y, et al., 2016. Temporal patterns of larval fish occurrence in a large subtropical river[J]. Plos One, 11 (1): e0156556.

Shuai F, Yu S, Lek S, et al., 2018. Habitat effects on intra-species variation in functional morphology: Evidence from freshwater fish[J]. Ecology and Evolution, 8 (22): 10902-10913.

Tan X, Kang M, Tao J, et al., 2011a. A hydroacoustic survey analyzing fish populations and their distribution upstream and downstream of Changzhou Dam, China, based on spillway conditions[J]. Korean Journal of Fisheries and Aquatic Sciences, 44 (4): 403-412.

Tan X, Kang M, Tao J, et al., 2011b. Hydroacoustic survey of fish density, spatial distribution, and behavior upstream and downstream of the Changzhou Dam on the Pearl River, China[J]. Fisheries Science, 77 (6): 891-901.

Tan X, Li X, Chang J, et al., 2009. Acoustic observation of the spawning aggregation of Megalobrama hoffmanni in the Pearl River[J]. Journal of Freshwater Ecology, 24 (2): 293-299.

Tan X, Li X, Lek S, et al., 2010. Annual dynamics of the abundance of fish larvae and its relationship with hydrological variation in the Pearl River[J]. Environmental Biology of Fishes, 88 (3): 217-225.

Vismara R, Azzellino A, Bosi R, et al., 2001. Habitat suitability curves for brown trout (*Salmo trutta fario* L.) in the River Adda, Northern Italy: comparing univariate and multivariate approaches[J]. Regulated Rivers: Research and Management, 17: 37-50.

Wang P, Shen Y, Wang C, et al., 2017. An improved habitat model to evaluate the impact of water conservancy projects on Chinese sturgeon (*Acipenser sinensis*) spawning sites in the Yangtze River, China[J]. Ecological Engineering, 104: 165-176.

Wheaton J M, Pasternack G B, Merz J E, 2004. Spawning habitat rehabilitation-I. Conceptual approach and methods[J]. International Journal of River Basin Management, 2 (1): 3-20.

Xiao H, Duan Z H, 2011. Hydrological and water chemical factors in the Yichang reach of the Yangtze River pre-and post-impoundment of the Three Gorges Reservoir: Consequences for the Chinese sturgeon

Acipenser sinensis spawning population (a perspective) [J]. Journal of Applied Ichthyology, 27 (2): 387-393.

Xing Y, Zhang C, Fan E, et al., 2016. Freshwater fishes of China: Species richness, endemism, threatened species and conservation[J]. Diversity and Distributions, 22 (3): 358-370.

Xu Y G, Deng Z L, Yu Z T, et al., 1981. The biological aspects of *Coreius heterodon* (Bleeker) and the effects of proposed Sanxia hydroelectric project on its resource[J]. Acta Hydrobiologica Sinica, 7 (3): 271-293.

Yang D, Kynard B, Wei Q, et al., 2006. Distribution and movement of Chinese sturgeon, *Acipenser sinensis*, on the spawning ground located below the Gezhouba Dam during spawning seasons[J]. Journal of Applied Ichthyology, 22: 145-151.

Zhang G, Chang J, Shu G, 2000. Applications of factor-criteria system reconstruction analysis in the reproduction research on grass carp, black carp, silver carp and bighead in the Yangtze River[J]. International Journal of General Systems, 29 (3): 419-428.

Zhang Y J, Ye F, Stanev E V, et al., 2016. Seamless cross-scale modeling with SCHISM[J]. Ocean Modelling, 102: 64-81.

Zhou Y, Michiue M, Hinokidani O, 2000. A numerical method of 3-D flow around submerged spur-dikes[J]. Proceedings of Hydraulic Engineering, 44: 605-610.